"十四五"国家重点图书出版规划项目

Innovative Medical Devices

智能医疗器械前沿研究

总主编 | 杨广中
樊瑜波

3D打印
医疗器械

3D Printed
Medical Devices

王金武 王晶 张斌 等 编著

上海交通大学出版社
SHANGHAI JIAO TONG UNIVERSITY PRESS

内容提要

本书为"智能医疗器械前沿研究"丛书之一。本书以 3D 打印医疗器械的历史沿革、现状、发展为主题,系统地介绍了 3D 打印医疗器械的国内外研究进展、目前面临的挑战以及未来的发展趋势,并梳理了相关行业标准和监管法规,旨在推广 3D 打印医疗器械的基本理念及应用,以期为广大医务工作者、医工交叉学科科研人员、相关制造企业人员、管理人员及学生提供参考,为加快发展医疗器械的智能制造、推动我国医疗器械制造业供给侧结构性改革提供新思路。

本书可以作为具有一定专业背景并从事 3D 打印医疗器械研究的临床医生和科研人员的参考书,也可以作为相关领域研究生和高年级本科生的教材,还可以作为生物医学工程、机械设计、医疗器械注册及监管、临床医学和基础医学等背景读者的参考读本。

图书在版编目(CIP)数据

3D 打印医疗器械/王金武等编著. —上海:上海交通大学出版社,2023.4
(智能医疗器械前沿研究)
ISBN 978-7-313-28370-2

Ⅰ.①3… Ⅱ.①王… Ⅲ.①快速成型技术-应用-医疗器械-研究 Ⅳ.①TH77-39

中国国家版本馆 CIP 数据核字(2023)第 044013 号

3D 打印医疗器械
3D DAYIN YILIAO QIXIE

编　　著:王金武　王　晶　张　斌 等

出版发行:上海交通大学出版社　　　　　　　　　地　　址:上海市番禺路 951 号
邮政编码:200030　　　　　　　　　　　　　　　电　　话:021-64071208
印　　制:苏州市越洋印刷有限公司　　　　　　　经　　销:全国新华书店
开　　本:787 mm×1092 mm　1/16　　　　　　印　　张:18
字　　数:351 千字
版　　次:2023 年 4 月第 1 版　　　　　　　　　印　　次:2023 年 4 月第 1 次印刷
书　　号:ISBN 978-7-313-28370-2
定　　价:168.00 元

顾问委员会

（按姓氏首字母排序）

编　委　会

总主编

杨广中（上海交通大学医疗机器人研究院创始院长，英国皇家工程院
　　　院士）

樊瑜波（北京航空航天大学医工交叉创新研究院院长，教授）

编　委
（按姓氏拼音排序）

白景峰（上海交通大学生物医学工程学院副院长，研究员）

曹谊林（上海交通大学医学院附属第九人民医院教授）

金　岩（中国人民解放军空军军医大学组织工程研发中心主任医师、
　　　教授）

李劲松（浙江大学生物医学工程与仪器科学学院教授，之江实验室健康医
　　　疗大数据研究中心主任）

王东梅（美国佐治亚理工学院和爱默蕾大学华莱士·H·库尔特杰出教授
　　　和佐治亚杰出癌症研究员、生物医学大数据主任）

王金武（上海交通大学医学院附属第九人民医院主任医师、教授）

王卫东（解放军总医院生物工程研究中心主任，研究员）

王　晶（西安交通大学机械学院教授）

魏勋斌（上海交通大学生物医学工程学院特聘教授）

张　斌（浙江大学机械工程学院研究员）

《3D打印医疗器械》
编 委 会

（按姓氏拼音排序）

荣誉主编

戴尅戎（上海交通大学医学3D打印创新研究中心首席科学家，上海交通大学医学院附属第九人民医院终身教授，数字医学临床转化教育部工程研究中心主任，中国工程院院士）

卢秉恒（西安交通大学教授、博士生导师，国家增材制造创新中心主任、中国增材制造标准委员会主任，中国工程院院士）

杨华勇（浙江大学工学部主任、机械工程学院院长、流体动力与机电系统国家重点实验室主任，国家电液控制工程技术研究中心主任，中国工程院院士）

主 编

王金武（上海交通大学医学院附属第九人民医院教授、主任医师）

王 晶（西安交通大学机械学院教授）

张 斌（浙江大学机械工程学院研究员）

副主编

蔡 虎（陕西省食品药品检验研究院副院长、主任药师）

曹铁生（空军军医大学唐都医院教授、主任医师）

陈 亮（广州中医药大学附属中山中医院副主任医师，《中华肩肘外科电子杂志》中山站副主任）

范之劲（上海市医疗器械化妆品审评核查中心主任）

金文忠（上海交通大学医学院附属第九人民医院高级工程师）

俞梦飞（浙江大学口腔医学院研究员）

张善勇(上海交通大学医学院附属第九人民医院主任医师)

编　委

白　茹(上海市医疗器械化妆品审评核查中心检查员)

陈新钊(空军军医大学唐都医院口腔科主治医师)

陈旭卓(上海交通大学医学院附属第九人民医院住院医师)

邓昌旭(同济大学附属同济医院住院医师)

何　婷(上海市医疗器械化妆品审评核查中心检查员)

胡　明(中国共产党陕西省纪律检查委员会高级工程师)

姜　歆(上海市医疗器械化妆品审评核查中心检查员)

李　帅(浙江大学医学院附属第一医院特聘研究员)

李　涛(上海交通大学医学院附属新华医院主治医师)

梁嘉赫(空军军医大学唐都医院工程师)

刘　睿(空军军医大学唐都医院副主任医师)

刘　歆(上海市医疗器械化妆品审评核查中心部长)

刘雅婷(上海市医疗器械化妆品审评核查中心检查员)

柳逢春(中国共产党陕西省西安市蓝田县纪律检查委员会高级工程师)

马红石(中国科学院上海硅酸盐研究所副研究员)

马小军(上海交通大学医学院附属第一人民医院副主任医师)

马晓飞(上海市医疗器械化妆品审评核查中心检查员)

马振江(上海交通大学医学院附属第九人民医院主治医师)

毛卓君(空军军医大学唐都医院主治医师)

孙　鑫(上海交通大学医学院附属第九人民医院住院医师)

童美魁(上海市医疗器械化妆品审评核查中心检查员)

万克明(上海交通大学转化医学研究院工程师)

王　会(上海中医药大学康复医学院副教授)

王举磊(空军军医大学唐都医院副主任医师)

王　磊(空军军医大学唐都医院主治医师)

王文豪(郑州大学第一附属医院初级技师)

谢　能(上海市医疗器械化妆品审评核查中心副部长)

谢燕东(空军军医大学唐都医院副主任医师)

许苑晶(上海交通大学转化医学研究院工程师)

闫小龙（空军军医大学唐都医院副教授）

伊江浦（空军军医大学唐都医院工程师）

于　君（西北工业大学材料学院副教授）

袁丽君（空军军医大学唐都医院主任医师）

曾　红（上海交通大学医学院附属第九人民医院住院医师）

张　波（空军军医大学唐都医院主任医师）

张昌入（上海交通大学转化医学研究院工程师）

张　宇（空军军医大学唐都医院主治医师）

赵宏喜（空军军医大学唐都医院主治医师）

郑建功（上海市医疗器械化妆品审评核查中心副部长）

郑　坤（四川大学华西医院初级技师）

郑朋飞（南京医科大学附属儿童医院骨科副主任医师）

周敏靓（上海市医疗器械化妆品审评核查中心检查员）

朱顺英（上海交通大学转化医学研究院助理研究员）

王金武，1971 年出生。医学博士，主任医师，教授，博士生及博士后导师。现任上海交通大学医学院附属第九人民医院骨科主任医师、上海交通大学医学院与生物医学工程学院双聘教授、转化医学国家重大科技基础设施（上海）创新医疗器械注册研究与临床转化服务中心主任、转化医学国家重大科技基础设施（上海）数字医学与生物 3D 打印实验室主任、数字医学临床转化教育部工程研究中心副主任、民政部智能控制与康复技术重点实验室副主任、上海市卫健委骨与关节康复医学科重点学科带头人、"十三五"国家重点研发计划项目首席科学家、上海市优秀技术带头人、中华医学会上海市数字医学专科分会候任主任委员。长期从事复杂的肩关节周围骨折的微创治疗、肩关节镜下肩袖损伤与肩关节不稳的微创治疗、肩肘关节置换、3D 打印康复辅具与 3D 打印骨关节植入物的临床转化，以及通过显微外科和定制式人工关节技术进行肩关节肿瘤的保肢治疗。先后承担包括"十三五"国家重点研发计划项目（生物 3D 打印）、国家"863"计划项目（高精度 3D 打印装备制造）与"973"计划项目（多级微纳骨修复生物材料）子课题、国家自然科学基金项目在内的国家级课题 8 项，省部级课题 27 项；同时领衔民政部 3D 打印康复辅助器具（简称为辅具）标准研究课题和上海市人民政府康复辅具产业发展策略研究课题各 1 项。主编或副主编专著 7 部、主译 1 部，在上海交通大学设立数字医学与 3D 打印前沿医工交叉转化研究生课程。以第一作者或通信作者身份在 *Nature* 与 *Science* 旗下子刊等期刊发表高影响因子论文 80 余篇。在戴尅戎院士的指导与支持下，率先申请到国内第 1 个 3D 打印医疗器械注册证，这也是注册人制度下第 1 张隶属上海交通大学的科研型企业转化的 3D 打印医疗器械注册证。

主编简介

王　晶，1982年出生。陕西省中青年科技创新领军人才，陕西省"百人计划"人才，西安市领军人才，陕西省科学技术学会科技人才奖项评审专家，西安市创业导师，西安市智库专家，九三学社社员，央视"大国重器"采访专家。现任西安交通大学机械工程学院教授，全国增材制造标准化技术委员会（SAC/TC562）委员，全国3D打印（增材制造）产业技术创新战略联盟秘书长，第二、三届工业和信息化部（简称为工信部）工业文化发展中心特聘专家，工信部"3D打印"专业技术技能项目工作组专家，中国医疗器械行业协会3D打印医疗器械专业委员会常务副秘书长，中国医疗器械行业协会3D打印医疗器械专业委员会团体标准化技术委员会专家，中国医药生物技术协会3D打印技术分会第一届委员会常务委员，陕西省3D打印医疗器械标准化技术委员会（SX/TC61010）委员、副秘书长，陕西骨科3D打印技术创新联盟常务理事，陕西省康复医学会脊柱脊髓专业委员会常委，陕西省生物医学工程学会体外循环专家委员会委员，陕西省体育科学学会常委，黑龙江省医疗保健国际交流促进会常委，东莞理工学院3D打印与智能制造研究中心教授，国家增材制造创新中心原副总工程师。长期从事3D打印精准医疗、高端医学影像相关产品研发与应用推广工作。获得国家级、省级、市级等科研项目20余项，主持16项。作为主编、副主编出版专业图书3本；在知名期刊发表学术论文数十篇；申请发明专利24项，其中10项发明专利、8项实用新型专利已获授权；申请软件著作权1项，已获授权。

主编简介

张　斌，1980 年出生。工学博士，研究员，博士生及博士后导师，浙江省"万人计划"青年拔尖人才。现任浙江大学机械工程学院浙江大学-牛津大学生物 3D 打印联合实验室执行负责人、浙江大学滨海产业技术研究院电液中心副主任、"十三五"国家重点研发计划首席科学家、"十二五"国家科技支撑计划项目首席科学家、中国机械工程学会高级会员、中国机械工程学会流体传动与控制分会委员、中国机械工程学会流体传动与控制分会智能流控分会委员会副主任兼秘书长，*Bio-Design and Manufacturing* 创刊副主编，曾任 2018 年和 2019 年两届"生物设计与制造·生物材料国际会议"组织委员会主席。参编图书《10000 个科学难题·制造科学卷》(科学出版社，2018 年出版)及 *China's High-Speed Rail Technology*(浙江大学出版社，2020 年出版)。长期从事高精度流体挤出生物制造打印方法及面向皮肤、心肌、角膜、唇腭裂修复等组织器官修复和生物制造方面的研究。主持国家重点研发计划、国家科技支撑计划、国家自然科学基金等项目 20 余项。在 *Small Methods*、*Advanced Materials* 和 *Engineering* 等期刊发表论文 70 多篇，以第一发明人身份获发明专利授权 45 项(含日本专利 1 项)，以第一著作权人身份获软件著作权 21 项，以第一完成人身份获教育部高等学校科学研究优秀成果奖(科学技术)科技进步一等奖、贵州省技术发明一等奖、贵州省科学技术进步一等奖等，以第一完成人获日内瓦国际发明展金奖 1 项、银奖 3 项，获 2019 年中国机械工程学会青年科技成就奖，获 2017 年度第二届中国科协优秀科技论文奖和 2021 年度中国机械工程学会优秀论文奖。

智能医疗器械前沿研究

总　序

　　医疗器械是国之重器，是医疗服务和公共卫生体系建设的重要基础，是保障国民健康的战略支撑，在健康中国战略中的地位日益凸显。由于发展相对滞后、创新力量不强，产业基础薄弱，我国医疗器械创新和自主保障水平不高。经过多年的发展，尤其是"十三五"以来，我国重点加强了医疗器械领域的科技部署，把医疗器械领域列入我国科技发展的战略重点（科技部《"十三五"医疗器械科技创新专项规划》），我国医疗器械领域自主创新的内生动力、创新活力、产业实力显著增强。高端器械智能化是其重要特征，是现代生物医学前沿与工程科学前沿深度融合的产物，人工智能、虚拟现实、机器人、新传感、新材料、智能制造，以及干细胞、基因编辑、器官芯片等前沿技术无不体现，是医工交叉、多学科、跨层次的现代高技术的结晶，因而也是各科技大国、国际大型公司相互竞争的制高点。为了迎接新形势下对医疗器械理论、技术和临床应用等方面的需求和挑战，迫切需要及时总结智能医疗器械前沿领域的研究成果，编著一套以"智能医疗器械前沿研究"为主题的丛书，从而助力我国智能医疗器械领域的发展，带动医疗器械科学整体发展，并加快相关学科紧缺人才的培养和健康大产业的发展。

　　2020年1月，上海交通大学出版社以此为契机，启动了"智能医疗器械前沿研究"系列图书项目。这套丛书紧扣国家大健康事业发展战略，配合创新医疗器械发展的态势，拟出版一系列智能医疗器械前沿研究领域的专著，这是一项非常适合国家医疗器械发展时宜的事业。我们作为长期深耕医工交叉领域科研和人才培养、长期开展创新医疗器械战略研究的学者，很荣幸，欣然接受上海交通大学出版社的邀请担任该丛书的总主编，希望为我国智能医疗器械发展及医学发展出一份力。出版社同时也邀请了戴尅戎院士、卢秉恒院士、张兴栋院士、杨华勇院士、樊嘉院士、田伟院士、John A. Rogers 院士、梁志培院士、汪立宏院士、Peter Hunter 教授、Andrew Francis Laine 教授、Steffen Leonhardt 教授、李松教授、聂书明教授、王宝亭教授等智能医疗器械领域专家担任顾问委员会专家，邀请了白景峰教授、曹谊林教授、李劲松教授、王东梅教授、王金武教授、王卫东教授、魏勋斌教授等智能医疗器械领域专家撰写专著、承担审校等工作,邀请的编委和撰写专家均为活跃在智能医疗器械领域最前沿的、在各自领域有突出贡献的科学家、临床专家、生物信息学家,以确保这套"智能医疗器械前沿研究"丛书具有高品质和重大的社会价值,为我国智能医疗器械领域的发展提供参考和智力支持。

编著这套丛书,一是总结整理国内外智能医疗器械前沿研究领域的重要成果及宝贵经验;二是更新智能医疗器械领域的知识体系,为医疗器械领域科研与临床人员培养提供一套系统、全面的参考书,满足人才培养对教材的迫切需求;三是为智能医疗器械研究的规划和实施提供有利的理论和技术支撑;四是将许多专家、学者广博的学识见解和丰富的实践经验总结传承下来,旨在从系统性、完整性和实用性角度出发,把丰富的实践经验和实验室研究进一步理论化、科学化,形成具有我国特色的智能医疗器械理论与实践相结合的知识体系。

"智能医疗器械前沿研究"丛书是国内外第一套系统总结智能医疗器械前沿性研究成果的系列专著。从智能医疗器械覆盖的全产业链条考虑,这套丛书包括"医学影像""体外诊断""先进治疗""医疗康复""健康促进""生物医用材料"等内容,旨在服务于全生命周期、全人群、健康全过程的国家大健康战略。"智能医疗器械前沿研究"将紧密结合国家"十四五"重大战略规划,聚焦智能化目标,力求打造一个学术著作群,从而形成一个学术出版的高峰。

本套丛书得到国家出版基金资助,并入选了"十四五"国家重点图书出版规划项目,体现了国家对"智能医疗器械"项目以及"智能医疗器械前沿研究"这套丛书的高度重视。这套丛书承担着记载与弘扬科技成就、积累和传播科技知识的使命,凝结了国内外智能医疗器械领域专业认识的智慧和成果,具有较强的系统性、完整性、实用性和前瞻性,既可作为实际工作的指导用书,也可作为相关专业人员的学习参考用书。期望这套丛书能够有益于智能医疗器械领域人才的培养,有益于医疗器械的发展,有益于医学的发展。

希望这套丛书能为推动我国智能医疗器械的发展发挥重要的作用!

总主编

2023 年 4 月 26 日

前　言

近年来，快速发展的 3D 打印技术在医疗器械领域中的应用越来越引人注目。3D 打印技术能够为生物医疗行业提供更完整的个性化解决方案，生物 3D 打印技术将促进再生医学领域人造活体组织与器官的研究。

本书分为 4 个部分，共计 7 章。第 1 部分为第 1 章，重点介绍了 3D 打印医疗器械的历史沿革与发展。第 2 部分为 3D 打印技术的临床应用，包括第 2～5 章，主要介绍了 3D 打印个性化骨科手术器械与截骨导板、3D 打印植入物、3D 打印定制式康复矫形辅具以及生物 3D 打印的研究进展与技术前沿。第 3 部分为第 6 章，介绍了 3D 打印产品的生产质量管理规范。第 4 部分为第 7 章，介绍了 3D 打印医疗器械的发展前景，包括 3D 打印医疗器械新政策解读、3D 打印医疗器械与经济增长、3D 打印医疗器械数字化生态体系建设，以及政府、医院、企业协同助力 3D 打印医疗器械的发展。

本书由英国皇家工程院院士、上海交通大学医疗机器人研究院院长杨广中院士和中国生物医学工程学会第七届、第八届理事长，北京航空航天大学医学科学与工程学院院长樊瑜波教授担纲总主编；由上海交通大学医学院附属第九人民医院终身教授、中国工程院院士、数字医学临床转化教育部工程研究中心主任戴尅戎院士，中国工程院院士、西安交通大学教授、博士生导师、国家增材制造创新中心主任、中国增材制造标准委员会主任卢秉恒院士和中国工程院院士、浙江大学工学部主任、机械工程学院院长、流体动力与机电系统国家重点实验室主任、国家电液控制工程技术研究中心主任杨华勇院士任荣誉主编；由上海交通大学医学院附属第九人民医院主任医师王金武教授、西安交通大学机械学院王晶教授和浙江大学机械工程学院张斌研究员任主编。本书的编写工作得到诸多科研院所、高等院校和临床医院的大力支持和帮助。编写组由北京航空航天大学医学科学与工程学院、上海交通大学医疗机器人研究院、上海交通大学医学院附属第九人民医院、西安交通大学、浙江大学、陕西省食品药品检验研究院、空军军医大学唐都医院、广州中医药大学附属中山中医院、上海市医疗器械化妆品审评核查中心、同济大学附属第十人民医院、中国共产党陕西省纪律检查委员会、上海交通大学医学院附属新华医院、浙江大学医学院附属第一医院、中国科学院上海硅酸盐研究所、上海市第一人民医院、上海交通大学、上海中医药大学、郑州大学第一附属医院、西北工业大学及南京医科大学附属儿童医院等单位（排名不分先后）的专家组成。其中第 1 章由王晶、曹铁生、袁丽君、蔡虎及朱光宇执笔；第 2 章由王金武、张善勇、陈亮、陈旭卓、马小军、李文韬、郑朋飞、柳毅浩、邓迁、鲁德志、宋艳、王会、强磊及万克明执笔；第 3 章由王晶、梁嘉赫、毛卓君、邢长洋、张宇、王坤、张泽凯、洪泽鑫及陈景杨执笔；第 4 章由王金武、马振江、王成伟、牛浩一、王彩萍、陈佳及金文忠执笔；第 5 章由张斌、俞梦飞、罗熠晨、高磊、薛茜及周学执笔；第 6 章由范之劲、谢能执笔；第 7 章由王晶、伊江浦、李晓倩、李娇、王勇昌、刘睿、苏艳文、王举磊及王磊执笔（排名不分先后）。

　　本书引用了一些已发表的论著及他人的研究成果，在此向原作者表示衷心的感谢！

　　书中如有疏漏、错谬或值得商榷之处恳请读者指正！

编著者

2023 年 4 月于上海

目　录

5 生物 3D 打印的研究进展与技术前沿 ·············· 116

1 3D 打印医疗器械的历史沿革与发展

2012 年,英国《经济学人》杂志刊文指出,3D 打印技术将是"第三次工业革命"的重大标志之一。3D 打印技术因具有快速制造、个性化定制和组织工程打印等特点备受各行各业青睐。近几年,3D 打印技术突然大热,让很多人以为它是横空出世的新技术。其实,任何新技术都不是一蹴而就的,3D 打印从诞生到现在,已经跨越 3 个世纪。3D打印目前已应用于航空航天、医疗、建筑、机车和教育等各个领域。其中,医疗领域的应用可谓异军突起,仅次于航空航天领域。究其原因,主要是医疗和人民生命安全息息相关,每个人作为独特的个体,其每个组织、每个器官都是个性化的,而 3D 打印技术可以为医生与患者提供一系列的个性化解决方案。

1.1 3D 打印医疗器械产业发展历程

1.1.1 3D 打印医疗器械发展概况

3D 打印又名增材制造、快速成型,是一种以数字模型文件为基础,运用固态(粉材、丝材)或液态等可在一定条件下固化的材料,通过逐层打印的方式来构造物体的技术[1]。3D 打印医疗器械由医疗器械生产企业基于医疗机构的特殊临床需求设计和生产,用于患者的个性化诊治。3D 打印医疗器械不但可以极大地降低手术与治疗难度,还可以满足临床一些特殊病种个性化定制医疗服务的需求。

随着 3D 打印技术在医疗器械领域应用的不断拓展,3D 打印技术制造的组织工程支架、植入物、血管假体和手术器械等医疗器械产品需求急速增长。相较于传统制备工艺,3D 打印技术在个性化医疗器械制备中优势明显。目前,3D 打印在医疗器械行业的应用主要包括 3 个方面:① 体外医疗器械,主要包括各类医疗辅助器具(如矫形器、假肢、助听器、义齿和义眼等)和手术导板等;② 个性化医疗植入物,主要用于解剖学修复的骨科植入物、血管支架和气管外支架等;③ 手术医疗器械,定制个性化的手术医疗器械能解决不同个体手术操作中的一些实际困难,精准辅助手术方案制订和操作,降低术中风险[2]。

总体来看,3D 打印在医疗器械制造方面有效地缩短了医疗器械的研制周期,实现了医疗器械的个性化定制生产,降低了患者的就医诊疗成本。在传统的医疗模式中,受医疗配套设施不完善及相关医疗政策的制约,医院很难为患者提供个性化、精准的医疗服务。而在采用 3D 打印技术后,传统医疗模式中存在的一些难题才得以克服。在医疗器械制造方面,3D 打印技术的数字化、智能化、工艺流程短和可现场制造等特点,使得医疗器械的制造更加快速和高效,这为临床及时救治重症患者赢得了宝贵的时间。高精度的医疗器械,使手术风险和医疗成本降低,患者的医疗负担也减轻了许多。与此同时,3D 打印还绕开了复杂的基础设施和物流问题,工程师只需将设计好的图样发送到打印终端,3D 打印机就能在离医院较近的地点进行生产。这对物流渠道不发达和边远地区的患者来说是一大福音。

3D 打印技术具有良好的应用前景,将是未来精准医疗与个性化医疗的重要手段。将来在 3D 打印技术的辅助下,医疗器械的制造工艺将迎来快速革新和转变,高质量的3D 打印医疗器械将在人类医疗健康领域发挥前所未有的作用。

1.1.2　国际 3D 打印医疗器械产业发展战略规划

相较于传统的材料加工技术,3D 打印是一种自下而上、采用原材料自动累加的方式来制造实体器件的技术,凭借一台设备能够制造具有复杂几何形状和内部材料成分可变的产品,特别适合单件小批量和定制化产品的低成本制造。随着医疗服务逐步精准化和定制化,3D 打印技术凭借与医疗行业发展方向相契合的优势,推动了医用增材制造技术与相关医疗器械的高速发展,形成了生物制造领域的新的学科方向。

全球医疗行业正在发生巨大的变革,3D 打印医疗器械市场将迎来井喷式的发展。全球新闻网(Globe Newswire)发布的《2022 年全球 3D 打印医疗器械市场分析报告》指出,2022 年全球 3D 打印医疗器械市场的规模约为 27.6 亿美元,预计该市场将以13.0%的复合年增长率增长,到 2026 年市场总值将达到 44.9 亿美元。北美占据全球3D 打印医疗器械市场的最大份额,其次是欧洲。随着亚太地区各国政府对 3D 打印在医疗行业应用的支持,3D 打印医疗器械市场正在呈持续健康增长态势。

市场情报和资讯服务提供商未来市场洞察发布的《3D 打印医疗设备市场:2016—2026 年全球行业分析和机会评估》报告中,按照 3D 打印医疗器械的用途将 3D 打印医疗器械市场分为了四大部分,即手术导板(截骨导板、口腔正畸导板和放疗导板等)、外科手术器械(手术牵引器、解剖刀和外科紧固件等)、假肢(标准植入物和定制植入物)和手术植入物(骨科修复植入物和血管支架等)。3D 打印技术可以做出符合需求的个性化定制产品,精度保证在 0.1 mm 以内甚至更高,完全可以保证医疗器械植入以及辅助等使用。3D 打印个性化医疗器械设计及功能梯度助力精准医疗。在设计方面,可以使用异质材料、功能梯度材料及多尺度材料做出各种结构,如空心结构、多孔结构和网格结构等,选择符合生物相容性及力学特性的结构和材料精准定制医疗器械产品。

目前,3D 打印医疗器械的应用发展仍存在一些瓶颈问题。在技术层面,3D 打印医疗器械尚需开发出更为安全、生物相容性好、具有可降解性和生物响应性的生物医用材料。在政策发展方面,3D 打印是一个个性化定制的技术,应用于生物医疗领域更是一种全新的手段,作为医疗器械进入市场需要国家药品监督管理局进行分类医疗器械认证,而传统的认证方式是为批量化生产所形成的。在医疗器械监管层面,尚未有适合个性化定制医疗器械的工艺、质量和风险评估手段,故市面上鲜有获得市场准入许可的 3D 打印医疗器械。针对以上两方面问题,全球 3D 打印医疗器械行业着眼于突破现有障碍,如材料限制、构造尺寸限制及成本制约。随着医疗器械对客户定制、高质量和价格可承受等特性需求的增长,以及各国对 3D 打印医疗器械政策和法规的落实,3D 打印将成为医疗器械制造的重要选择之一,推动医疗器械向更加智能化、自动化和个性化的方向发展。

1.1.3　中国 3D 打印医疗器械产业发展政策与战略规划

近年来,随着 3D 打印技术的发展,3D 打印医疗器械已率先在医疗领域获得了重大临床应用突破。《中国制造 2025》明确指出了生物医药和高性能医疗器械是制造业发展的十大重点领域之一。未来的医学科学将伴随医学与工程技术的结合而向前发展,通过医工结合研发具有中国自主知识产权的高性能医疗器械重点产品,势必成为《中国制造 2025》的迫切任务。3D 打印技术用于个性化定制医疗器械能够切实有效地解决临床实际难题,必将成为未来医疗器械发展的主流方向。

2019 年,国家药品监督管理局(简称国家药监局)和国家卫生健康委员会(简称国家卫健委)联合发布的《定制式医疗器械监督管理规定(试行)》(简称《规定》),将定制式医疗器械定义为“为满足特定患者的罕见或特殊病损情况,在国内已上市产品无法满足临床需求的情况下,由医疗器械生产企业基于医疗机构特殊临床需求而设计和生产,用于特定患者预期能提高诊疗效果的个性化医疗器械。”《规定》明确提出了定制式医疗器械的备案、设计、加工、使用和监督管理等方面的要求,即 3D 打印医疗器械为定制式医疗器械,仅适用于少数特定患者,故难以通过现行管理模式进行注册,定制式医疗器械生产企业和医疗机构需共同进行产品备案,不得委托第三方生产;当定制式医疗器械在临床使用病例数及前期研究能够达到面市前审批要求时,应当按照《医疗器械注册管理办法》(已废止,现为《医疗器械注册与备案管理办法》)和《体外诊断试剂注册管理办法》

（已废止，现为《体外诊断试剂注册与备案管理办法》）的规定，申报医疗器械的注册或办理备案。同年，3D 打印医疗器械专业委员会（简称 3D 打印专委会）公布了第一批 3D 打印医疗器械标准：《定制式医疗器械力学等效模型团体标准》（T/CAMDI 025—2019）、《定制式医疗器械质量体系特殊要求团体标准》（T/CAMDI 026—2019）、《定制式增材制造（3D 打印）医疗器械的互联网实现条件的通用要求》（T/CAMDI 028—2019）、《定制式医疗器械医工交互全过程监控及判定指标与接受条件》（T/CAMDI 029—2019）和《匹配式人工颞下颌关节》（T/CAMDI 027—2019）。2020 年，3D 打印专委会联合上海市医师协会共同讨论制定出了第二批 3D 打印医疗器械团体标准：《3D 打印钽金属临床应用标准》（T/CAMDI 037—2020）、《增材制造（3D 打印）口腔种植外科导板》（T/CAMDI 038—2020）、《生物打印医疗器械生产质量体系特殊要求》（T/CAMDI 039—2020）、《金属增材制造医疗器械生产质量管理体系的特殊要求》（T/CAMDI 040—2020）、《增材制造（3D 打印）定制式骨科手术导板》（T/CAMDI 041—2020）、《医用增材制造钽金属粉末》（T/CAMDI 042—2020）、《增材制造（3D 打印）个性化牙种植体》（T/CAMDI 043—2020）、《增材制造（3D 打印）口腔金属种植体》（T/CAMDI 044—2020）、《3D 打印金属植入物有限元分析方法》（T/CAMDI 045—2020）、《3D 打印金属植入物质量均一性评价方法及判定指标》（T/CAMDI 046—2020）[3]。

　　行业标准是 3D 打印医疗器械的技术管理规范守则。3D 打印医疗器械技术标准的制定与发展，既可以确保医疗器械企业建立内部质量管理体系，确保 3D 打印医疗器械的安全有效性，同时，又可使医疗器械监管部门的技术审评行之有据，帮助 3D 打印医疗器械的注册审评顺利开展。另外，3D 打印材料的标准化，有助于拓宽打印材料的使用范围，促进 3D 打印医疗器械的优化发展。未来，3D 打印医疗器械相关法规、审评标准和指导原则的进一步落实，将推动国家医疗器械产业的快速蓬勃发展，为 3D 打印医疗器械领域的科学监管提供重要支撑，并推动我国 3D 打印产业的发展进程，提高我国 3D 打印在国际医疗竞争中的地位。

1.2　3D 打印医疗器械研发现状

1.2.1　概述

　　3D 打印技术是快速成型制造的一种，它是以计算机数字三维模型为基础，运用金属、陶瓷或树脂材料等通过逐层累积的方式来构造物体的技术。医疗器械 3D 打印的基本操作流程是，工程师在临床医师的支持下，通过 X 线、磁共振成像（magnetic resonance imaging，MRI）或计算机断层扫描（computed tomography，CT）等医学影像建立数字三维模型并设计相关医疗器械，最终根据医疗器械的功能属性选取相应的材料进行 3D

打印。近年来,3D打印医疗器械被广泛应用于手术导板、假体植入物和手术操作器械等多个方面。3D打印技术不但帮助临床实现了个体化的精准医疗目标,同时也让定制化医疗器械的制造速度得到了快速提升。

根据临床应用范畴的不同,3D打印医疗器械可划分为以下4个层面。第1个层面是体外使用的医疗器械,如假肢、矫形器和手术模型等。此类产品为体外医疗器械,不与体内微环境接触,故临床对其3D打印材料不进行生物相容性要求[4]。第2个层面是不可降解体内植入物,如义齿、骨科植入物和血管支架等。由于该类器械长期植入人体,其对器械的生物相容性、安全性有较高的要求[5]。第3个层面是以组织工程支架为代表的可降解医疗器械。该类器械的理想目标是实现无异物的人体组织修复。该类器械植入人体后逐渐降解,并为正常的机体组织结构所替代,故临床对其生物相容性、机械性能、生物安全性和降解时效性要求极高[6]。第4个层面则是生物活性组织、器官制造,也被称作3D细胞生物打印,是将活体细胞和生物因子等作为原材料,通过3D打印技术制造成具有生物学功能的活性组织或器官,并将其投入机体的组织修复、器官移植中[7]。经多年发展,目前,第1个和第2个层面的体外医疗器械和不可降解的体内植入物已实现部分临床应用,技术层面的发展已相对成熟;第3个层面的可降解医疗器械已开展不少临床应用研究,但其生物安全性仍有待长期验证、考量,制造工艺和打印材料还需优化升级;第4个层面的3D细胞生物打印为国内外研究领域的前沿科技,不少科学家已完成了活体细胞的组织、器官3D形态模拟,但在组织、器官的血管化和功能化完全模拟方面仍有很长一段路需要走。

在3D打印医疗器械的相关政策和行业标准方面,我国药品监管部门高度重视增材制造医疗器械的监管科学体系建设,从法律法规、指导原则、标准体系建设和科学研究等方面布局推进该领域的科学监管。2019年,国家药监局发布了《无源植入性骨、关节及口腔硬组织个性化增材制造医疗器械注册技术审查指导原则》,国家药监局和国家卫健委联合发布了《定制式医疗器械监督管理规定(试行)》,以此为核心先后发布了针对髋臼杯、人工椎体、脊柱融合器及下颌骨假体的指导制造原则,并发布了针对纯钛、可降解金属、聚醚醚酮(poly-ether-ether-ketone, PEEK)等新材料的增材制造产品指导原则,初步构建了3D打印硬组织替代物的指导原则体系。国家药品监督管理局成立医用3D打印技术医疗器械标准化技术归口单位,围绕3D打印医疗器械软件、原材料、设备及工艺控制等制定标准规范,以推动3D打印医疗器械产业规范发展。此外,为应对可降解医疗器械和3D细胞生物打印医疗器械发展对监管提出的挑战,国家药监局在已发布的两批中国药品监管科学行动计划重点项目中布局了针对生物3D打印新材料的监管科学研究,重点围绕可降解镁金属、生物陶瓷、可降解骨修复材料和口腔可吸收修复膜等相关产品的性能评价技术开展研究。由此可以预见,3D打印新材料医疗器械相关标准体系、指导原则和注册技术文件等的逐步建立,将更好地促进和支撑该领域的科技成果转化,为广大患者提供适配性更高的医疗器械。

1.2.2　3D 打印医疗器械关键科学问题

3D 打印技术作为一项革命性技术,它可以直接将三维数字模型打印成更直观、立体的实物模型,方便医生在个体化的模型上进行疾病的诊断,也可用于操作练习等。然而,3D 打印医疗器械的制造和应用尚存在以下几个方面的问题。

1) 材料研发需求

3D 打印技术对打印材料要求较高,该技术是通过逐层打印将材料黏合在一起,故 3D 打印植入物的层间结合力是否能适应长期高强度使用尚不得而知。另外,植入人体的医疗器械需要具备良好的生物相容性、组织诱导生成能力。因此,选择合适的制造材料成为 3D 打印技术能否被顺利应用于临床的关键环节,开发能够适用于临床的 3D 打印材料是当务之急。

2) 时效性偏低

虽然 3D 打印技术是一种快速成型技术,且能有效地缩短手术时间、提高手术安全性及精确性,然而从影像学资料的建立到实物模型打印及个性化假体与内植物的制造,整个过程耗时较长。根据打印技术的不同及模型大小和复杂与精细程度,整个过程耗时少则数小时,多则数天。因此,很难被运用到急诊手术中。

3) 相关政策法规滞后

3D 打印技术涉及知识产权、人类伦理和生物安全等多个领域,目前尚无相关完善的政策法律来规范这些领域,故临床尚无法大批量生产、使用体内植入的 3D 打印医疗器械。对于产品的安全性、伦理等问题尚需临床长期随访观察来考察验证。

4) 3D 打印技术规范与评估标准有待完善

3D 打印技术的相关医疗器械行业标准尚未出台,无法评估成型过程中是否会破坏植入物的内部结构、精度以及力学性能(如强度、构件疲劳和断裂韧性)等。

5) 费用偏高

3D 打印设备和材料大多价格昂贵,设备的运行、打印材料的购买及专业人员的相关费用都是不菲的开销,并且由于是个体化模型制造,故 3D 打印的医疗器械价格普遍昂贵。针对这一情况,我国部分省市已将其纳入医保范畴,以减轻需要个性化医疗患者的经济负担。

6) 应用条件与推广应用的限制

3D 打印技术在医院的使用仍然受到诸多条件限制。目前,将 3D 打印运用到临床上的往往是一些大型综合医院,这些医院拥有自己的 3D 打印实验室,相关人员由生物材料、生物工程及影像学处理等领域的专业人士组成,而这些人力资源是大部分普通医院不具备的。因此,3D 打印的全面推广应用仍需各个医院通过医疗协作来完成。

3D 打印技术已成为实现精准循证医疗的重要技术手段,通过 3D 打印技术实现大规模个性化定制已成为未来智能制造的重要方向。随着各项政策的落实、材料的突破、技术的提升,3D 打印技术将有望推动数字化个性医学的应用和发展,为广大患者带来全新的医疗体验。

1.2.3 3D 打印医疗器械关键技术进展与突破

随着 3D 打印技术在临床的应用,不同学科对医疗器械的制造提出了更高的功能属性要求。这些临床实际问题推动了 3D 打印医疗器械的快速发展,较为突出的发展体现在制作工艺和材料研发方面。

从制作工艺方面来看,临床对于 3D 打印技术的精准化、个性化医疗要求十分严苛。以口腔修复体的制作为例,最为理想的假体结构误差为 $25 \sim 40\ \mu m$,最大不能超过 $120\ \mu m$,否则植入假体会由渗漏、脱落及感染等情况导致修复失败。针对这点,越来越多的技术在打印精度方面得到了突破。以 Xolography 打印技术为例,这是一种双色技术,利用不同波长的交叉光束在线性激发下,通过可见光开关的光引发剂,诱导受限单体立体内的局部聚合。到目前为止,双光子光聚合是制造高分辨率的微尺度物体最先进的技术之一,并且已经实现了特征尺寸在 $100\ nm$ 以下的物体打印。该打印机可以生成具有复杂结构特征、机械和光学功能的 3D 零件,可基本满足医疗器械所有的制作工艺需求。该技术允许以最高 $25\ nm$ 的特征分辨率和最高 $55\ mm^3/s$ 的凝固速度打印物体,同时可以打印出毫米到厘米大小、具有微米大小特征的物体。该技术仅需几秒钟就可以完成一次高分辨率的 3D 打印,这一技术优势可满足临床急诊手术的器械植入需要。

从材料研发方面来看,现今的医疗器械材料设计不再拘泥于传统的金属制造,而是针对不同人群的实际需求量体选材。以骨植入物为例,可针对不同的假体植入部位选用适合不同细胞生长分化的材料或是添加药物或细胞诱导因子。对于不同群体的常见病,如骨质疏松、糖尿病、感染等,植入假体后通常会出现骨愈合时间延长、再生骨质量差、易发生再骨折、植入物下沉或松动等情况。目前,针对这些情况,主要通过对 3D 打印材料进行物理、化学改性或复合材料设计来解决。这样,植入物不但能满足临床基本的结构修复需求,还能针对不同疾病人群起到局部治疗的功效。

相信在精准医疗的大环境下,随着 3D 打印技术的进一步发展及其个体化制造需求的日益迫切,人们会在 3D 打印的帮助下更加深刻地认识疾病、治疗疾病。未来在"3D+"时代,随着生物工程技术的发展,影像学、材料学和计算机科学等多学科的交叉合作,可以制造出更加符合临床需求的 3D 打印医疗器械。

1.3 3D 打印医疗器械发展趋势

3D 打印医疗器械的发展趋势主要体现为结构与功能的高阶递升,这主要是由于医疗器械的临床需求随着工程技术和医患观念的发展有了更高层次的要求,对 3D 打印医疗器械所涉及的材料、设备、工艺方法等提出了新的期望,包括:

(1)材料从单一堆叠发展为多种材料的复合构造,特别是与人体直接接触、长期使用的医疗器械,除了要求 3D 打印材料的生物相容性能优异,能通过 GB/T 16886 系列标准中的细胞毒性、致敏、皮内反应、热原、遗传毒性、染色体畸变、血液相容性、骨植入、亚慢性和急性全身毒性等试验,还需要具备高度的功能仿生水平。例如骨科植入的 3D 打印复合材料,高分子材料部分多采用聚乳酸、聚己内酯等用于满足可打印性,但存在疏水性强、降解产物偏酸性、植入后易形成局部无菌性炎症反应等缺点;无机材料部分则多为羟基磷酸石、磷酸三钙等活性陶瓷,用于促进成骨,但存在抗压强度差等机械性能的不足。如何对复合材料的配比和改性进行提升,使其相互平衡并达到功能互补,一直是学术研究的难点。而软组织的修复,由于其具有弹性模量低的特点,多采用生物医用弹性体和水凝胶等材料,但适用于软组织修复和再生的相关研究仍处于初步阶段。研制出具有仿生力学性能的功能化医用 3D 打印材料对组织的修复和再生具有十分重要的意义。

(2)设备向小型化、智能化、交叉化发展。目前用于制造 3D 打印医疗器械的主流设备多为工业级的 SLS、EBM 等大型复杂装备,随着椅旁医疗、术中修复的临床场景日益增多,促使桌面级的 SLA 和 FDM 等设备向适应于医疗用途的方向发展,而桌面级的生物打印机也有望部署在医疗机构中作为细胞疗法的支持设备。虽然我国医疗器械分类界定结果建议 3D 打印机不作为医疗器械管理,但用于医疗用途的设备,其打印精度、设备稳定性、数据兼容性等也是药监部门监管的重点。用于术中组织修复的原位打印机器人则是将生物打印技术与手术机器人技术进行了融合,具备手术规划、导航、原位打印修复材料等功能,目前尚处于动物实验阶段。除了直接应用于临床手术,3D 打印技术还可与微生理系统技术结合用于制作微流控芯片等,围绕体外疾病诊断与药物筛选,提供更复杂且可重复使用的类器官模型。

(3)工艺方法从 3D 到 4D 发展。4D 打印技术是指基于 3D 打印技术,将时间作为第 4 个维度来控制和调节材料结构的打印和形变过程。具体而言,4D 打印技术能够实现材料结构在外部刺激下的自主变形和自我修复,从而使材料具有更强的响应性和智能性。与传统的 3D 打印技术相比,4D 打印技术有以下优势:智能性,通过引入响应性材料和设计智能型结构,实现材料的自主变形和自我修复;动态性,将时间作为第 4 个维度,使材料的结构能够随着时间而变化,从而制造不同形态的材料;精确性,4D 打印技术通过调节材料的组成和形状,实现对结构和性能的精确控制。同时,3D 打印技术具有高数字化的特点,而围绕人体和临床有海量的数据可供挖掘。随着时间的积累,3D 打印系统捕获的大量数据,结合机器学习、深度算法等构建的疾病与诊疗预判仿真模型,将进一步提高临床诊疗效率,为研制和改进 3D 打印医疗器械提供指导思路。

综上所述,医疗器械涉及的 3D 打印技术致力于从仿形到仿生的转变,人体器官和疾病模型的复杂性对其发展提出了巨大的挑战。3D 打印在皮肤、骨骼、软骨和肝脏方面已经进行了许多研究,有学者指出功能性肾组织的生物打印将是 2023 年的预期突破,但迄今为止,与 3D 打印器官移植之间仍有相当长的距离。随着 3D 打印医疗器械相关研制技术的突破,产业界除了关注其个性化定制的特点,也对其生产提出批量化、低成本的发展预期。

参考文献

［1］LEONG K F. 3D printing and additive manufacturing[M]. Singapore：World Scientific，2015.

［2］张阳春,张志清.3D 打印技术的发展与在医疗器械中的应用[J].中国医疗器械信息,2015(8)：1-6.

［3］张文芳,牟洪利,邝晓盈,等.3D 打印在医疗器械领域应用的指导原则[J].广东药科大学学报,2021,37(2)：157-159.

［4］CHOO Y J, BOUDIER-REVÉRET M, CHANG M C. 3D printing technology applied to orthosis manufacturing：narrative review[J]. Ann Palliat Med. 2020，9(6)：4262-4270.

［5］TAHAYERI A, MORGAN M C, FUGOLIN A P, et al. 3D printed versus conventionally cured provisional crown and bridge dental materials[J]. Dent Mater, 2018, 34(2)：192-200.

［6］WANG L, HUANG L J, LI X F, et al. Three-dimensional printing PEEK implant：a novel choice for the reconstruction of chest wall defect[J]. Ann Thorac Surg, 2019, 107(3)：921-928.

［7］MURPHY S V, DE COPPI P, ATALA A. Opportunities and challenges of translational 3D bioprinting[J]. Nat Biomed Eng, 2020，4(4)：370-380.

2

3D 打印个性化骨科手术器械与截骨导板的临床应用

传统手术器械在辅助脊柱畸形治疗、关节置换等对定位要求较高的手术时仍存在诸多不足,手术过程主要依赖医生的经验及传统定位器械。虽然出现了计算机导航辅助手术,但其价格昂贵、学习曲线长、操作复杂,定位精度也存在争议。3D 打印个性化骨科手术器械与截骨导板是提高手术精准度的一个有效方法,可以为关节置换、肿瘤切除等手术带来极高的精确度,同时与手术机器人辅助系统相比,手术导板的应用极大程度地节约了成本。作为实现精准外科手术强有力的工具,3D 打印个性化骨科手术器械与截骨导板可在术中准确定位点、线的位置、方向和深度,辅助医生在术中精确建立孔道、截面、空间距离、相互成角关系及其他复杂空间结构。除此之外,3D 打印个性化骨科手术器械与截骨导板还可达到减少手术步骤、缩短手术时间的目的。

2.1 3D 打印个性化骨科手术器械的发展概况

3D 打印技术,也称为"增材制造技术"或"快速成型技术",是基于计算机三维数字成像技术及多层次连续打印的快速成型技术。使用该技术制造的骨科医疗器械,不仅具有消耗少、个性化设计的优点,还能够实现精准控制产品孔隙几何结构和孔隙率的目标。随着 3D 打印技术中烧结技术和激光熔化技术的发明,以陶瓷、金属和高分子聚合物等为原材料的 3D 打印骨科医疗器械制造也随之实现[1]。3D 打印技术通过"分层制造、逐层叠加"能够实现利用陶瓷、金属、高分子聚合物等可黏合打印材料构建出事前设计好的复杂结构体,3D 打印植入式医疗器械的生物材料按性质不同可分为生物医用陶瓷材料、生物医用金属材料、生物医用高分子材料、生物医用复合材料和衍生材料等。3D 打印技术因具有快速成型、个性化制造的特点被誉为"第三次工业革命"的核心技术[2]。目前,该技术常见制造工艺包括光固化、激光烧结、层压、熔融沉积、定向能量沉积和混合增材等。通过合理使用不同的工艺能够制造出较传统产业更精准、更个性化的骨科手术辅助器械、骨科植入物和假肢等骨科医疗器械,满足传统制造工艺无法满足的复杂解剖畸形、肿瘤及翻修等患者的需求[3]。近些年发展起来的子领域生物 3D 打印技术在生物组织和器官打印中取得了许多技术性的突破,在未来有望突破实验阶段进入临床工作中,惠及就医群体。下面介绍 3D 打印技术在骨科医疗器械中的应用现状,以及生物 3D 打印技术在骨科医疗器械制造领域的应用现状及展望。

2.1.1　3D 打印技术在骨科医疗器械领域中的应用现状

2.1.1.1　3D 打印技术在骨科医疗器械领域中的代表性产品

随着 3D 打印技术的发展,3D 打印硬组织替代物成为 3D 打印产业中发展最迅速的产品之一。在全球骨科大型医疗器械企业的战略布局中,可以看到手术机器人和 3D 打印是这些大型医疗器械企业的关键布局方向[4]。目前,3D 打印定制个性化植入物的主要制造材料是惰性金属材料,其中钛合金材料打印的人工关节假体、接骨板及脊柱植入物具有形状贴合、匹配度高的特点,可以减少骨间接触点与内植物的应力遮挡,获得更好的初始稳定和结合强度[5],并且相比于传统制造工艺,3D 打印的植入物可以实现孔隙结构的制造,这一特点有利于骨长入的诱导、软组织的生长附着、实现更好的骨愈合效果[6]。应用 3D 打印技术制造骨科领域无生物性硬质医疗器械的产业化已经基本实现。由意大利 Lima-Lto 和 Adler Ortho 公司使用 3D 打印制造的带有小梁结构的髋臼杯在 2007 年通过 CE 认证。2014 年欧洲 CUSTOM-IMD 研发团队已把自主研发的集成像、设计和制造于一身的医疗器械 3D 打印系统激光烧结 AM 技术系统推向市场,收到订单后可在 48 小时内生产出“量身定制”的合格的手术植入物。该产品是更高精度、更高质量的手术植入物,相对传统制造至少节省生产成本 20% 以上,可缩短患者术前等待期和术后恢复期。而国内人工关节市场份额占比最大的国产医疗器械企业爱康医疗也在 2015 年取得第 1 张 3D 打印髋臼产品的医疗器械产品注册证,成为我国首个进入投产上市阶段的 3D 打印人体植入物医疗器械公司。2015 年 7 月,北京大学第三医院张克教授的骨科关节组团队成功研制出我国首个 3D 打印人体植入物——3D 打印人工髋关节产品[7],并且获得国家食品药品监督总局注册批准,而且该产品也是国际上首个通过临床验证后获得注册的 3D 打印人工髋关节假体,这标志着我国已经迈入 3D 打印植入物产品化阶段。2016 年 6 月,北京大学第三医院医疗团队为 1 例脊索瘤患者在体内植入了世界首个长度约为 19 cm 的 3D 打印脊柱多节段胸腰椎植入物,成功替代其被彻底切除的 5 节脊椎。2020 年,我国医疗器械科技公司研发出国内首个基于选择性激光熔化(selective laser melting,SLM)工艺的 3D 打印关节植入物“Apex 3D 髋关节假体”,通过国家药品监督管理局(National Medical Products Administration,NMPA)的审批注册,选择性激光熔化 3D 打印这项工艺在国内正式应用到关节置换领域。在手术导板方面，美国食品药品监督管理局(U. S. Food and Drug Administration，FDA)于 2017 年批准了用于儿童的 3D 打印手术截骨导板。2021 年，华西医院骨科周宗科教授团队成功地完成世界首例 3D 打印分区骨小梁生物型膝关节假体植入术。这一假体相较于传统骨水泥假体能够提高假体与髓腔的结合强度，具有长期稳定性。同年，通过 3D 打印技术生产的 3D 打印钛合金骨小梁髋臼杯也正式进入国内集采目录。该髋臼实现了快速的骨整合和骨长入，临床效果好[8,9]。3D 打印技术实现了不规则骨缺损植入物的制造，但其复杂不规则形状造成其不易抛光的问题。Zhang 等[10]采用较前优化的两步化学抛光对 3D 打印的 Ti-6Al-4V 合金进行了抛光处理，使植入物获得了光滑的表面。该方法特别适用于管、内部流路和孔等形状复杂的钛合金部件，而这些部件通过常规方法难以进行抛光。目前，许多产品已进入临床应用，并取得了良好的效果。夏志勇等[11]通过 3D 打印技术制造的钛合金骨小梁金属臼杯、垫块对 15 例单侧髋关节置换术后患者进行翻修以探究 3D 打印髋臼杯在全髋关节置换翻修术中的临床疗效，随访 12~18(13.6±2.2)个月，术前和术后髋关节 Harris 评分差异具有统计学意义[$P<$ 0.001，术前为(43.9±10.3)分，术后 6 个月为(80.5±4.6)分]，证实应用 3D 打印钛合金骨小梁金属臼杯、垫块能够提升全髋关节置换翻修术后髋关节的初始稳定性，短期疗效满意。3D 打印技术在骨科畸形的诊断、治疗和病情沟通中发挥着重要的作用[12]，3D 打印技术可以利用患者术前影像学计算机断层扫描(computed tomography，CT)、磁共振成像资料精准地制造出手术区域的解剖结构，使得术前规划更加直观，可提前评估手术中可能出现的风险，提高了工作效率，降低了手术失败率。利用打印完成的术前模型，可以实现术前模拟操作。直观的疾病情况展示，有利于提升医患沟通的满意度，使得患者及其家属可以更加直观地观察其目前的疾病情况[13]。Long 等[14]将 30 例三踝骨折患者随机分为 3D 打印辅助设计手术组(A 组)和非 3D 打印辅助设计手术组(B 组)，接受 3D 打印原型辅助术前沟通患者的满意度评分为(9.3±0.6)分，可见 3D 打印在实现满意的骨科术前医患沟通方面发挥了良好的作用，可以作为一种有效的医患沟通工具。近年来，3D 打印技术在骨科医疗器械领域的发展迅速，无论是手术过程中使用的导板，还是硬性植入物，都已经基本实现了临床的应用。随着打印材料的降价和技术的普及，将有更多的患者能够享受 3D 打印技术医疗服务。

2.1.1.2　3D 打印技术在骨科医疗器械领域的基本工作流程

目前，3D 打印技术在骨科医疗器械领域的基本工作流程如图 2-1 所示。

1) 获取需要的图片、数据

骨科最常使用的检查手段是 CT 扫描、MRI 检查，而使用 3D 打印技术离不开三维数据，最常用的数据为 CT 平扫产生的原始 DICOM 数据。该数据常作为原始数据进行数据传输、保存。

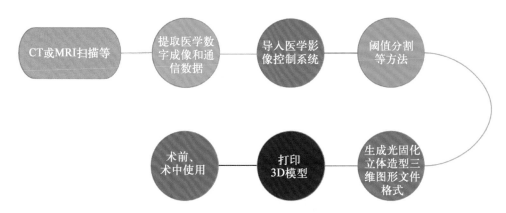

图 2-1 3D打印技术在骨科医疗器械领域的基本工作流程

2）数据处理

根据骨科临床工作需要,我们可以通过把原始 DICOM 数据导入 Mimics 软件中编辑出所需要的 STL 3D打印数据。

3）通过 3D打印机制造成品

处理完成后将数据导入 3D打印机,根据需要选择不同的材料进行术中导航导板或物理植入物模型的打印。

2.1.1.3 3D打印材料在骨科医疗器械领域的研究进展

目前,应用 3D打印制造骨科医疗器械时,制造不同的医疗器械应使用不同的打印材料。例如,打印假肢矫形器多使用尼龙、聚乳酸(polylactic acid,PLA)、热塑性聚氨酯弹性体(thermoplastic polyurethanes,TPU)和丙烯腈-苯乙烯-丁二烯共聚物(acrylonitrile butadiene styrene,ABS)等,但存在舒适度不够和力学性能不强等问题。不可降解再生的硬组织植入物,即人工关节假体、骨缺损修复物,多由惰性材料制成,这些材料都具有良好的生物相容性、耐摩擦磨损性、耐腐蚀性,包括钽系合金、钴铬钼合金等。含镁生物医用材料因其良好的生物相容性和可降解性成为目前具有巨大发展潜力的骨科硬组织植入物打印材料[15]。聚醚醚酮的化学稳定性优异,生物相容性良好,力学性能和密度均与人体骨骼接近,也是一种理想的骨科手术植入物材料。陕西科技大学辛骅教授带领团队对不同光栅角度下熔融沉积成型的聚醚醚酮的力学性能、表面特征和微观结构进行了研究,证明其具有成为骨科植入物应用材料的特征[16]。目前,聚醚醚酮在 3D打印硬组织替代物领域的应用受到广泛关注。西安交通大学在 3D打印聚醚醚酮骨植入物方面进行了创新和应用研究,自 2017 年起陆续实现了 3D打印颅骨、下颌骨和胸肋骨等医疗器械的临床应用。2022 年 4 月,西安康拓医疗技术股份有限公司自主研发的 3D打印聚醚醚酮颅骨系统进入了创新医疗器械特别审查程序,该 3D打印聚醚醚酮系统将进入注册审评审批。3D 打印医疗器械材料的未来研究方向是可降解个性化植入物,上海交通大学、空军军医大学、华南理工大学、四川大学、清华大学和西安交通大学等高等院校相继对个性化可降解植入物增材制造展开相关研究。这是骨科 3D 打印材料从研究惰性材料制作人工假体,向研究可降解植入物的重要转变,也是材料功能研发从机械支撑功能为主向再生功能为主的重要发展。可降解材料在逐步发生降解的同时,能够在人体环境中诱导组织形成,最终实现局部完全被新生组织替代,达到人体组织修复的目的。目前,可降解材料在金属材料、聚合物材料和陶瓷材料方面均进行了相关研究与应用探究。金属材料的主要研究对象是锌系和镁系,陶瓷材料的主要研究对象是钙硅基材料和钙磷基材料。这些材料可用于修复骨缺损。聚乳酸、聚乙醇酸和聚己内酯等可降解聚合物器械通过 3D 打印技术的快速成型逐渐应用于骨组织修复研究中,但目前仍多停留在实验室单元技术创新阶段,已开展的临床试验较少,这些材料仍面临可降解骨支架力学强度不够、降解速度与新生骨再生速度不匹配等诸多亟待解决的技术难题[17]。

2.1.1.4 与 3D 打印骨科医疗器械相关的法规和行业标准的现状

由于 3D 打印是新兴产业,限制 3D 打印技术发展和临床应用的不仅有来自技术的瓶颈,还有目前尚未完善的相关法规。各国都在积极推进相关法规和标准的制定。2016 年 5 月,美国 FDA 发布了针对医疗制造商的 3D 打印草案指南,在收集了美国先进医疗技术协会、强生以及 Materialise 等医药 3D 打印公司的建议之后,时隔 1 年半,FDA 于 2017 年 12 月 5 日发布了《3D 打印医疗器械制造指导意见》。近年来,我国相继批准了多个 3D 打印医疗模型上市,湖南、广东、河北、上海等地已出台了对于 3D 打印医疗模型的收费标准。在假肢矫形器方面,国务院于 2016 年印发的《关于加快发展康复辅助器具产业的若干意见》指出,要加快 3D 打印技术在康复辅助器具产业中的应用。国内专家学者也积极推动 3D 打印手术导板相关行业标准的制定,如 2019 年中华医学会医学工程学分会数字骨科学组发布的《3D 打印骨科手术导板技术标准专家共识》,以及 2022 年发布的《增材制造(3D 打印)定制式骨科手术导板》《增材制造(3D 打印)口腔种植外科导板》等若干项团体标准。2019 年 7 月,国家药品监督管理局和国家卫生健康委员会联合发布《定制式医疗器械监督管理规定(试行)》;同年 9 月,国家药品监督管理局发布了面向 3D 打印硬组织替代物的《无源植入性骨、关节及口腔硬组织个性化增材制造医疗器械注册技术审查指导原则》,并以此为核心先后发布了针对髋臼杯、人工椎体、下颌骨假体和脊柱融合器的指导原则,以及针对 3D 打印纯钛、可降解镁金属、聚醚醚酮等新材料产品的指导原则,初步构建了 3D 打印硬组织替代物的指导原则体系。2020 年正式实施了《定制式医疗器械监督管理规定(试行)》,标志着国家进一步规范了包括 3D 打印产品在内的定制式医疗器械市场的发展,也为临床规范使用 3D 打印骨科医疗器械指明了道路。2021 年 3 月,国家药品监督管理局、国家标准化管理委员会联合印发了《关于进一步促进医疗器械标准化工作高质量发展的意见》,明确提出加强新型生物医用材料标准研究,推动药械组合产品、3D 打印、可降解类、组织工程类、重组胶原蛋白类、纳米类等新技术、新工艺和新材料标准的制修订工作。2022 年 2 月,为进一步规范增材制造聚醚醚酮植入物的管理,国家药品监督管理局医疗器械技术审评中心组织制定了《增材制造聚醚醚酮植入物注册审查指导原则》(2022 年第 3 号),随着各国法律法规和专家指导意见的发表公开,新兴的 3D 打印产业能够继续在合法的环境中向前推进,为医疗事业提供新的有效的治疗手段。

2.1.2 生物 3D 打印技术在骨科医疗器械领域应用的技术难点及突破

生物 3D 打印(3D bioprinting)是利用 3D 打印机,用含有生物材料、生长因子和细胞的生物墨水打印出仿生组织结构的打印技术,但生物 3D 打印技术目前仍无法制备具有生理学功能并且可以长期存活的复杂组织。在近 10 年中,通过 3D 打印技术打印骨科复杂结构体技术日渐成熟,国内 3D 打印技术与国际先进技术基本齐平,然而目前国内外专家学者对使用生物 3D 打印技术,制造骨关节结构、腱骨联合修复体等骨科活性生物植入体还存在诸多疑问,仍需进一步研究。在骨科医疗器械领域,3D 打印技术的应用主要分为 3 个阶段:初级阶段,以制造手术导板、人工关节、定制化假肢和创伤后个性化硬性植入物为主,该阶段通过 3D 打印制造的骨科医疗器械的制造材料多选用惰性材料;第二阶段,制造生物学活性较低的以细胞为原料、生物墨水为黏合剂的肌腱组织、腱骨联合和软骨组织;第三阶段,也被称为高级阶段,是制造有生理学功能的人体活性器官、人工骨骼,为人类健康提供优质的人工器材。目前,在骨科医疗器械领域,已经基本完成了初级阶段的目标,第二、第三阶段发展中遇到的问题仍在探索中。在骨科医疗器械领域,除了硬物理结构 3D 打印制造研究取得多项突破,3D 打印的另一子分支生物 3D 打印也在一步步向前发展。以含有细胞的生物墨水为原料的生物 3D 打印技术是最有希望实现体外复制手术中生物性植入物的技术之一。清华-伯克利深圳学院郭钟伟博士带领的生物制造科研团队构建了一种新型纳米黏土复合双网络水凝胶[nanoclay-incorporated double-network (NIDN) hydrogels],在水溶液中,纳米黏土因具有带电属性和特殊结构形成类似于纸牌屋的结构,在该结构中加入海藻酸钠和透明质酸衍生物可产生分离与再连接,再利用挤出式生物 3D 打印机(上普生物 CPD1/BioMaker)可制备出高强度 1D 纤维结构以及复杂 3D 结构。由 3D 打印制成的该项支架可用于培养骨髓间充质干细胞,把它用于小鼠颅骨缺损的修复有良好的疗效[18]。2017 年 11 月,中国首台高通量集成化生物 3D 打印机"Bio-architect® X"研发成功,此举推进了我国 3D 打印医疗器械、人工组织器官临床转化的进程,也为新药筛选提供了与之前不一样的解决方案[19]。在肺癌或乳腺癌患者中，骨转移发生的概率较高，其在肿瘤中后期对骨质破坏较大，骨科手术常常是治疗这类恶性肿瘤骨转移骨质破坏的重要手段。研究肿瘤骨转移细胞的生长发育机制对早期治疗恶性肿瘤骨转移非常重要。所以，研究肿瘤骨转移细胞在体内的行为也是了解疾病发展的重要步骤。随着生物 3D 打印技术的进步，人们在体外研究肿瘤骨转移细胞的体内行为有了更直观的方式。Han 等[20]利用 3D 打印技术打印出该细胞生长所需的相似内环境，即具有小梁结构的生物骨骼支架，并用胶原蛋白基质、成骨细胞样细胞和矿化钙进行调节。该研究证明了生物 3D 打印的仿生骨生态位模型能够为肿瘤骨转移细胞生长提供条件，有利于对骨转移治疗药物测试、术后治疗模拟和发病机制的研究。此前的生物 3D 打印技术制造的组织器官并不具有生理学功能，并且也不能长期存活。此前的生物 3D 打印方式只能在纵向和水平向逐层打印细胞，这种打印方式无法实现血管网络与细胞的有机融合，导致打印成型后的细胞得不到有效的营养供给，这就是打印的细胞难以长时间存活的原因之一。为了解决这些问题，各国学者提出了各自的解决方案。2019 年 4 月，以色列学者、特拉维夫大学教授塔勒·德维尔成功打印出结构完整的心脏。该团队从 1 例患者身上获取了脂肪组织，分离出细胞外基质和细胞，再将细胞转变成干细胞，让这些干细胞分化成可生成血管的细胞和心肌细胞，然后将这些细胞外基质与细胞加工成的水凝胶混合，这个混合物就是"生物墨水"，最终将"生物墨水"装入 3D 打印机打印，打印出的细胞可以收缩，但未形成泵血能力[21]。2022 年，中国科学院遗传与发育生物学研究所的王秀杰研究员、曼彻斯特大学的王昌凌教授和清华大学的刘永进教授共同提出了一种新的打印策略，该策略基于六轴机器人，将六轴机器人的设计原理融入生物 3D 打印技术中，使得拥有任意转动功能的 3D 打印机可以实现空间内任意角度打印细胞，改变传统逐层累加打印细胞的方式，解决由此导致的细胞和血管网络不能有机融合的问题。通过新设计的循环式"打印-培养"实验方案，给予若干层细胞共培养时间，形成具有生理学功能的新生毛细血管网和细胞间连接。这种方案可以保证打印组织的长期存活。该项目的目前成果是打印出具有毛细血管网络结构、在体外存活并且起搏 6 个月以上的心肌组织[19]。在骨缺损方面，2019 年西北工业大学汪焰恩教授带领的团队使用目前世界通用的仿人骨材料羟基磷灰石研制的 3D 打印活性仿生骨可以做到与自然骨的力学性能、结构、成分高度一致。动物活体实验数据显示，利用该技术制造的仿生骨可在生物体内"发育"，甚至可以使自体细胞在人造骨中生长，最终实现人造骨与自然骨无排异地生长在一起。该团队还发明了活性生物陶瓷仿生骨 3D 打印技术。该发明使用常温压电超微雾化喷洒技术，突破了细胞液和蛋白液喷洒速度、喷洒量难以精细控制的技术瓶颈，解决了此前生物打印精度难以控制的问题。不过该项技术目前仍停留在试验阶段，要实现临床应用还要走很长的路[22]。同年，博恩生物公司成功自主研发了世界首台可发育生物学活性骨 3D

打印机。该打印机使用的材料非常独特,使用纯度96%以上的纳米羟基磷灰石材料,黏结剂含量降到4%以下。该种材料天然具有很好的骨传导性和骨诱导性,具备仿生结构,并且因为生产工艺是在常温下进行,该种常温3D打印的方式保证了骨骼的生物学活性。该项技术的突破,无疑是骨科医疗器械中生物活性植入物研发制造的一缕曙光。随着骨科关节镜手术的增多,开展的肌腱断裂重建术也在增加,这导致自体肌腱移植的需求也在增加,需要提供一种人工肌腱,因此通过生物3D打印技术制造人们需要的肌腱、腱骨联合等人体组织具有非常良好的前景。在国家科技计划支持下,广州迈普再生医学科技股份有限公司牵头,联合清华大学等单位,研制出生物软组织缺损扫描与原位打印系统。该系统填补了国内在软组织缺损扫描与原位打印领域的空白,在动物活体原位打印研究中显示出良好的修复效果。该系统在组织缺损、急救等领域具有广阔的应用前景,但目前尚处于动物实验阶段,需继续开展下一阶段的研究。国内外在生物3D打印技术方面均存在临床应用少、多停留在动物实验阶段的问题。同时,现在还缺乏打印的生物材料细胞能够长期存活的证据,需要继续探究。

2.1.3 总结与展望

3D打印是一门新兴学科,骨科专家学者对它的研究从未停止。在骨科医疗器械领域,3D打印技术已经基本实现不可降解的惰性硬性植入物的生产制造,能够满足骨科患者个性化人工假体定制、骨缺损修复材料定制的需求,并且相关产品已通过医疗管理部门认证。国外带有骨小梁结构的髋臼杯通过CE认证;国内3D打印人工髋关节产品获得国家药品监督管理局注册批准。有学者将3D打印制造的个性化产品应用在全髋关节置换翻修术中,并取得了满意的短期疗效,长期疗效仍需后续追踪[11]。3D打印生产的骨科医疗器械中,手术辅助器械、骨科植入物、假体已基本实现临床应用。骨科医疗器械的3D打印材料研究已从惰性材料向可降解个性化植入物和生物活性材料转变。与骨科医疗器械及3D打印相关的法规和行业标准得到了进一步的完善,这为技术进步后其使用合法性提供了保障。而3D打印领域的分支生物3D打印在骨科医疗器械中的生物学活性植入物方面有了新的进展。目前,最前沿的生物3D打印技术已经可以制造出有生物学活性的组织,这对提供骨科医疗器械中的生物学活性植入物有巨大意义,然而这项新技术目前也只是处于实验阶段,真正实现临床应用还为时尚早,是专家学者仍需继续探索的方向。

综上,3D打印技术已经给骨科医疗器械的制造带来了翻天覆地的变化,突破了传统制造业难以实现的复杂结构制造,但是生物3D打印技术制造的具有生物学活性的骨科植入物仍需要更多的研究证明才可以应用于临床之中。

2.2　3D 打印股骨颈骨折内固定导航器的设计制作及临床应用

　　股骨颈骨折是一种创伤骨科临床上的常见病、多发病,约占创伤骨折总量的 3.6%[23]。老年人为高发人群,近年来其股骨劲骨折的发病率日益增高,尤其是我国目前正步入老龄化社会,随着老年人口的迅速增加,大量股骨颈骨折及其后遗症患者需要住院治疗,同时也需要家庭护理,这些增加了社会及家庭的负担。中青年患者股骨颈骨折多由高能量暴力损伤导致,发生缺血性骨坏死及骨不连的风险较高。其术后效果及并发症发生率主要与以下因素有关:① 损伤的程度,如移位程度、粉碎程度和血供破坏与否;② 术中操作及复位情况;③ 固定正确与否。即使骨折没有移位,仍有 10%~15% 的患者会出现无法控制的并发症。及早诊断、解剖复位、骨折端的牢固内固定有利于骨折愈合,但由于股骨头在血供解剖上具有特殊性,在骨折发生后其血供极易受到破坏,因此再有经验的手术医生可能都无法控制股骨头缺血性坏死等并发症的发生。股骨颈骨折的治疗及其并发症、后遗症的解决一直以来都是骨科界的难题[24]。目前,手术治疗方案的选择多依靠手术医生的个人经验及技术水平,依靠固定手术器械进行手工定位,需要借助 C 形臂 X 线机反复调整、借助 X 线透视确认置钉位置。而手术操作的熟练和精细程度及手术时间的长短直接影响股骨头缺血性坏死等术后并发症的发生率,同时术中颈干角、前倾角等解剖结构的精确恢复一直是制约手术医生手术操作的难题,往往术中反复的复位调整、大范围组织剥离等会导致术后发生股骨头缺血性坏死的风险增加。广州中医药大学附属中山中医院的陈亮教授研究团队,一直致力于 3D 打印暨数字医学的临床应用研究。该团队针对现行股骨颈骨折内固定手术的弊端,应用先进的三维工程软件及 3D 打印技术,自主研发制作与患者解剖结构完全匹配的 3D 打印的个性化股骨颈骨折 U 形经皮手术导航器,并以此辅助置钉行股骨颈骨折空心钉内固定手术,极大地提高了手术的准确性,临床效果满意。

2.2.1　病例资料

　　选取 2016 年 8 月至 2017 年 3 月广州中医药大学附属中山中医院骨三科(即中山市中医院骨三科)收治的患者中符合本研究纳入标准的 5 例患者,患者均已签署知情同意书。男性 3 例,女性 2 例;年龄为 33~60 岁,平均为 46.5 岁;左侧股骨颈骨折 2 例,右侧股骨颈骨折 3 例,Garden Ⅱ 型 3 例,Garden Ⅲ 型 2 例,致伤原因均为跌倒。除 1 例患者为受伤后 2 天来院外,其余 4 例患者均为受伤当天由急诊收入院,其中 2 例男性患者及 1 例女性患者患有高血压病,口服药物控制血压稳定,其余患者均不伴有明显的内科疾病。

2.2.2　研发及制作方法

2.2.2.1　设计及制作

采集患者双侧髋关节薄层 CT 扫描 DICOM 格式数据,利用 Mimics Research 17.0 (比利时 Materialise 公司)、SolidWorks 2012(美国达索公司)和 Geomagic Studio 2013 (美国 Raindrop 公司)等三维设计软件,建立股骨颈骨折患者数字模型。首先将患者的 CT 扫描数据导入 Mimics Research 17.0 中,灰度值设定为 bone,利用区域生长功能,生成股骨近端骨骼三维模型,再将该骨骼模型导入 Geomagic Studio 2013 模型中依次运用网格检查、重画网格、精确曲面、构造曲面片、构造格栅和拟合曲面等功能建立可编辑的数字模型。最后,将该数字模型导入 SolidWorks 2012,在 SolidWorks 2012 软件中先进行计算机模拟骨折端复位(预留 5 mm 复位误差)并根据骨折移位及计算机模拟复位情况,设计 3 枚钉道位置并标注编号,参照股骨头凹的位置,确定螺钉拧入的先后顺序并以数字标识(这一步的目的是利用螺钉在骨折端的加压顺序进一步对骨折端进行复位调整),再将事先根据 7.0 mm 或者 7.3 mm 空心钉(双羊牌)实际测绘数据绘制的空心钉三维模型,按照"倒品字形"由钉道置入。要求如下:螺钉尽量相互平行,位于股骨颈四周,下方的螺钉应紧靠股骨颈下方的皮质(股骨矩),所有螺钉的螺纹必须完全进入股骨头[25]。在此标准基础上设计如下:空心钉螺纹边缘尽可能紧贴外层骨皮质下 5 mm,螺钉尖距股骨头关节面 5~10 mm(紧贴皮质是为了确保置钉后骨折端的稳定,与骨皮质间预留 5 mm 是考虑为手术中手术医师复位及钻入导针时的误差预留修正空间),根据放置好的空心钉的空间位置,运用参考几何体命令取空心钉的中轴,再生成同心圆,运用拉伸凸台、倒圆角等命令,逆向设计出 U 形瞄准台、套管及瞄准壁,然后利用等距曲面功能(设定与骨面间隙距离 0.5 mm,以利于安装及容纳部分软组织如骨膜等),在距离股骨大结节 10 cm 处,以骨面为参照,逆向设计出 U 形导航器的骨面立脚即底面。该底面要求统一纵向宽度为 1 cm,横向长以到达股骨前后骨面开始屈曲为准(接近该处股骨骨面周径的 1/4)。对于一些骨骼特别粗大或特别细小、局部骨面曲率变化较小的患者,可以设计如图 2-2(b)和图 2-2(c)所示小粗隆下限位曲面,但切口相应要延长 0.5 cm。最后运用布尔运算将以上部件组合为整体;最终生成 U 形经皮手术导航器(专利号为:ZL201630573958.X,设计方案及 3D 试样由广州中医药大学附属中心中医院、上海交通大学附属第九人民医院和上海交通大学 MED-X 研究院联合设计制作)。导航器外观呈横置 U 字形(见图 2-2),底面以股骨近端骨面数字模型中的点云为参照,直接反求生成,故其与患者实际股骨近端骨面精准匹配,在两侧边缘设计有限位曲面,保证瞄准器与股骨近端骨面贴合并起到限定位置的作用,进而确保术中实际操作与计算机设计位置一致。导航器顶端依患者实际骨折类型,设计 3 枚导向孔(根据实际

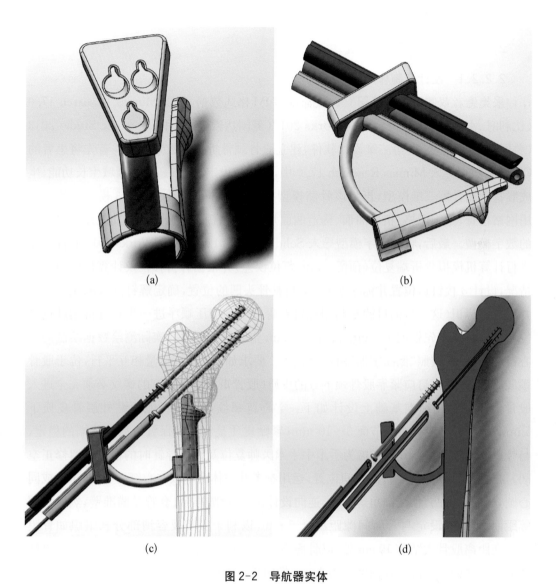

(a)   (b)

(c)   (d)

图 2-2　导航器实体

(a) U 形经皮手术导航器手柄；(b) U 形经皮手术导航器组装整体；
(c) 置钉操作示意图；(d) 置钉过程剖视图

情况也可设置 2 枚导航器定位固定孔，其标注编号与设计的 3 枚钉道位置的标注编号一致)，导向孔向皮肤表面延伸。利用抽壳及凸台技术，设计定位导向管，各导向管上设计有方向限位轨道，可防止混淆导管及方向偏差。依据局部软组织的厚度，去除中间相应厚度导向管，导向管的长度依不同患者的实际置钉深度确定，所有术中使用的动力钻加持导针长度固定设为 2 cm，以确保导向管限位的准确性及操作的规范性。最后，利用 3D 打印技术(广州中医药大学附属中山中医院使用美国 3D Systems 公司的 ProJet3510 型打印机,上海交通大学 MED-X 研究院使用法国 Prodways L5000 型打印机)制造出导航器实体及骨折部位的 1∶1 解剖模型,术前在 3D 打印模型上进行手术预演。验证导航器的精准度,确认置钉角度、深度、位置满意后,将导航器送广州中医药大学附属中山中医院消毒供应室采用环氧乙烷气体消毒或者采用等离子消毒,之后实施手术。

2.2.2.2　U 形经皮手术导航器的操作介绍

术中以牵引床闭合复位,必要时可经皮在股骨头及股骨大结节处钻入带螺纹克氏针作为调控杆辅助复位。手术医生在股骨近端距离股骨大结节顶端 10 cm 处,做长为 2 cm 的切口(依患者股骨大小确定导航器底座大小、局部皮肤松弛度,也可选择 1 cm 切口),分离并撑开局部软组织后,将局部(底座覆盖面)骨面表面软组织剥离(此处骨干表面非肌腱附着点,软组织较易剥离),将导航器底端斜行贴骨面插入,前后曲面卡实后向近端推入贴实。因股骨上段有向近端膨大的趋势,而且 3D 打印材料在厚度超过 1 mm 以后硬度大、形变小(光敏树脂),故当导航器插入后向近端推移时阻力最大处即为纵向位置;横向即前后位推移时,由于导航器的底面设计是卡在前后骨面曲率刚刚发生改变处,受曲率变化的影响,当导航器底面放置到正确位置后,对其进行前后推移也是推不动的。当导航器位置不正确时,其底面与骨面不能贴合,导航器底面将翘起在骨面表面。此时,术者只需将导航器沿骨面稍稍进行前后及上下滑移,位置正确时底面会顺利卡入骨面。这里还有一点需说明,由于导航器的底面与骨面是通过 3D 打印出来的,曲率完全一致,当两者完全贴合以后,受到大气压力及两者之间液体张力的作用,对其进行前后及上下推移(曲率出现变化的趋势,会造成两者在垂直面上出现分离的趋势)阻力较大。此过程注意,当导航器底面位置正确后,会有类似关节脱位后复位的入臼感,不可暴力卡压,以防止折断导航器。有定位孔的,可以用 2 枚克氏针自上部导航器定位孔钻入以固定导航器。当导航器置入后,可在皮肤表面,平导航器底面上缘处放置一根 1.0 mm 克氏针,并以无菌输液贴粘贴固定,在最前缘钉道导管内插入一根 1.0 mm 克氏针,穿透骨骼表面的软组织,稍稍敲入使针尖扎入骨面稍许,行 C 形臂 X 线机透视,分别检查克氏针与股骨大结节顶端及股骨前缘骨面的距离,并与术前设计数值比较,以验证导航器位置正确与否(由于导航器底面的特殊设计,操作熟练后此步骤也可省略)。最后,从上部导向管中依次钻入导针、沿滑轨撤出导向管、拧入螺钉固定,5 例患者均行空心拉力螺钉固定。如图 2-2 所示,按术前计算机设计的螺钉拧入顺序方案,依照钉道编号顺次拧入螺钉,以便对骨折端进行微调复位,最后利用 C 形臂 X 线机摄正、侧位片以检查置钉效果。

2.2.3　评价标准

利用术中 C 形臂 X 线机透视结合术后 X 线片复查,对患者钉道位置、手术时间、术中出血量、X线投照次数等进行综合评价。根据评价标准,应由同一位医生进行测量记录。该医生于术中及术后对患者进行X线片复查,按患者的情况如实进行记录,并建立患者随访登记数据库。随访时根据Harris髋关节功能评分标准,从疼痛、功能、下肢畸形及髋关节活动范围等方面对患者进行评价,满分100分,90分以上为优良,80~89分为较好,70~79分为尚可,低于70分为差[26]。

2.2.4 术后处理及随访

术后给患者预防性应用抗生素24~72 h,术后1周内密切关注患者的体温、心率、血压及肢体肿胀情况。嘱患者将患肢保持在外展中立位,不盘腿、不侧卧,早期不做患肢抬高动作,鼓励患者行足趾及踝关节功能锻炼、小腿肌肉按摩,以预防下肢深静脉血栓形成。术后3天内行股四头肌等长收缩锻炼和髋、膝关节屈伸练习,即患肢足跟紧贴床面滑动、屈髋和屈膝,3个月后持双拐不负重下地;术后1、3、6个月及之后每6个月到门诊复查X线片,根据骨折愈合情况开始负重锻炼,并登记记录。

2.2.5 结果

5例患者的钉道位置与术前计算机设计的方案基本一致。除第1例患者在术中接受透视3次外(因初次操作为保障安全性及准确性,均进行了透视确认),其余4例患者均仅投照1次,手术时间为15~30 min,平均时间为22.5 min,出血量为5~10 mL,平均出血量为7.5 mL,术后随访3~6个月,平均为4.5个月,髋关节Harris评分为:优良1例,较好3例,尚可1例,差0例。如图2-3所示,患者为女性,35岁,摔伤5 h入院,诊断为Garden Ⅲ型左股骨颈骨折,术中做2 cm小切口[见图2-3(a)],撑开皮肤软组织后,皮下剥离软组织至骨膜,置入导航器做辅助瞄准置钉[见图2-3(b)],行"倒品字形"3枚空心拉力螺钉固定,术中透视[见图2-3(c)]显示钉道与术前计算机设计基本相符,术后复查X线片[见图2-3(d)、图2-3(e)]显示钉道位置与术前计算机设计基本相符,术后6个月复查X线片[见图2-3(f)、图2-3(g)]显示骨折愈合情况良好,髋关节Harris评分优良,活动功能基本恢复[见图2-3(h)]。

2.2.6 讨论

股骨颈骨折的内固定治疗,目前主要包括用2枚平行空心拉力螺钉固定、用3枚"倒品字形"排列空心拉力螺钉固定及DHS等钉板系统固定[27]。其中应用较为广泛的是用3枚空心加压螺钉内固定。该项技术要求置钉的方向要与髋关节的力线一致,位置在股骨距上下,能增强固定作用和耐劳性,且其最佳钉道位置要求紧贴内侧骨皮质,钉道偏内易造成固定不稳甚至失效,偏外易造成对股骨颈的切割(见图2-4),加重局部

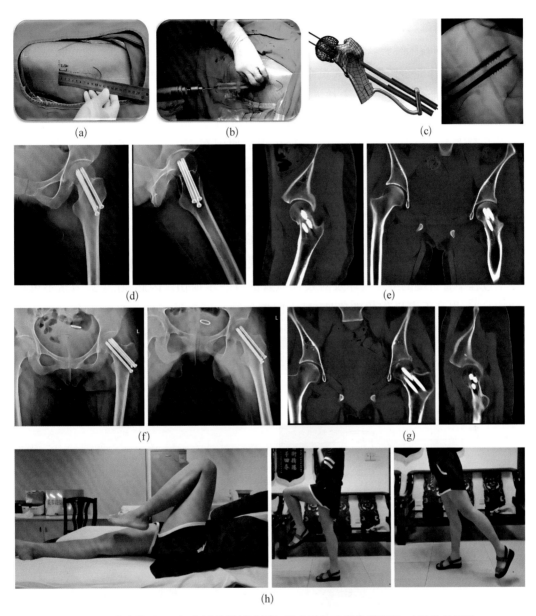

图 2-3　术中使用 3D 打印导航器辅助置钉及术后检查影像学表现、功能恢复情况

(a) 术前切口规划;(b) 术中置入导航器做辅助瞄准置钉;(c) 术中透视;
(d) 术后第 2 天复查 X 线片检查表现;(e) 术后第 2 天复查 CT 检查表现;
(f) 术后 6 个月复查 X 线片检查表现;(g) 术后 6 个月复查 CT 检查表现;
(h) 术后 6 个月检查功能恢复情况

血供破坏。同时,各钉间截面呈三角形,扩大了固定的截面积,增加了稳定性,具备良好的抗旋转能力,且钉体小,对骨组织破坏小,不损伤股骨颈周围的组织,对股骨头残存血供影响小。但是如果放置不到位,不但其支持作用降低,也会有钉头切出、松动、断裂、血供破坏、髓内翻畸形及骨折移位等风险。在临床实际操作中,需要医生具备熟练的手术技术、丰富的临床经验,将空心螺钉准确地安装到正确部位[28]。这样,就造成标准很严格但实际操作完全依靠手术人员个人的操作经验和技术熟练程度来确定,且这种手术技术的学习曲线比较长,手术精度很难达到[29]。在临床实际操作中,常见颈干角、前倾角过大或过小,空心螺钉切割穿出股骨颈后方或前方(见图 2-4),穿出股骨头进入髋关节甚至进入盆腔损伤膀胱壁[30]。造成失误的原因在于人类不同个体间解剖学的差异,以及创伤等因素改变了医生所熟悉的解剖学结构[31]。Schweitzer 等[32]发现在股骨颈骨折术后股骨头坏死的风险因素中,年龄是重要因素。笔者认为年龄只是其中的一个方面,术中手术医生的操作技术水平同样至关重要。张铁山等[33]的研究认为,对于移位型股骨颈骨折,切开复位内固定的股骨头缺血性坏死发生率较闭合复位内固定的低,其原因主要是切开复位可以在直视下对骨折端进行准确的复位及内固定,进而避免了手术过程中骨折端的继发破坏及对残存血管的进一步损伤。因此,在年龄因素不可控的情况下,提高手术操作的准确性、最大限度地减少医源性损伤就显得十分必要。目前,现有手术辅助工具尚不能体现个体化差异,在手术过程中无法帮助术者准确定位及置钉。因此,临床上迫切需要一种实用性强、精准性高、能够体现患者个体化差异、操作简单且易于掌握的辅助置钉方法[34]。

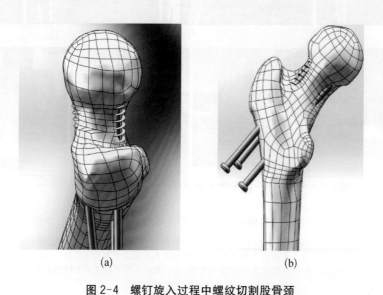

(a)   (b)

图 2-4　螺钉旋入过程中螺纹切割股骨颈

(a) 螺钉旋入过程中螺纹切割股骨颈侧面观;(b) 螺钉旋入过程中螺纹切割股骨颈正面观

　　随着数字医学技术的发展,以 3D 打印技术为核心的精准医疗理念在骨科领域逐渐兴起,利用 3D 打印技术可以制作出 1∶1 比例的部分人体解剖学结构,也可以制作出带有最佳入针点导向孔的导向模板。对于一些对钉道位置准确性要求较高部位的手术,有极大的帮助作用,如韩影等[35]利用 3D 打印的导航模板辅助穿刺进行圆孔入路三叉神经第 2 支射频热凝治疗,发现该项技术的准确性和安全性明显优于传统技术,它极大地提高了治疗的效率和质量。3D 打印导航模板技术在骨科中应用较多的一个领域是脊柱专科,如王飞等[36]的研究发现采用 3D 打印的置钉模板辅助寰枢椎椎弓根置钉,大大地提高了钉道的准确性,缩短了手术时间,显著降低了透视的频次及术中出血量。导航模板辅助下置入螺钉技术,为手术操作提供了一个精确的入钉轨迹,螺钉的适应性良好,计算精度较高。该方法显著降低了操作时间和 X 线辐射。但目前关于 3D 打印手术导航模板技术的文献报道多集中在脊柱、骨盆、膝关节、骨肿瘤、口腔、颅和颌面等疾病研究领域[37]。而应用于股骨颈骨折的导航模板技术报道较少,且需要做较大的手术切口。为达到导板与骨面的准确贴合,需要剥离较大范围的软组织,对骨折部位骨质组织的破坏相对较大。因此,设计一款微创、准确、操作简单和利于推广的股骨颈骨折手术导航器,就显得十分必要[29]。这个应用案例基于精准医疗的理念,运用先进的三维工程软件及 3D 打印技术制作与患者的解剖结构完全匹配的 3D 打印个性化股骨颈骨折 U 形经皮手术导航器,以辅助置钉。术中操作的关键步骤是需要将导航器的底座放置准确。具体来讲,就是将与骨面完全匹配的底座面插入后上下左右轻轻平推,感觉到上下左右均有明显的阻力时(在两个完全匹配的曲面之间有一定液体存在的情况下,由于大气压力及液体张力的作用,两个曲面分离的阻力较大),即是准确的定位点;另外,在导针钻入过程中要顺着导管方向,不可大力推压,防止导针在入针点滑移。该方案大大地提高了手术过程的准确性及安全性。经皮肤小切口的微创操作,缩短了手术时间,减少了术中出血量,在置钉位置的准确性等方面较传统手术方案具有明显的优势,易于掌握,缩短了手术的学习曲线,消除了由医生个人技术差异导致的手术效果差异,明显降低了术后并发症的发生率,操作简便,具有一定的临床推广应用价值。

上述研究的不足之处在于,一方面,目前应用的病例数较少,随访时间较短,尚无法对远期效果进行准确评价,笔者会进一步扩大样本数量及随访时间,但从术中操作的便利性、准确性以及术后通过复查 X 线片对钉道位置的分析来看,该导航器的优势已基本凸显。另一方面,如患者局部软组织较肥厚,套管的行程较长,导针会在入针点位置产生小幅度滑移,在术中钻入导针过程中,顺导管及电钻钻入趋势钻入,避免过度用力按压电钻,可以在一定程度上避免滑移;同时,目前该导航器的应用也仅限于复位较容易的患者,对于每例患者,在进行计算机模拟复位及导航器设计时均对复位的结果及最终的钉道位置预留 5 mm 的误差,并未追求严格意义上的解剖学复位。笔者在实践过程中仍在不断地对设计方案进行改进,以最大限度地提高钉道的准确性;同时,笔者也在积极探索导航器辅助复位的功能。

2.3　3D 打印股骨颈截骨转头保髋手术转头角度测量器的研发及临床应用

股骨头坏死患者,尤其是坏死面积超过 30% 的患者,随病情进展股骨头坏死区逐渐发生塌陷,导致骨关节炎加重,尤其是运动量相对较多的年轻患者[38]。因此,对股骨头坏死面积偏大的年轻患者有必要采取积极的治疗措施,改善远期预后。股骨头坏死的手术治疗方案大体上分为保留股骨头的手术和人工关节置换术,其中保留股骨头的手术包括股骨头髓芯减压术、髓芯减压联合骨髓干细胞植入术、股骨头打压植骨或带血管的骨瓣移植术、钽金属植入术和股骨转子间旋转截骨术[39,40]。目前较为公认的治疗策略是对股骨头已发生塌陷、出现晚期骨关节炎或年龄偏大的患者,采用人工髋关节置换术;对股骨头坏死早期、股骨头形态完整或相对年轻的患者建议行保留股骨头的手术治疗。保留股骨头的手术治疗可推迟接受人工关节置换术的时间,从而最大限度地减少预期髋关节翻修术的次数[41]。

转子间旋转截骨术通过在股骨转子间层面进行截骨及股骨头颈向前方旋转 90°角,将股骨头的坏死区域旋转至髋关节非负重区,可避免股骨头的进一步塌陷[42]。这种手术方式理论上有效,但临床疗效参差不齐。随着髋关节外科脱位技术[43,44]与软组织瓣延长技术[44,45]的不断进步,对股骨头血运有了更深入的认识,张洪、罗殿中等[41]研究认为采用转子间旋转截骨术治疗,术后效果欠佳的原因很大程度上是该术式未能充分保护股骨头血运。因此,他们在此基础上做了改进,提出了股骨颈基底部旋转截骨术治疗早期股骨头坏死,取得了较为理想的效果。该技术方案大体可分为 3 个步骤:① 外科脱位,自后向前行大转子截骨,截骨厚度约 1.5 cm,以骨撬将大转子连同臀中肌拉向前方,轻度外旋屈曲髋关节,自臀小肌与梨状肌之间分离,将臀小肌自关节囊表面向前剥离,显露关节囊。屈曲外旋髋关节,Z 字形切开关节囊。屈曲内收外旋髋关节,剪断圆韧带,用拉钩提拉股骨颈前下方协助髋关节脱位,显露出股骨头及髋臼。② 软组织瓣延长,用骨刀及咬骨钳自内向外小心切除大转子后方 1/3 骨质,使贴于大转子后方的骨膜及软组织松弛,并保持其完整性。再自大转子后方骨膜与骨质间隙进一步向深部及近端剥离,完整、充分游离股骨近端及股骨颈表面的软组织,避免过度牵拉软组织瓣,保护股骨头血运。③ 股骨颈基底部旋转截骨术,C 形臂 X 线机透视下自大转子外下方沿股骨颈轴线方向(尽可能地与股骨颈轴线重合)置入 1 枚克氏针作旋转轴。自股骨颈前方,于设计截骨线(股骨颈基底部)近端及远端分别置入 1 枚克氏针做旋转定位用。使用摆锯于股骨颈基底部垂直于股骨颈截断股骨颈。通过把持截骨线近端的克氏针向前或向后旋转股骨头颈。根据术前影像学检查结果确定向前或向后旋转股骨头及旋转角度。根据 2 枚克氏针角度的变化判断股骨头旋转的角度。用 2.5 mm 螺纹针对截骨块进行临时固定。在透视下确认股骨头坏死区已基本旋转至非负重区,用 3 枚 7.3 mm 空心螺钉进行最终固定。该技术方案是目前国内外骨科界治疗早期股骨头坏死保留股骨头治疗方案中较为理想的手术方案,手术效果较传统手术方案可靠。但是该方案对手术医师个人技术及经验要求极高,尤其是第 3 步,需要自大转子外下方沿股骨颈轴线方向置入 1 枚克氏针作旋转轴,目前没有可靠的工具器械帮助准确定位,只能依靠医师经验性手工钻入,术中通过 X 线机不断调整,确保钻入的克氏针与股骨颈轴线尽量重合。这个过程完全依赖人眼判断,主观误差较大,且 X 线机投照角度稍有偏差就会造成克氏针与股骨颈实际轴线的巨大偏离。再者,股骨颈基底部截骨时,摆锯是否与股骨颈轴线垂直,直接影响后面旋转时股骨头偏转的角度及对软组织蒂部的张力,从而影响股骨头颈部的血运。最后,在旋转股骨头的角度方面,也没有准确的量化标准及测量工具,完全依赖手术医师通过 X 线透视图像以肉眼进行判断,同样存在明显的主观误差,其准确性同样受 X 线机投照角度的影响。基于以上原因,该类手术目前国内仅有少数几家大型医院的少数医生能够掌握,多数患者需要远赴北京等候就医,一定程度上增加了患者的就医难度及就医成本。

综上,目前,保留股骨头的手术治疗方案对早期股骨头坏死尤其是年轻患者尤为适宜,其中以股骨颈基底部截骨矫形手术的效果最为理想,但该类手术技术难度较大,手术医师的学习曲线较长,且很多关键步骤难以量化,对手术医师个人的技术经验依赖性强,难以向基层医疗机构推广。随着数字医学的迅猛发展,借助现代计算机软件及 3D 打印技术有望解决这一难题,惠及广大患者。广州中医药大学附属中山中医院陈亮教授团队,通过计算机仿真设计,运用金属 3D 打印技术,成功研制出集截骨、旋转角度测量于一体的股骨颈基底部旋转矫形手术模块化截骨、角度测量一体化系统,并成功地应用于临床手术。实践证明,其操作简单、精度高且易于推广。

2.3.1　技术方法

将参试患者,随机分为一体化系统手术组和传统手术组,一体化系统手术组采用患者 CT 扫描 DICOM 格式数据,利用 Mimics Research 21.0、UG、NX 8.0、Geomagic Studio 2013(64 bit)等三维设计软件,建立患者髋部数字模型,并在此基础上,分解出股骨头坏死区域,根据坏死区域及范围确定股骨头旋转方向及旋转角度。运用计算机三维设计软件(Geomagic)采用容积计算的方法计算并标定股骨颈轴线,再以股骨颈轴线为中心设计钻入轴线的克氏针的导向套筒,套筒长度依据克氏针长度及股骨头颈内克氏针的深度进行限位设计。以此套筒为定位轴心设计外科脱位大粗隆截骨模块及股骨颈基底部截骨模块,模块与股骨近端相接触处,运用逆向工程技术、反求技术设计使各个模块可以紧密贴合股骨近端骨质表面曲度变化,最后利用 3D 打印技术制造出截骨模块及骨折部位 1∶1 解剖学模型,术前在 3D 打印模型上进行手术预演,依次安装截骨模块截骨后,安装股骨头旋转角度测量器,按计算机设计角度旋转至合适角度,观察转头后股骨头颈位置,效果满意后,将股骨颈基底部旋转矫形保髋手术模块化截骨、角度测量一体化系统送本院消毒供应室采用环氧乙烷气体消毒,实施手术。截骨模块为一次性,股骨头旋转角度测量器可重复消毒使用。

2.3.2　股骨颈基底部旋转矫形保髋手术模块化截骨、角度测量一体化系统设计及操作介绍

该系统先扫描患者的股骨形状,并计算出股骨颈和股骨头的理论轴心,然后通过 3D 打印技术制作出与患者相适应的大粗隆截骨导向座、股骨颈截骨导向座、旋转角测量器和指针,且各零部件与股骨接触处的形状与股骨表面曲度相一致,使各零部件可与股骨相互贴合形成定位,且大粗隆截骨导向座和股骨颈截骨导向座上的大粗隆定位孔及股骨颈定位孔与患者股骨颈和股骨头的理论轴心同轴。接下来的操作是:① 将大粗隆截骨导向座沿臀中肌后缘移动至股骨大粗隆后方,并使大粗隆截骨导向座的内侧与大粗隆表面相互贴合,此时,大粗隆截骨导向座上的大粗隆截骨导向槽将与大粗隆的顶部相对;② 沿大粗隆截骨导向座上的大粗隆定位孔钻入定位转轴,定位转轴与股骨颈和股骨头的理论轴心重合;③ 利用摆锯沿大粗隆截骨导向槽截除大粗隆的顶部,沿定位转轴将大粗隆截骨导向座取出,进行外科脱位及关节囊松解;④ 沿定位转轴套入股骨颈截骨导向座;⑤ 将小摆锯插入股骨颈截骨导向座的股骨颈截骨导向槽,再沿周向逐步截断股骨颈,待截断完成后,沿定位转轴取出股骨颈截骨导向座,取出后再沿定位转轴套入旋转角测量器和指针,并使旋转角测量器与股骨骨面相贴合;⑥ 将克氏针穿过指针上的导向孔,并使克氏针的末端钻入股骨头;⑦ 按照旋转角测量器上的刻度线转动股骨头至设定角度,克氏针临时固定;⑧ 取下股骨颈截骨转头保髋手术装置的各个零部件,沿克氏针依次拧入 3 枚空心拉力螺钉固定,撤去克氏针,即完成手术。在该手术过程中,定位转轴始终设置于股骨颈和股骨头的理论轴心上,对股骨头的转动提供了准确的定位,极大地降低了手术操作的难度和减少了对医生经验的依赖,消除了因医师个人技术差异而导致的手术效果差异,同时又有效地提高了手术操作的准确性、安全性和成功率,缩短了手术时间,还极大地降低了术后并发症的发生率。

2.3.3　股骨颈基底部旋转矫形保髋手术模块化截骨、角度测量一体化系统构成组件说明

该系统(见图2-5)包括定位转轴1、大粗隆截骨导向座2、股骨颈截骨导向座3、旋转角测量器4和指针5。所述的定位转轴穿过股骨颈和股骨头的理论轴心;大粗隆截骨导向座(见图2-6)包括设置于大粗隆背向股骨头一侧的大粗隆定位板21和设置于大粗隆侧面的大粗隆截骨导板22,大粗隆定位板上开有供定位转轴穿过的大粗隆定位孔23,大粗隆截骨导板上与大粗隆顶端相对处开有连通两侧的大粗隆截骨导向槽24;股骨

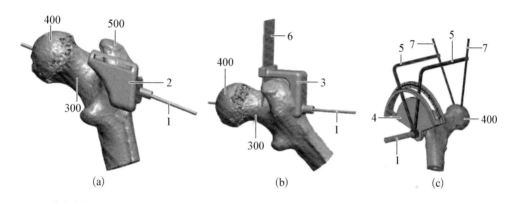

1—定位转轴;2—大粗隆截骨导向座;3—股骨颈截骨导向座;4—旋转角测量器;5—指针;6—截骨板;
7—克氏针模型;300—股骨颈模型;400—股骨头模型;500—股骨大粗隆模型。

图2-5　定位转轴、大粗隆截骨导向座、股骨颈截骨导向座与旋转角测量器使用状态示意图

(a)定位转轴和大粗隆截骨导向座在股骨上的使用状态示意图;(b)股骨颈截骨导向座在股骨上的使用状态示意图;
(c)旋转角测量器和指针在股骨上的使用状态示意图

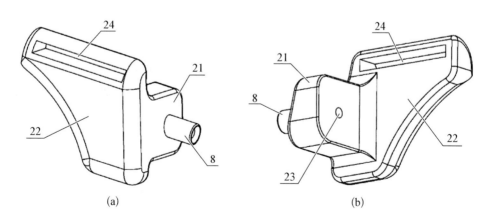

8—定位转轴导向槽;21—大粗隆定位板;22—大粗隆截骨导板;23—大粗隆定位孔;24—大粗隆截骨导向槽。

图2-6　大粗隆截骨导向座的结构示意图

(a)大粗隆截骨导向座外侧观;(b)大粗隆截骨导向座内侧观

颈截骨导向座(见图 2-7)包括设置于大粗隆背向股骨头一侧的股骨颈定位板 31 和连接于股骨颈定位板上的股骨颈截骨导板 32,股骨颈定位板上开有供定位转轴穿过的股骨颈定位孔 33,股骨颈截骨导板平行于定位转轴的轴线方向,股骨颈截骨导板的末端与股骨颈相对且其上开有连通两侧的股骨颈截骨导向槽 34;旋转角测量器(见图 2-8)包括测量板,测量板上开有供定位转轴穿过的测量器定位孔,测量板上沿以测量器定位孔为圆心的弧形方向标有刻度线;指针(见图 2-9)为 L 形,指针的其中一端设有套于定位转轴上的套环 51,指针的另一端与股骨头相对并设有导向环 52,导向环上开有指向股骨头的导向孔 53。

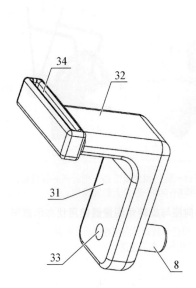

8—定位转轴导向槽;31—股骨颈定位板;
32—股骨颈截骨导板;33—股骨颈定位孔;
34—股骨颈截骨导向槽。

图 2-7 股骨颈截骨导向座的结构示意图

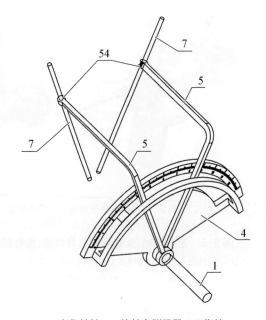

1—定位转轴;4—旋转角测量器;5—指针;
7—克氏针模型;54—克氏针导向环豁口。

**图 2-8 旋转角测量器和两根指针的
使用状态示意图**

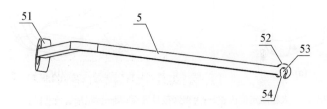

5—指针;51—定位转轴套环;52—克氏针导向环;53—克氏针导向孔;54—克氏针导向环豁口。

图 2-9 指针的结构示意图

2.3.4　临床应用实例

该系统已初步应用于股骨颈基底部旋转矫形保髋手术中,相较于传统手术方式,一体化系统缩短了手术时间,减少了出血量,提高了操作效率。然而,考虑到目前应用病例数尚少,随访时间较短,难以准确评价远期效果,应进一步扩大应用病例数量及延长随访时间,但从术中操作的便利性和准确性、手术时间的明显减少以及术后影像学检查资料的对比分析来看,该系统的优势明显。我们将在临床操作中不断地对操作流程进行改进,以最大限度地提高手术操作的准确性、安全性和成功率,并进行推广。以下即为截骨模块示意图与实物图、旋转角度测量器实物图、术中应用旋转角度测量器的操作图以及术前、术后影像学资料。

（1）截骨模块外观如图 2-10 所示。

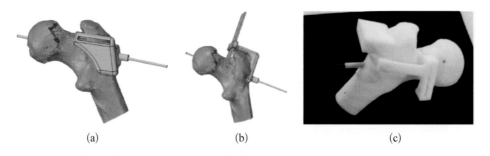

(a)　　　　　　　(b)　　　　　　　(c)

图 2-10　截骨模块外观图

(a) 大粗隆截骨导向座模型;(b) 股骨颈截骨导向座模型;(c) 截骨模块模型

（2）旋转角度测量器整体外观如图 2-11 所示。

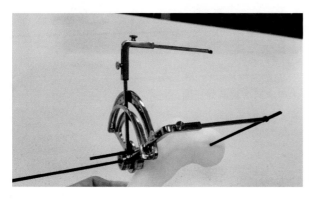
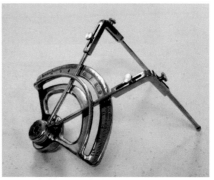

图 2-11　旋转角度测量器整体外观图

（3）术中操作如图 2-12 所示。

（a） （b）

图 2-12　旋转角度测量器术中操作图

(a) 预调旋转角度测量器指针角度；(b) 术中操作旋转角度测量器

（4）术前术后 X 线片对比如图 2-13 所示。

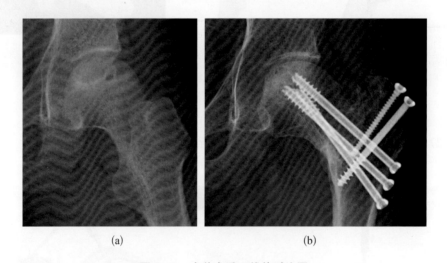

（a） （b）

图 2-13　术前术后 X 线片对比图

(a) 术前股骨头 X 线片；(b) 术后股骨头 X 线片

（5）术前术后 CT 片对比如图 2-14 所示。

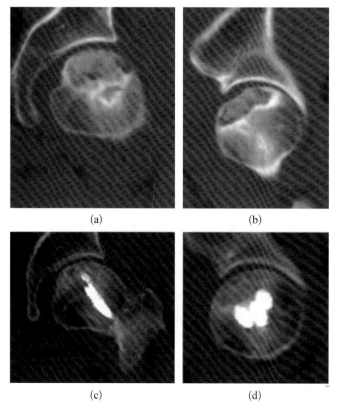

(a)　　　　　　　　　　(b)

(c)　　　　　　　　　　(d)

图 2-14　术前术后 CT 对比图
(a) 术前股骨头冠状面 CT 扫描；(b) 术前股骨头横截面 CT 扫描；
(c) 术后股骨头冠状面 CT 扫描；(d) 术后股骨头横截面 CT 扫描

2.4　3D 打印截骨导板概述

2.4.1　截骨导板的发展历程

随着 3D 打印技术的推广使用,基于 3D 打印技术的截骨导板孕育而生。3D 打印截骨导板是根据术中需要而采用计算机辅助设计(computer aided design,CAD)、3D 打印制作的一种个性化手术器械,用于术中准确定位点或线的位置、方向和深度,辅助术中精确截面。加工完毕的导板能够在手术过程中还原手术设计方案,引导术者顺利按照术前设计进行手术操作,使用时只要将导板接触于术前规划的部位,即可引导术者按照术前规划顺利地进行术中定位,确定点、线、面及其方向和深度。Hafez 等[46]在 2006 年第一次提出在膝关节置换术中利用下肢 CT 数据研制个性化截骨导板,并且在尸体标本上完成了全膝关节置换(total knee arthroplasty,TKA)手术,结果证实个性化截骨导板的应用明显缩减了手术时间,并且提升了截骨的精准性。3D 打印截骨导板使截骨操作的精准性和安全性大大提高,还可缩短手术时间,并减少术中出血损伤,使一些常规手术方法中非常复杂、困难的手术操作变得更加轻松。同时,还减少了术中对 C 形臂 X 线机的依赖和手术室射线污染,减小了手术相关并发症发生概率,其技术的普及应用极大地改善和提高了骨科的治疗水平,提高了骨科医生诊断、治疗和手术的能力,提高了骨科手术质量,促进了骨科临床工作的创新,最终令医患双方受益。

2.4.2　3D 打印截骨导板设计

为实现其功能,导板需要有两个模块,一个是利用人体固定解剖学部位确定位置的模块;另一个是引导术者进行操作的模块。设计方法是选择导板合适的贴附骨面或者皮肤区域,增厚成为实体后进行外形改良以避开重要解剖结构、方便贴附和观察、减轻重量等,然后补充设计各种截面等完成导板 CAD 设计过程,最后根据手术需要选择合适的 3D 打印工艺制作、消毒包装,用于术中引导精准手术操作。

利用专业数字化软件对获取的数据进行处理,根据临床需求分割兴趣区域、完成骨模型三维重建;然后根据临床手术要求设计导航管或导向槽,以确定最佳截骨范围;最后根据手术实际暴露范围,通过勾画出导板贴附区域设计出理想的 3D 打印骨科手术导板。

导板设计应特别注意导板的厚度适中和结构合理,导板厚度与引导手术操作所需的强度要求、3D 打印工艺等有关。结构合理包括合理的力学结构、消除不安全的锐利边缘与尖角、有利于 3D 打印模型后处理及支撑去除等。

2.4.3　3D 打印截骨导板材料

3D 打印的材料种类繁多,较为常见的有 PLA、光敏树脂、石膏、尼龙和金属等。各种材料的理化性质及所对应的加工方式不尽相同,对于具体的 3D 打印手术导板,要根据实际需要选择材料及其相对应的加工方式。强烈建议采用医用级材料,材料须经过生物相容性检测并合格。对于导板制作,各种材料各有优缺点。对于 ABS 树脂材料,加工设备便宜,加工速度适中,成型的材料在一定方向具有韧性,但精度较低,推荐打印体积较大的导板,如脊柱经皮导板。对于光敏树脂材料,打印设备成本适中,加工速度快,成型精度高,具有一定的强度,强烈推荐使用光敏树脂材料作为首选的导板材料。对于尼龙材料,打印设备价格较昂贵,加工速度适中,成型精度高,强度较大,推荐用于体积较小且有一定强度要求的导板。金属材料包括钛合金、医用不锈钢、铝合金,其材料和设备价格高昂,操作及维护成本均较高,加工周期较长,精度高,强度极高,可加工成导板,直接引导钻头、摆锯和骨刀。

2.4.4 3D 打印截骨导板加工工艺

3D 打印骨科手术导板的制备,要根据实际需要选择材料及其相对应的加工方式,对于同一种材料,目前市场上有许多设备可以完成 3D 打印加工,但不同设备的技术参数差异较大。强烈推荐具有资质的厂家生产的合格商业产品作为 3D 打印骨科导板的设备,并需要满足以下条件:① 层厚≤0.2 mm;② 打印精度≤0.1 mm;③ 打印误差(形变率、三维偏移)≤5%。

在打印完成后应依据临床使用目的和部位的不同,对导板进行适当的后处理,如去除支撑、打磨导板表面、金属部件的热处理去除内应力等。如在手术中应用,为了有效杜绝污染与感染,必须进行消毒。3D 打印手术导板结构复杂,几何精度要求高,为防止消毒导致的模型变形失真,应依据模型不同的制备材料进行分类消毒、灭菌。对于耐高温、耐湿度的 3D 打印金属导板,强烈推荐高压蒸汽灭菌。此方法既能保证消毒效果,又无毒、无害、环保和安全。过氧化氢低温等离子体灭菌法能够快速地杀灭包括细菌芽孢在内的所有微生物,灭菌过程中仅排出少量氧气和水,无毒性残留物,具有灭菌温度低、灭菌速度快、灭菌物品干燥、环保和安全等优点,是目前不耐高温、不耐湿的医疗器械和物品的最佳灭菌方法,强烈推荐用于 ABS、PLA、尼龙、石膏和光敏树脂等 3D 打印手术导板的消毒。化学消毒方法主要有浸泡法和熏蒸法。甲醛熏蒸消毒法方便、经济、不损害物品,但因甲醛对人体具有毒害性,不推荐使用。环氧乙烷灭菌法能对不耐热物品实行有效灭菌,可用于不能采用消毒剂浸泡、干热、压力、蒸汽及其他化学气体灭菌的物品的消毒,推荐用于 ABS、PLA、尼龙、石膏、光敏树脂导板的消毒,但环氧乙烷为有毒气体,性质不稳定,排放气体对周围环境造成污染。戊二醛浸泡法也能有效地消毒手术导板,可用于 ABS、PLA、尼龙和光敏树脂导板的消毒灭菌。

2.4.5 展望

相比传统的机械定位装置,3D 打印截骨导板操作更简单、精度更高,能够有效地缩短手术时间,改善截骨质量;相比计算机导航技术,3D 打印截骨导板成本更低,所需设备更简单,更容易大范围推广应用。随着数字医学和 3D 打印技术的发展,3D 打印截骨导板将更广泛地应用到骨科手术中,使截骨操作更加简单快捷并更精准化。

2.5 3D 打印截骨导板在骨科手术中的临床应用

3D 打印截骨导板引导骨科术者进行各种手术操作,在骨科中有着非常广泛的应用。按照术前规划准确地完成骨折复位内固定、一些特定性截骨矫形、肿瘤病灶切除、结构重建等操作,如脊柱螺钉置入、复杂关节置换、脊柱骨盆四肢骨肿瘤病灶切除重建,以及骨、关节、脊柱畸形截骨矫形,以此提高手术精准性和安全性,降低因患者体位变化、解剖学变异、术者经验不足等造成的偏差,为实现骨科的精准医疗提供了条件。

2.5.1　3D 打印截骨导板在创伤骨科中的应用

骨折是创伤骨科常见的损伤。骨折复位不良容易出现骨不连、关节畸形等,严重影响肢体的功能。传统的切开复位内固定依赖于术者的经验积累和术中多次透视,存在复位困难、手术时间长和创伤大等风险,而 3D 打印截骨导板的应用可以在保证精准复位的同时简化手术步骤,降低手术难度。崔建强等[47]比较了手术导板辅助与传统方法治疗 Sanders Ⅱ型跟骨骨折的疗效,结果显示两组术后 Böhler 角、Gissane 角和踝关节功能评分差异均无统计学意义($P>0.05$),但 3D 打印截骨导板组手术时间显著短于非导板组(63.6 min $vs.$ 94.7 min,$P<0.05$),术中 X 线透视次数也显著少于非导板组(2.7 次 $vs.$ 6.5 次,$P<0.05$)。Nie 等[48]也证实在完成胫骨平台骨折复位后,借助 3D 打印截骨导板可以准确地完成螺钉的置入。

微创经皮钢板内固定(minimally invasive percutaneous plate osteosynthesis,MIPPO)技术可以达到骨折微创复位、固定的要求,但是术后骨折复位不良是常见的问题。Sun 等[49]针对股骨远端骨折,在 Mimics 软件中完成虚拟复位后分别设计股骨近端及远端的手术导板用于辅助骨折复位固定,术后影像学检查结果显示 3D 打印截骨导板结合 MIPPO 技术可以有效地提高股骨远端骨折内固定术后对位、对线的准确性。闭合复位空心钉内固定是治疗股骨颈骨折的常用手术方式,传统的徒手置钉方式需要术者反复透视调整导针方向,不仅增加放射暴露,延长手术时间,同时反复进针会破坏股骨头骨质及血运,影响固定效果及临床疗效。丁悦等[50]采用 3D 打印截骨导板辅助多枚空心螺钉置入,术中透视次数(3.6 次)、手术时间(42.9 min)、出血量(41.1 mL)均显著小于徒手置钉组(5.7 次、59.1 min、50.3 mL,$P<0.05$),并且螺钉相互平行度及分散度更高。此外,3D 打印截骨导板还被应用于骨盆通道螺钉的置入,在减少手术时间、提高置钉精度方面发挥了重要作用。姚升等[51]采用 3D 打印截骨导板辅助置入 42 枚各种类型的通道螺钉,发现导板组术中累计透视次数(29.6 次)、导针调整次数(1.8 次)和手术时间(43.8 min)均显著少于徒手置钉组(54.6 次、9.8 次、73.8 min,$P<0.05$)。

骨折畸形愈合造成的肢体畸形也是创伤科常见的疾病。精准的截骨、矫形对患肢功能恢复有重要影响,3D 打印截骨导板的应用不仅提高了截骨的精准度,更实现了个性化的肢体矫形。Hu 等[52]对比了 3D 打印截骨导板辅助和传统手术治疗肘内翻畸形的结果,发现采用 3D 打印截骨导板可以减少手术时间及出血,提高矫形的准确性。Vlachopoulos 等[53]采用 3D 打印截骨导板治疗 14 例前臂骨折畸形愈合的患者,发现撑开截骨组术后残留旋转畸形(8.30°角)略高于闭合截骨组(3.47°角)。根据笔者的经验,一方面,撑开截骨会增加骨骼周围软组织的张力,尤其是在较大角度撑开时骨间膜张力的增加可能会导致矫形丢失;另一方面,尺桡骨骨干部位呈圆柱形,缺乏显著的骨性标志,许多术者在初次使用 3D 打印截骨导板时均会出现不同程度的偏差,导致矫形精准度下降。此外,畸形愈合的骨骼外形不同于正常骨骼,采用常用的解剖学钢板作为固定物也会造成矫形丢失。在后续的研究中,有学者采用个性化的内固定钢板充当矫形导板,可以准确地矫正前臂创伤性或非创伤性的畸形[54]。关节内骨折畸形愈合会造成关节面不平整、关节匹配度差,而且原始骨折线通常不规则、难以辨认,给矫形手术带来很大的困难。Roner 等[55]采用 3D 打印截骨导板辅助治疗 20 例桡骨远端关节内骨折畸形愈合患者,发现 3D 打印截骨导板可以提高关节内截骨的安全性,术后关节面对线与术前计划一致。董谢平等[56]认为 3D 打印截骨导板可以微创、准确地完成踝关节内骨折畸形的矫正,实现骨折解剖复位和肢体功能重建目标。

2.5.2　3D 打印截骨导板在脊柱外科中的应用

椎弓根钉内固定技术是脊柱外科的基本操作,由于椎体毗邻重要血管神经,一些置钉偏差会造成灾难性后果。3D 打印截骨导板可以对置钉的位置、角度进行准确引导,广泛用于引导各部位椎弓根钉置入,尤其是在上颈椎、腰骶部等解剖学结构复杂的部位,以及脊柱畸形矫正等高难度手术中。陆声、Sugawara 等[57]设计的多步引导式导板可以提高寰枢椎螺钉置入的准确性,减少手术时间和辐射暴露。吴冬灵等[58]发现 3D 打印截骨导板辅助置入寰枢椎椎弓根钉的准确率显著高于徒手置钉(97.9% $vs.$ 87.5%,$P<0.05$)。田野等[59]则进一步证实 3D 打印截骨导板辅助椎动脉高跨患者 C2 椎弓根钉置入的置钉准确率、矢状面及横断面置钉偏差角度均优于徒手组($P<0.05$),并且导板组每枚螺钉置入时间更快(2.1 min/枚 $vs.$ 3.2 min/枚,$P<0.05$)、手术时间更短(114.7 min $vs.$ 136.8 min,$P<0.05$)、并发症发生率更低(0% $vs.$ 11.1%,$P<0.05$)。3D 打印截骨导板也被用于引导 S2 髂骨(S2 alar-iliac,S2AI)螺钉的置入,可以降低血管神经损伤的风险。Zhao 等[60]统计了 54 枚 3D 打印截骨导板辅助置入的 S2AI 螺钉,置钉准确率为 96.3%,术后螺钉置入角度与术前计划比较差异无统计学意义($P>0.05$)。虽然大量研究证实了手术导板在脊柱置钉中的效果良好,但也有研究认为该技术对减少术后腰背部及下肢疼痛、改善肢体功能等方面并无明显优势。根据笔者的经验,为了达到导板与骨面的良好贴附,术中过度的软组织剥离可能会导致术后短期内腰背疼痛增加。此外,术后功能的改善与适应证选择、术后康复计划等也有关系。因此,未来 3D 打印截骨导板的设计应该在考虑保证准确性的同时减少对软组织的损伤。

皮质骨轨迹(cortical bone trajectory,CBT)螺钉是针对骨质疏松患者中螺钉容易松动和拔出而提出的置钉方法,进钉点和方向不同于传统椎弓根钉技术,要求术者熟悉解剖学并掌握精确的外科技巧。3D 打印截骨导板的应用可以提高 CBT 螺钉置入的准确性,降低神经损伤的风险。Matsukawa 等[23]证实 3D 打印截骨导板辅助 CBT 螺钉置入的准确率为 97.5%。与术前计划相比,术后椎弓根冠状面中点的螺钉轨迹偏差为 0.62 mm($P=0.79$),矢状面角度偏差为 1.68°($P=0.08$),横断面角度偏差为 1.27°($P=0.21$)。另一项研究表明,即使是低年资、经验少的医生,使用 3D 打印截骨导板也能安全、准确地完成 CBT 螺钉的置入[61]。

由于椎体解剖学形态及椎体空间位置发生改变,合并脊柱退变、脊柱畸形等患者的置钉难度更大,而 3D 打印截骨导板克服椎体结构及位置异常的影响,能够准确地指导置钉。Takemoto 等[62]选择横突、椎板以及棘突上的 7 个特征点作为参考,设计 3D 打印截骨导板应用于脊柱畸形的治疗,置钉准确率在 98%以上。但是该研究中采用钛合金作为打印材料,高昂的成本明显不利于该项技术的推广应用。在一项有关脊柱畸形置钉准确度的随机对照试验中,研究人员证实 3D 打印截骨导板辅助置钉的准确率显著高于徒手置钉组(96.1% *vs.* 82.9%,$P<0.05$),而且 3D 打印截骨导板辅助组每枚椎弓根钉置入时间、术中 X 线暴露次数也显著小于徒手置钉组($P<0.05$)[63]。

在最新应用进展中,赵永辉等[64]报告了 16 例 3D 打印截骨导板辅助强直性脊柱炎截骨矫形的经验,所有患者顺利地完成截骨矫形,未出现血管、神经损伤等情况,并且术后截骨愈合良好,矫形维持满意。通过术前在软件中模拟截骨矫形操作,不仅可以对脊柱畸形有三维立体化的认识,还可以多平面、多角度地模拟截骨的范围及矫形效果,确定所用螺钉及连接棒的参数,制订个性化的截骨方案,而据此设计的 3D 打印截骨导板极大地简化了手术步骤,提高了手术安全性和精准度。

2.5.3 3D 打印截骨导板在关节外科中的应用

关节置换是 3D 打印截骨导板最早应用的领域,术中无须打开髓腔,减少了出血和感染的风险,显著降低了传统手术的截骨难度,在提高 TKA 的截骨及假体放置精准度方面发挥了重要作用。Gaukel 等[65]认为 3D 打印截骨导板在改善 TKA 术后膝关节对线方面,与标准截骨器械具有相似的精准度。但 Ke 等[66]对比了 131 例 3D 打印截骨导板辅助 TKA 患者的影像学资料后认为股骨远端矢状位前偏角>3°时,使用 3D 打印截骨导板会显著增加股骨切迹的发生率。此后,不断地改良设计方案,如增加髓外定位杆等,可以实现更精准的力线矫正和更短的手术时间[67]。3D打印截骨导板在膝关节外科的另一项研究进展是用于辅助膝关节周围截骨矫形,提高下肢力线矫正的精准度。Mao 等[68]对比了 3D 打印截骨导板、徒手截骨在内侧开放高位胫骨截骨术中的差异,结果显示 3D 打印截骨导板组的手术时间更短(37.8 min *vs.* 54.6 min,$P<0.05$),术中放射次数更少(1.3 次 *vs.* 4.1 次,$P<0.05$)。Chaouche 等[69]报道了 100 例 3D 打印截骨导板辅助开放高位胫骨截骨术的结果,发现 3D 打印截骨导板的应用可以明显改善膝关节功能,并且缩短手术学习曲线(见图 2-15)。此后,该团队进一步证明 3D 打印截骨导板也能提高股骨远端开放截骨的矫正精准度[69]。

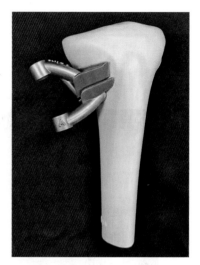

图 2-15   3D 打印截骨导板在胫骨高位截骨中的应用

3D 打印截骨导板在髋关节手术中主要用于辅助髋臼假体定位,研究显示在减少手术时间和出血量,改善关节活动评分等方面均优于常规手术组,并且髋臼假体的置入位置更准确[70]。此外,周游等[71]将 3D 打印截骨导板用于 Bernese 髋臼周围截骨术中,发现 3D 打印截骨导板的应用可以提高截骨的精确性及安全性。Wang 等[72]进一步对比了 3D 打印截骨导板辅助和徒手髋臼周围截骨的疗效,认为 3D 打印截骨导板辅助能够快速、准确地实现精准截骨、矫形,并且手术时间及透视次数均有减少(102 min、4 次 *vs.* 117 min、7 次,$P<0.05$)。但是该研究中 3D 打印截骨导板组的出血量较传统手术组多(695 mL *vs.* 545 mL,$P=0.062$),可能原因是研究中采用截骨、矫形 2 块导板完成手术操作,导致术中软组织的剥离范围大,并且 2 块导板轮换使用增加了手术操作的时间和烦琐程度。

2.5.4   3D 打印截骨导板在骨肿瘤外科中的应用

CAD 与 3D 打印技术的结合使得医师能够准确、直观地了解骨肿瘤的大小、范围及病理学情况,并且可以实现整块、无瘤化切除和个性化肢体重建。付军等[73]报道了 35 例 3D 打印截骨导板辅助切除骨肿瘤的病例,涉及脊柱、骨盆和股骨等多个部位,均能达到整块切除、精准的肢体重建。Evrard 等[74]应用 3D 打印截骨导板治疗 9 例原发盆腔肉瘤患者,除 1 例为保留 S1 神经根行 R1 切除,其余均达到 R0 切除,并且随访 52 个月未出现肿瘤局部复发,说明 3D 打印截骨导板的应用可以提高骨盆肿瘤治疗的临床疗效。在更大的样本研究中,Liu 等[75]采用改良的 3D 打印截骨导板和个性化假体治疗 19 例骨盆Ⅱ、Ⅲ区肿瘤,术后随访显示改良 3D 打印截骨导板组相较于传统导板组的手术时间更短(209 min $vs.$ 272 min,$P<0.05$)、出血量更小(1 390 mL $vs.$ 2 248 mL,$P<0.05$)。但是该研究中由于假体的设计缺陷,改良的 3D 打印截骨导板和个性化假体组术后假体松动率更高(21.05% $vs.$ 0%,$P=0.126$),提示在今后的研究中应该根据肿瘤部位、范围、术式和加工方式等灵活调整导板及假体的设计方案,以达到更加优化的治疗效果。本团队研究者系上海市第一人民医院骨肿瘤团队,前期针对骨盆肿瘤应用做了大量的临床与基础工作,认为骨盆假体对于骨骺发育完全的恶性骨盆骨肿瘤成年患者是一项成熟的外科重建技术,并具有巨大的发展潜力(见图 2-16)。

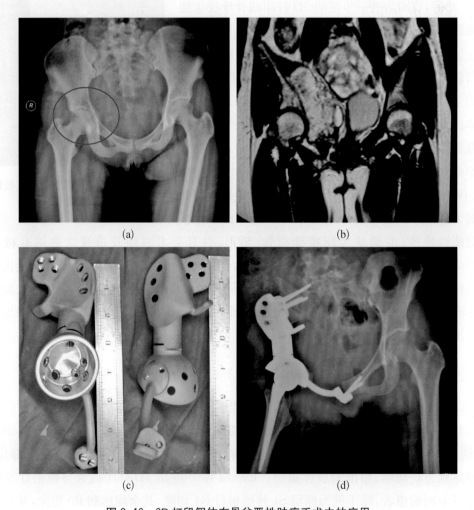

(a)　　　　　　　　　　　　　(b)

(c)　　　　　　　　　　　　　(d)

图 2-16　3D 打印假体在骨盆恶性肿瘤手术中的应用

(a) 骨肿瘤 X 光片;(b) 骨肿瘤 MRI;(c) 3D 打印骨盆假体形态及尺寸;(d) 术后 X 光片

2.5.5　展望

与传统手术相比,3D打印截骨导板的应用可以实现骨折的精准复位,畸形的准确矫正,肿瘤的整块、无瘤化切除,在保证手术安全性和精准性的同时,可以简化手术步骤、缩短手术时间、减少术中放射次数及出血,但是目前手术导板从设计到打印出实物通常需要为3~6天,可能会增加患者的住院时间及手术成本。因此,3D打印截骨导板目前主要用于经济条件好以及择期手术的患者。个体化的设计使得3D打印截骨导板成为一次性消耗品,无法反复利用,造成资源的浪费。此外,研究表明3D打印截骨导板技术仍然需要一定的学习曲线。因此,实际操作中不能盲目跟从导板的导向,临床医生需要在对常规手术有一定经验的基础上再开展这项技术,或者在实体模型上进行模拟,验证后再完成术中操作。由于导板强度、打印精度等问题,当术中出现导板断裂或进针点偏差时,应根据实际情况进行及时调整。

随着材料学、计算机科学与临床医学等多学科的交叉发展,3D打印技术的门槛及成本逐渐降低,打印速度及精度不断提高,并且3D打印截骨导板的产业链逐渐成熟,越来越多的复合功能导板、通用导板被应用于临床诊疗,为广大患者提供优质的服务。随着《3D打印骨科手术导板技术标准专家共识》[76]、《增材制造(3D打印)定制式骨科手术导板》团体标准及《定制式医疗器械监督管理规定(试行)》的发布,规范了导板从设计到应用的各个环节,3D打印截骨导板技术的应用推广对提高我国骨科数字化医疗水平、保障人民的生命健康安全具有重大且深远的意义。

2.6　3D打印截骨导板在下颌骨手术中的应用实例

下颌骨是维持口腔颌面部外形和功能的最重要的组织器官之一。下颌骨是面部中心下1/3处的骨性支架,其上附着咀嚼肌及表情肌群,具有咀嚼、吞咽、言语和情感表达功能,是容貌静态美与功能动态美表现较为明显的器官。因外伤、肿瘤和炎症手术所致下颌骨缺损,尤其是累及双侧颞下颌关节病损以及单侧大面积颌骨缺损,可造成患者面部中心下1/3处畸形、咀嚼障碍、吞咽困难、言语不清和表情动作不协调等严重后果,由此可引发严重的心理和社会支持问题[77]。因而,完美的下颌骨缺损修复重建一直是口腔颌面外科医师努力实现的目标之一。

在过去的半个世纪中,包括坚固内固定技术、显微外科技术、牵引成骨技术和牙种植技术等外科手术技术水平已经获得显著提高,已经从单纯切除下颌骨病变恢复和维持下颌骨的连续性,向恢复下颌骨外形和生理学功能的方向发展[78,79]。下颌骨的修复重建必须兼顾形态和生理学功能两方面,功能的恢复离不开良好的形态,好的外观形态是功能恢复的基础。但是下颌骨形态复杂,如何获得高效良好的供骨塑形,成为修复重建的主要困难。这需要主刀医师拥有丰富经验和高超技巧才能达到良好效果。术中进行下颌骨重建塑形往往要花费较多的时间,效果却常常不尽人意,这也是复杂下颌骨缺损修复重建仅能在国内少数几家医院开展的主要困难之一。不仅如此,如首次下颌骨缺损修复重建效果不佳,再次修复重建的难度更大,效果也更为难以预测。

目前,应用于下颌骨局部切除后重建的方法主要有肋软骨瓣、胸骨锁骨瓣、肩胛骨瓣以及血管化腓骨肌皮瓣等[80,81]。过去的手术只能借助个人经验来决定截骨方法和皮瓣的选择,下牙槽神经管也无法得到保存。这样的重建方案通常无法获得满意的功能以及美观效果。近年来,得益于医学影像学的发展,计算机辅助手术模拟技术、3D 打印数字化导板、局部对比分析等技术的应用,颌面部手术,包括正颌手术、牙体种植、根尖周囊肿切除术以及下颌骨重建等都逐步走向了精确化和个性化。借助这些技术,可以准确地在 3D 视角中确定骨缺损的范围,提前制订手术方案,并确定下牙槽神经的走行[82]。笔者也对下颌骨缺损应用不同皮瓣修复的病例(腓骨瓣、血管化髂骨瓣和游离髂骨瓣等)进行了研究,总结出了下颌骨缺损修复重建的标准化手术流程。

2.6.1 设计和制造要点

2.6.1.1 术前 CT 检查

患者术前进行颅颌面薄层 CT 扫描,扫描层厚为 0.625 mm(GE Healthcare,Buckinghamshire,英国)。

2.6.1.2 计算机辅助手术设计(computer-assisted surgical simulation, CASS)技术流程

① 获取颅颌面部以及供区 CT 数据;② 将 CT 数据导入 Mimics 18.0 软件(Materialise,Leuven,比利时),生成三维模型,在良性肿瘤中标记出下牙槽神经管的走行;③ 标记肿瘤范围和模拟手术切除范围,获得缺损模型;④ 拟合供体与缺损模型,获得下颌骨重建模型。

该流程可划分为 3 个模块:图像、缺损和供区骨修整(见图 2-17)。通过 Mimics 软件进行三维重建简化了分割流程,其主要作用:一是确定肿瘤的切除范围,指导截骨导板的设计和制作;二是生成缺损模型,确定皮瓣的大小、范围以及供区定位导板的制作。

2.6.1.3 3D 打印导板准备

(1)截骨和固位导板的设计。

(2)下牙槽神经血管束保护导板。

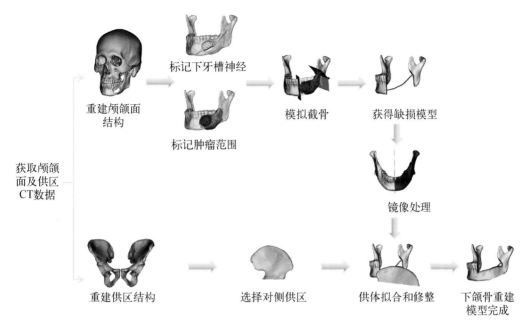

图2-17　计算机辅助手术设计技术流程

（3）髂骨、腓骨和肋骨等供区截骨和骨修整导板。

（4）将导板通过STL导入3-matic软件（Materialise，Leuven，比利时）。

（5）3D打印头模，预弯钛板，确定钛钉打孔位置。

（6）扫描带孔模型，将模型以STL格式重新导入Mimics软件中。

（7）在软件及实体模型中同步检查截骨导板和定位导板与原始头模是否贴合。

（8）检查供区截骨及骨修整导板。

（9）核对预弯钛板与钉孔位置的拟合程度，并在软件中确定钛钉的长度。

（10）导板及头模消毒灭菌。

　　髂骨瓣、腓骨瓣和肋骨瓣是几种常见的游离骨瓣，尤其是髂骨瓣，由于髂前上棘在形态学上与下颌骨外形极其相似，因此被广泛应用于下颌骨体部及升支的重建中。软件模拟缺损模型为髂骨瓣的截取提供了可靠的预测，使其不再仅依靠经验，而是以准确的数值呈现出髂骨的截取和髂骨瓣的修整，极大地提高了髂骨瓣与骨缺损部位的吻合准确度。最终，将3D模型和导板的数据导入3D打印机中，并制作个性化的预成型截骨导板以及预成型钛板（见图2-18）。

　　将预制的导板置于3D打印的头模上进行核验，同时也在软件中进行比对，达到双向验证的效果，以确保导板打孔位置与钛板钛钉固定位置一致。同时，在软件中测量出打孔位置下颌骨的厚度，也可指导选择合适长度的钛钉。

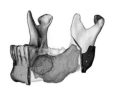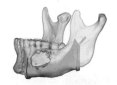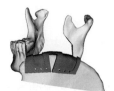

下颌骨截骨导板　　　下牙槽神经保存导板　　　供区截骨导板　　　下颌骨定位导板

图 2-18　数字化导板的设计及手术模拟

2.6.1.4　手术流程

（1）将 3D 打印前截骨导板和下牙槽神经血管束保护导板放置就位。

（2）将 3D 打印后截骨导板放置就位。

（3）扩大切除肿瘤，暴露下牙槽神经血管束。

（4）就位截骨导板，并截取骨瓣。

（5）修整骨瓣以贴合缺损部位。

（6）对带蒂骨瓣进行血管吻合。

（7）骨瓣转移至受区进行坚强内固定。

整个手术过程中要严格遵守术前 CASS 设计所制定的相关标准和步骤。下颌骨的部分切除是根据数字化导板来确定截骨范围的。沿截骨导板上缘切开，并指示下牙槽神经管的轨迹，术前于 Mimics 软件中确定下颌神经管到颊侧骨皮质的距离，随后分离并保护下牙槽神经血管束。测量被截取的肿瘤大小、体积，应与 CASS 方案术前预估的数值基本相近。随后暴露供区，依据导板截取供区骨瓣，就位骨修整导板，修整边缘。

依据截骨导板进行肿瘤扩大切除和下颌骨精确截骨。根据标记好的钉孔位置，预成型钛板与截骨导板就位孔一致，随后将预成型钛板固定在剩余下颌骨体。骨瓣供区应选择下颌骨体缺损区域的对侧。在下颌骨截除的同时获取髂骨肌皮瓣。皮瓣依据模型和截骨导板进行截取和外形修正，随后转移至受区，同时转移组织蒂以提升血供。皮瓣的就位是通过设计软件的导航系统来确定的。

根据预设的 CASS 计划，髂骨瓣可被分成两部分：近中的骨皮质部分应该靠近咬合平面，为术后的二期种植做准备；远中部分应该用来匹配下颌骨角和下颌升支的高度。

2.6.1.5　标准化术后评估

1）局部对比分析（PCA）

将相关数据输入 Materialise 3-matic 软件。该软件可显示区域误差值的平均误差和标准差，可以通过直观的条形图找到主要误差分布的位置，评估下颌角点（GOL 和

GOR)至正中矢状面的距离,以数据的形式呈现面部的对称性。

2) 机械定量感觉神经测试

术后随访使用 Neurometer CPT 感觉阈值检测仪评估颏部皮肤和下唇黏膜的感觉功能,通过计算两侧之间的差异来评估下牙槽神经的损伤情况。

2.6.2   临床应用实例

2.6.2.1   病例介绍

患者男性,34 岁,因左下后牙区膨隆伴不适 1 年,于外院拟诊为"左下颌骨囊肿",并行左下颌骨囊性占位开窗术,术后病理学检查:左下颌骨成釉细胞瘤,患者术后定期复诊,开窗效果不佳,成骨较差,遂拟行"左下颌骨成釉细胞瘤开窗术后"收治入院进一步治疗。临床检查:左面部略膨隆,左下颌骨体部可扪及骨膨隆,表面皮肤未及破溃流脓,皮温不高,双侧颌下及颈部未及肿大淋巴结。口内恒牙列,左下颌磨牙颊侧前庭沟处可见开窗口,内部见软组织,牙龈未及红肿破溃,伸舌居中,舌运动无偏斜。影像学检查:CT 图像提示左下颌骨占位性病变(成釉细胞瘤可能)。

2.6.2.2   术前准备

将患者的颅颌面及髂骨薄层 CT 导入 Mimics 软件进行重建,生成三维模型;标记肿瘤范围并模拟手术切除范围,获得缺损模型;对髂骨与缺损模型进行拟合,获得下颌骨重建模型。随后在 3-matic 软件中进行下颌骨截骨导板、固位导板、下牙槽神经血管束保护导板以及髂骨截骨及骨修整导板的设计。3D 打印头模并预弯重建钛板,标记钛钉的打孔位置后,将带孔的模型扫描后以 STL 格式导回 Mimics 软件,在软件中确定导板的位置后,最好将导板和头模进行灭菌处理。

2.6.2.3   手术过程

手术过程是,暴露术区→3D 打印后截骨导板放置→下牙槽神经血管束保护导板放置→扩大切除肿瘤,暴露下牙槽神经血管束→截取骨瓣→骨瓣转移至受区,完成重建,如图 2-19 所示。

2.6.2.4   术后评估

术后 1 年随访未见复发,标准化评估结果显示,局部对比分析的平均误差为0.92 mm,机械定量感觉测试显示患侧颏部及下唇的感觉与健侧相比无明显差异。

2.6.2.5   总结与展望

将 3D 打印数字化导板应用于下颌骨重建,可获得更准确的重建效果。数字化设计＋3D 打印头模和导板制造＋术后拟合的标准化流程,不仅使数字化重建外科变得容易理解与操作,同时标准更加严苛,结果更为精确,有助于对数字化外科的理解和学习,便于医患间直接的交流,尤其是在外科手术数字化的大趋势下,3D 打印数字化导板必

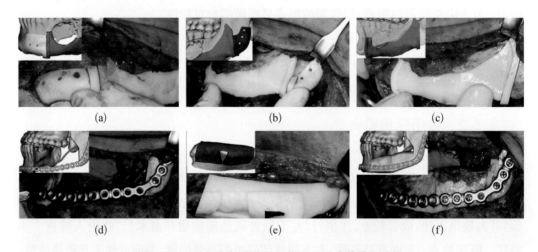

图 2-19　3D 打印数字化导板指导下完成截骨和定位

(a) 3D 打印前截骨导板；(b) 3D 打印后截骨导板放置就位；(c) 下牙槽神经血管束保护导板放置就位；
(d) 扩大切除肿瘤，暴露下牙槽神经血管束；(e) 就位截骨导板并截取骨瓣；
(f) 骨瓣转移至受区，完成重建

然有着极为广阔的应用前景。

2.7　3D 打印截骨导板在骨肿瘤手术中的应用实例

2.7.1　设计和制造要点

3D 打印截骨导板可在手术过程中准确地定位肿瘤切除位置，提高肿瘤切除效率，并指导肿瘤切除后缺损的重建，减少术中出血量。

患者进行手术前均常规行薄层 CT 检查或增强扫描（患者病变区域附近含血管时）。基于 CT 扫描参数可重建骨骼、病变及附近血管，对于恶性肿瘤，患者需进一步行 MRI 增强扫描检查。MRI 增强扫描可确定骨内信号异常的范围，进一步确定肿瘤大小、侵蚀程度和切除的范围等。将扫描获得的病变骨骼断面图像保存为 DICOM 格式，导入到三维图像处理软件 Mimics 中进行处理，构建三维数字模型。利用 3D 打印快速成型技术，打印 1∶1 实物模型。对病变区域的空间结构有立体直观的了解后，在三维数字模型上结合患者术前影像学检查所确定的截骨位置和方向，对截骨导板进行设计[83]，通过三维设计软件构建截骨导板模型，导入到 3D 打印机后打印截骨导板。基于此模拟病变切除的范围、术中截骨方向和角度、演练运用导板切除的可行性，制订详细的手术方案[84]。

在截骨导板设计过程中，需在截骨位点处选取包含一定特征的骨面进行光滑处理后,通过多次运用扩增和布尔运算,获取该位点处骨面的反向曲面,即为导板的接骨面,再在截骨位点处进行布尔运算,并根据截骨角度产生截面,可以作为术中截骨的切割面,将骨连接面与切割面融合完成导板设计[85]。

2.7.2　临床应用实例

2.7.2.1　3D 打印技术在下颌骨肿瘤治疗中的应用[86]

沈阳军区总医院口腔颌面外科的董智伟等对肿瘤截骨导板及腓骨截骨导板的设计进行了改良,导板与下颌骨、腓骨骨面贴合紧密,利用下颌骨及腓骨自然的解剖学标志作为定位点。改良的导板极大程度地降低了由于术前对锥形束 CT(cone beam CT,CBCT)、MRI 及 CT 等影像学软件解读误差造成的准备不足,从理论上提高了精度、缩短了手术时间、完善了术后效果。下颌骨肿瘤截骨导板模型如图 2-20(a)所示,改良后的下颌骨肿瘤截骨导板模型如图 2-20(b)所示,腓骨截骨导板模型如图 2-20(c)所示,改良后的腓骨截骨导板模型如图 2-20(d)所示,下颌骨硬组织重建的数字模型如图 2-20(e)所示,经改良导板切割后最终形成下颌骨硬组织重建的数字模型如图 2-20(f)所示。与传统方法比较,改良后的截骨导板可兼顾原手术预案与术中出现的肿瘤边界大于"预期值"的情况,具有较强的可行性,但有待临床验证。

2.7.2.2　3D 打印技术在骨肿瘤外科临床中的应用[84]

新疆医科大学第一附属医院的徐磊磊等在 2015 年 10 月至 2016 年 12 月将 3D 打印技术制备的个体化模型及导板用于术前制订手术方案及术中治疗 5 例骨肿瘤患者。患者均为男性,年龄为 9～58 岁,中位年龄为 32 岁。其中:左侧骨盆、股骨近端囊型包虫病合并股骨近端病理性骨折 1 例,左髂骨骨母细胞瘤合并动脉瘤样骨囊肿 1 例,左股骨纤维结构不良(牧羊拐畸形)合并病理性骨折 1 例,右跟骨转移癌 1 例(分期T2N0M0),左股骨中段尤文肉瘤 1 例(分期 T2N0M0)。病程为 1 个月～10 年,平均 2.25 年。

1) 病例 1

行左侧半骨盆切除,手术截骨定位耻骨联合、左侧骶髂关节及部分病变骶骨,股骨近端病理性骨折处近端股骨一并切除,然后行组配式假体重建骨盆及左髋关节置换术,将模型术中镜像比对定位髋关节假体髋臼具体位置,如图 2-21 所示。

2) 病例 2

通过 3D 打印模型了解病变为蜂窝状,骨盆剩余骨质结构尚稳定,采用病灶刮除植骨融合术。

3) 病例 3

患者为严重畸形良性病变,长期畸形导致周围肌肉萎缩,髋关节周围解剖结构变

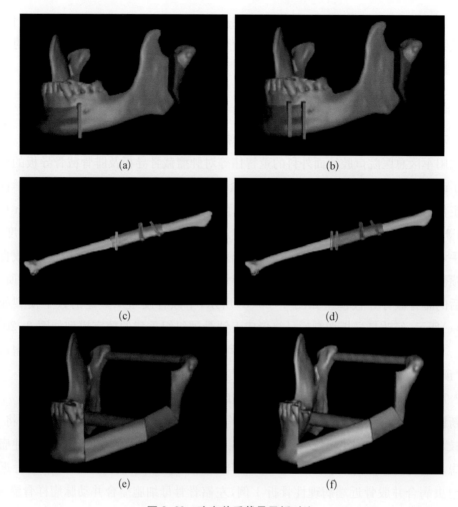

图 2-20　改良前后截骨导板对比

(a) 下颌骨肿瘤截骨导板模型;(b) 改良后的下颌骨肿瘤截骨导板模型;(c) 腓骨截骨导板模型;
(d) 改良后的腓骨截骨导板模型;(e) 下颌骨硬组织重建的数字模型;
(f) 改良后的下颌骨硬组织重建的数字模型

异,矫形难度大。在患者 3D 打印模型上开展模拟手术后,最终采用楔形截骨术加髓内针内固定手术,并在术中使用 3D 打印模型确定截骨角度。

4) 病例 4

患者跟骨无法保留,切除后重建难度较大;术前根据 3D 打印模型设计钉道位置,术中根据 3D 打印模型将骨水泥灌注至模具腔内,待骨水泥凝固后得到骨水泥模型替换切除的跟骨,保护周围血管及神经,根据术前设计的钉道进行固定。

5) 病例 5

根据 MRI 图像显示的肿瘤病变上下边界外 1 cm 为截骨线制作截骨导板,截骨时

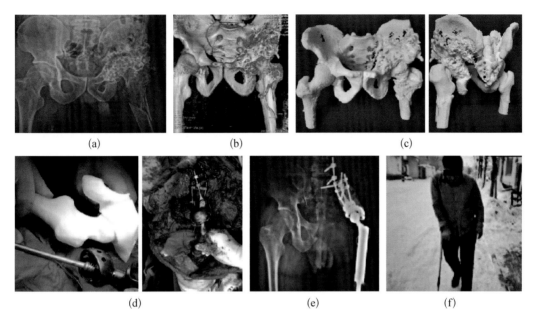

图 2-21　1例病理性骨折患者影像图

患者,男性,30 岁,左侧盆骨、股骨近端囊型包虫病合并股骨近端病理性骨折。
(a) 术前 X 线片;(b) 术前 CT 三维重建;(c) 术前 3D 打印模型;(d) 术中髋关节定位参照;
(e) 术后 1 周 X 线片;(f) 术后 8 个月功能

测量术中 X 线片显示的截骨导板与骨骺距离,并与术前测量结果进行对比,验证是否彻底切除病变范围;同时术前 3D 打印制作股骨瘤段切除后的重建假体,个体化修复骨缺损。

术后 5 例患者均获随访,随访时间为 3~16 个月,平均 5.4 个月。内固定物无松动或断裂发生。术后 3 个月肢体功能评分采用 Enneking 评分系统,为 15~26 分,平均分为 21 份;获优 2 例、良 2 例、中 1 例。

2.7.2.3　3D 打印截骨导板在股骨远端骨肉瘤肿瘤切除和假体重建术中的应用[83]

山东大学齐鲁医院(青岛)的纪玉清等在 2012 年 1 月至 2016 年 2 月将 3D 打印截骨导板运用于股骨远端骨肉瘤的治疗中,比较了 3D 打印导板截骨手术与常规手术行股骨远端骨肉瘤肿瘤切除、假体重建的临床疗效。研究纳入的病例 63 例,其中:男 28 例,女 35 例,年龄为 6~33 岁,平均 10.7 岁。所有患者都是未经治疗的ⅡB 期原发骨肉瘤、单发病变及术前均未发生转移者。按是否采用 3D 打印截骨导板分为 3D 打印导板组 30 例及常规组 33 例,2 组在年龄分布、性别和肿瘤分期比较差异无统计学意义。

术中记录 2 组手术时间、出血量情况,术后肢体与健侧肢体长度差、下肢力线角度(股骨与胫骨机械轴的夹角)、关节活动度和美国骨肿瘤学会评分系统(musculoskeletal tumor society，MSTS)功能评分情况。术后每 3 个月门诊随访 1 次至术后 3 年,后每半年随访 1 次至术后 5 年,5 年后常规每年随访 1 次。随访内容包括肿瘤有无复发及转移,术后功能及并发症情况。门诊随访行 X 线片、局部及肺部 CT、骨扫描检查。采用 MSTS 评分系统评价术后功能。

2 组患者术后 2 周开始扶拐行走,术后 4 个月去拐行走;3D 打印导板组 MSTS 功能评分(21.9±3.3)分,与常规组(22.2±2.4)分比较差异无统计学意义($P=0.762$)。2 组术后未见深静脉栓塞、关节脱位等现象,6 例(9.5%)患者术后出现切口并发症,发生于术后 0.3~6 个月,平均 1.3 个月;3D 打印术前设计组 2 例,常规组 4 例,4 例通过保守治疗切口二期愈合,2 例经手术清创、引流后愈合。常规组有 2 例出现假体松动,行翻修手术。典型病理如图 2-22 所示。

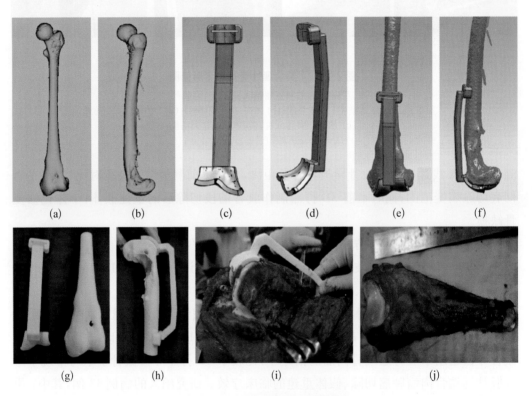

图 2-22　1 例骨肿瘤患者影像图

患者,女性,14 岁,左侧股骨远端骨肉瘤。
(a)(b) 术前 CT 扫描后以 DICOM 格式保存,输入 Mimics 软件进行三维数字化重建,得到数字模型。
根据患者影像学表现,设计截骨导板;(c) 为导板仰视图;(d) 为导板侧视图;(e) 为导板和股骨远端组合前视图;
(f) 为导板和股骨远端组合侧视图,利用 3D 打印技术打印股骨远端实物模型及截骨导板,
术前在实物模型上进行模拟手术,进行截骨预演练;(g) 为打印的股骨远端实物模型及截骨导板;
(h) 显示截骨导板与股骨远端实物模型的匹配度良好。术中根据 3D 打印截骨导板行切除肿瘤;
(i) 显示术中导板与股骨远端匹配性良好;(j) 根据截骨导板切除肿瘤的标本

2.8　3D 打印截骨导板在先天性肢体畸形矫正 手术中的应用实例

2.8.1　设计和制造要点

先天性肢体畸形矫正手术常在儿童时期完成,儿童骨骼相对于成人骨骼具有鲜明特点:① 解剖结构较小,手术操作空间小,内固定置入困难;② 个体差异大,重复性差,标准化治疗方案不能适用于所有的儿童;③ 儿童骨骼具有生长发育潜能,治疗操作不能损伤生长板,且手术矫形需极度精确,否则随着生长发育,畸形会逐渐加重;④ 术中需尽量减少射线暴露,否则易增加肿瘤的发生风险[87]。因此,先天性肢体畸形矫正手术更需要实现个性化、微创化和精准化的治疗策略,否则,除影响外观及关节活动功能之外,成年后易逐渐出现关节疼痛、骨性关节炎等,需接受多次矫形手术甚至关节置换等治疗,影响患者身心健康的同时,也加重了家庭和社会的负担。

3D 打印截骨导板可在手术过程中实现对每例患者的个性化设计和个体化治疗,在3D 导板辅助下精确控制截骨角度、矫形程度和内固定置入位置方向等,大大地提高手术精准度,节省手术时间,减少术中射线暴露,减少并发症的发生,同时缩短年轻医师的学习曲线。

患者手术前均常规对畸形肢体行薄层 CT 检查。扫描参数: $120\,kV, 150\,mAs$,获得断层图像像素矩阵为 512×512,层厚 $1\,mm$,层距 $0.5\,mm$。将原始 DICOM 数据导入 Mimics 软件,三维重建患侧股骨模型,运行仿真(模拟)模型(simulation model)测量患者肢体畸形程度,并以 STL 格式导入 Geomagic Design Direct 软件,重新定义坐标轴。根据术前测量数据及对比健侧参数,设计截骨位置、方向、长度和角度等参数,并结合拟选用内固定器械(如钢板)的型号、孔距和孔径等参数,模拟截骨平面和螺钉进钉钉道,设计截骨导板并进行正逆向结合建模,行布尔操作提取骨骼的表面解剖学、形态学特征,建立带有截骨平面和螺钉进钉钉道的截骨导板三维模型。

同时,在截骨导板设计过程中需注意以下几点:① 应多点、立体选择骨性标志,以增加导板契合程度及稳定性,对于四肢长骨截骨导板需采用"翼状"设计,以更好地包裹长骨。同时"翼"的长度需合适,太短则截骨导板活动性大,太长则放置和取出困难。② 截骨导板管道内径设计应与导针直径匹配,一般比导针直径大 $3\sim4\,mm$ 较合适,管径太小导针进入后转动过程中磨损严重,增加手术污染机会,甚至摩擦产生的热量会破坏管道结构,影响进针准确性。管径太大则导针活动度大,影响导针方向准确性。③ 管道外部长度应足够,以增加导针导向的准确性。管道外部需坚实，最好几个管道形成整体结构，否则在消毒或钻入导针时易发生断裂。

2.8.2 临床应用实例

2.8.2.1 3D 打印截骨导板辅助发育性髋关节发育不良（developmental dysplasia of the hip，DDH）儿童畸形矫正的应用

南京医科大学附属儿童医院骨科的郑朋飞等利用 CAD 技术和 3D 打印技术制备的个性化手术截骨导板辅助 DDH 儿童在 Salter 骨盆截骨联合股骨近端旋转短缩截骨术的精准完成。其将 97 例接受 Salter 骨盆截骨联合股骨近端旋转短缩截骨术的单侧 DDH 儿童随机分为 2 组：3D 打印截骨导板组 44 例，传统手术组 53 例。结果发现 3D 打印截骨导板（见图 2-23 和图 2-24）可以辅助 DDH 患儿 Salter 骨盆截骨联合股骨近端旋转短缩截骨术的精准完成，有效控制术中截骨位置及旋转矫正角度，为实现头臼同心复位提供条件，且术中无须反复调整，节约手术时间，减少患儿和手术医生的放射线暴露次数。

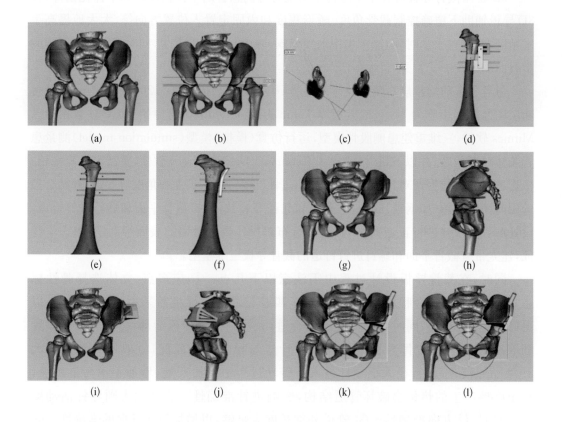

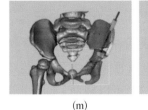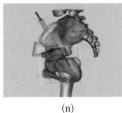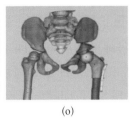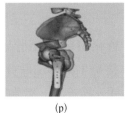

(m) (n) (o) (p)

图 2-23 1例个体化组合式导航模板设计及应用图示

患者,女性,4岁6个月,左侧发育性髋关节发育不良。(a) Mimics 软件重建患儿髋关节模型;
(b) 计算机测量患儿髋脱位高度;(c) 测量患儿双侧股骨颈前倾角;
(d)～(f) 根据测量出的脱位高度和双侧股骨颈前倾角差值设计股骨近端截骨旋转导航模板,
并辅助股骨截骨端旋转以及钢板的置入;(g)(h) 髂骨截骨导板正、侧位图;
(i)(j) 三角骨块截骨导航模板正、侧位图;(k) 旋转角度控制导板辅助控制截骨远端向前、向外、向下旋转程度;
(l) 旋转角度验证导板二次验证旋转角度的准确性;
(m)(n) 去除旋转角度验证导板,从克氏针针道置入克氏针;
(o)(p) 髂骨和股骨截骨旋转矫形后正、侧位图

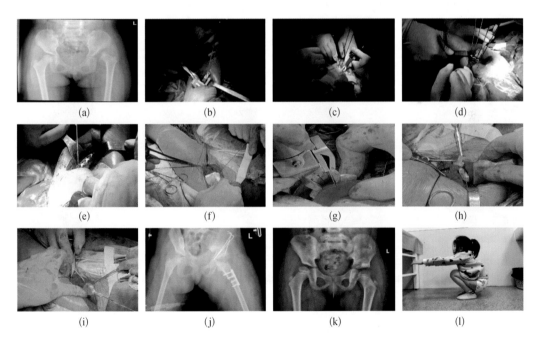

(a) (b) (c) (d)

(e) (f) (g) (h)

(i) (j) (k) (l)

图 2-24 1例骨盆截骨合并股骨近端截骨术中及术后随访图

患者,女性,4岁6个月,左侧发育性髋关节发育不良。(a) 术前患儿骨盆正位片;
(b) 导航模板与股骨近端匹配,按克氏针针道钻入克氏针;(c) 依据导航模板截骨面完成截骨;
(d) 去除导板,去除截骨块,以克氏针为操纵杆完成旋转截骨;
(e) 将钢板套入克氏针,逐个拔出克氏针,换螺钉固定;(f) 截骨导板确定髂骨截骨线;
(g) 沿导板取支撑用三角骨块;(h) 截骨后以耻骨联合为中心向前、外、
下旋转截骨远端直至与限位导板匹配,同时用验证导板对旋转方向和程度进行验证;
(i) 去除验证导板,沿导板上导管置入第1根固定用直径为 1.6 mm 的克氏针;(j) 术后骨盆正位片;
(k) 术后末次随访时骨盆正位片;(l) 末次随访时大体功能外观照

2.8.2.2　3D 打印截骨导板辅助 Tönnis 三联截骨术的应用

南京医科大学附属儿童医院骨科的唐凯等利用 CAD 技术和 3D 打印技术制备个性化 3D 打印截骨导板辅助精准完成 DDH 儿童的 Tönnis 三联截骨术。他们将 13 例接受 Tönnis 三联截骨术的 DDH 儿童随机分为 2 组：3D 打印截骨导板组 7 例，传统手术组 6 例。结果发现 3D 打印导航模板(见图 2-25 和图 2-26)可以辅助 DDH 患儿Tönnis 三联截骨术手术的精准完成，节约手术时间，减少患儿和手术医生的 X 线暴露次数。

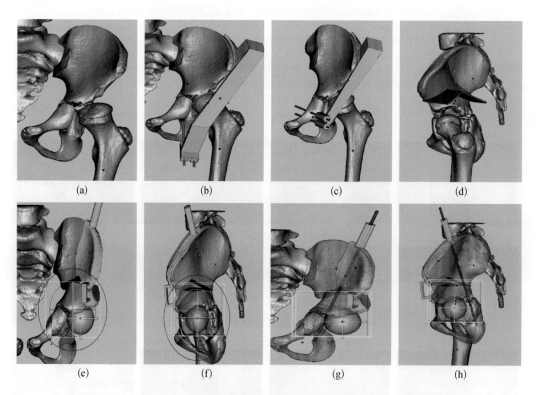

图 2-25　1 例 Tönnis 三联截骨术术前 3D 打印导航模板的设计与制备图示

患者，女性，10 岁，左侧发育性髋关节发育不良。
(a) Mimics 软件三维重建骨盆；(b) 坐骨截骨导航模板设计；(c) 耻骨截骨导航模板设计；
(d) 髂骨截骨导航模板设计；(e)(f) 旋转限位导板设计；(g)(h) 旋转限位导板设计固定用克氏针针道

2.8.2.3　3D 打印截骨导板辅助肘内翻畸形矫正的应用[88]

南京医科大学附属儿童医院骨科的郑朋飞等利用 CAD 技术和 3D 打印技术制备个性化手术截骨板辅助肘内翻儿童内翻畸形矫正手术的精准完成。他们将 35 例接受肱骨远端外侧楔形截骨术的肘内翻畸形儿童随机分为 2 组：3D 打印截骨导板组 16 例，传统手术组 19 例。结果发现 3D 打印截骨导板(见图 2-27 和图 2-28)可以辅助肘内翻

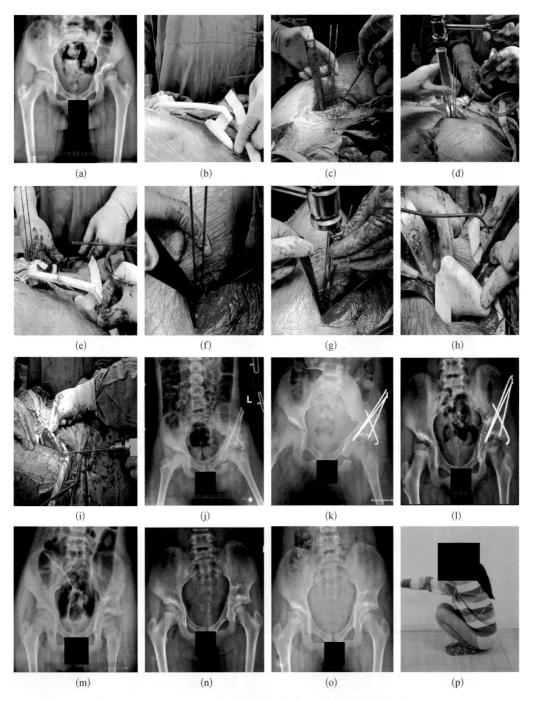

(a)　　　　　　(b)　　　　　　(c)　　　　　　(d)

(e)　　　　　　(f)　　　　　　(g)　　　　　　(h)

(i)　　　　　　(j)　　　　　　(k)　　　　　　(l)

(m)　　　　　　(n)　　　　　　(o)　　　　　　(p)

图 2-26　1例患儿接受 Tönnis 三联截骨术的术前资料、手术步骤及术后随访情况图

患者,女性,10岁,左侧发育性髋关节发育不良。
(a) 术前骨盆正位片;(b)~(d) 导航模板辅助坐骨截骨;(e)~(g) 导航模板辅助耻骨截骨;
(h) 导航模板辅助髂骨截骨;(i) 限位导板控制髋臼旋转方向和角度,并辅助克氏针固定;
(j)~(o) 患儿术后第1天、3周、3月、1年、2年、3年骨盆平片;(p) 术后3年随访大体功能外观图

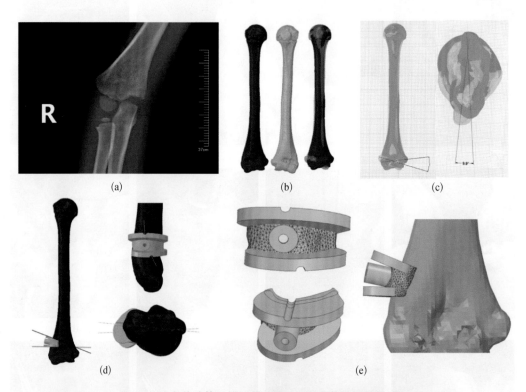

图 2-27　术前计算机模拟模型及 3D 打印截骨导板的设计

(a) 通过 CT 扫描数据的三维重建,精确测量双侧肘关节参数;(b) 确定翻转角和旋转角;
(c) 使用相反方向 5 mm 厚的工艺来制造匹配的基板,同时将克氏导丝管数据导入、
组合和重建到个性化截骨导板中,计算旋转角,确定导板上、下定位管的位置;
(d)(e) 通过布尔运算后,截骨导板设计完成

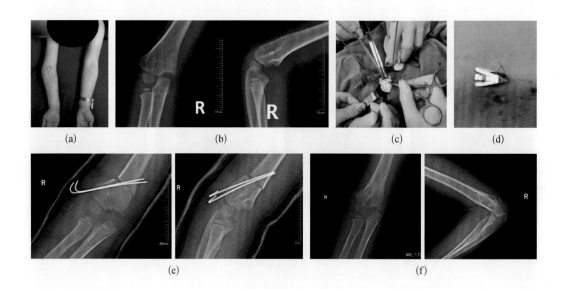

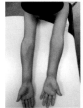

(g)

图2-28 肘内翻患儿术前和术中X线片及外观比较

(a) 外观表现为双侧上肢抬起角度不同,右肘内翻畸形;(b) 术前右肘关节正位片示肘内翻畸形;
(c) 个性化截骨导板与肱骨远端匹配良好,截骨导板用一根克氏针固定,用克氏针钻两个孔以控制旋转矫正;
(d) 根据截骨导板表面进行截骨术,截骨块与术前设计完全一致;
(e) 右肘关节侧位片示术后无伸展或屈曲畸形;(f) 术后10周,外观示畸形矫正;
(g) 外观示术后畸形矫正,肘关节屈伸和前臂旋转未受限

儿童肱骨远端外侧楔形截骨术的精准完成,简化手术程序,节约手术时间,极大地提高手术精准性,最大限度地恢复肘关节正常解剖结构。

2.8.2.4 3D打印截骨导板辅助股骨近端内翻旋转短缩截骨术的应用[89]

南京医科大学附属儿童医院骨科的郑朋飞等利用逆向工程(reverse engineering,RE)和3D打印技术设计制备个性化手术截骨导板辅助大龄DDH儿童股骨近端内翻旋转短缩截骨术的精准完成。其在6例接受股骨近端内翻旋转短缩截骨术的DDH儿童中使用3D打印截骨导板以辅助手术的精准完成。结果发现,3D打印截骨导板(见图2-29和图2-30)可以辅助大龄DDH儿童股骨近端内翻旋转短缩截骨术的精准完成,简化手术程序,节约手术时间,极大地提高手术精准性,确保手术疗效,为大龄DDH患儿精准医疗提供新的治疗方法。

患者,女,9岁,发现步态异常6年余,会阴部增宽,左髋外展稍受限,屈曲、伸直活动未及明显受限,双下肢不等长,左下肢较右下肢短缩约2 cm,Allis(+),诊断左侧发育性髋关节脱位明确,行左侧内收肌松解+髋关节切开复位+Pemberton髋臼周围截骨术+股骨转子下内翻旋转短缩截骨术(见图2-31)。

2.8.2.5 3D打印截骨导板辅助Blount病畸形矫正的应用

南京医科大学附属儿童医院骨科的郑朋飞等利用CAD技术和3D打印技术制备的个性化齿状截骨手术导板辅助Blount病儿童胫骨近端畸形矫正的精准完成。其通过对齿状截骨角度、方向的精准控制,一步矫正短缩、内翻及机械轴线的偏移。结果发现3D打印截骨导板(见图2-32)可以辅助Blount病儿童Salter胫骨近端畸形矫正的精准完成,节约手术时间,减少患儿和手术医生的X线暴露次数,且对手术疗效具有保证。

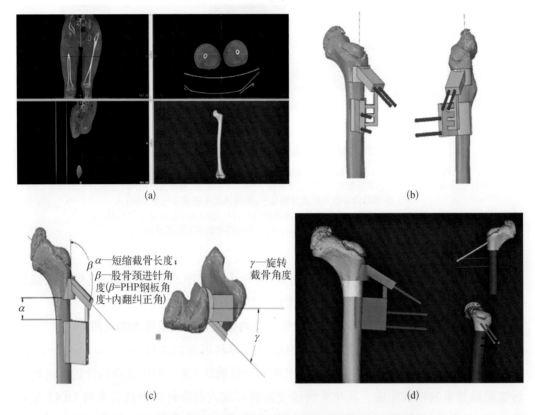

图 2-29　股骨近端内翻旋转短缩截骨术导引模板的设计及术前规划

(a) 将 CT 断层数据以 DICOM 格式导入 Mimics 软件中进行三维重建;

(b) 模拟截骨平面和克氏针进钉钉道,设计导引模板并进行正逆向结合建模,
行布尔操作提取股骨的表面解剖学形态学特征,建立带有克氏针针道的导引模板三维模型;

(c) 导板模型囊括股骨近端内翻、旋转、短缩截骨术全部手术参数;

(d) Mimics 软件中根据设计的导引模板进行模拟截骨手术,
术中以导针为操纵杆完成内翻、旋转及短缩截骨

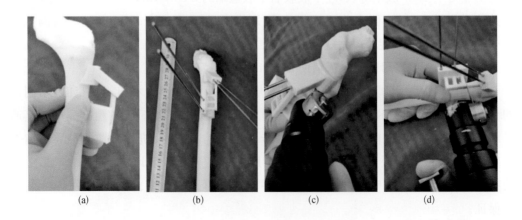

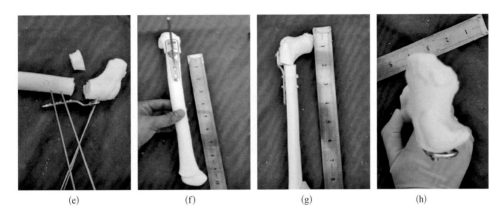

(e)　　　　　　(f)　　　　　　(g)　　　　　　(h)

图 2-30　3D 打印制备股骨和内翻旋转短缩截骨术导引模板模型及模拟手术

(a) 将制备的导引模板和股骨模型进行匹配,验证表面特征匹配程度;(b) 从克氏针导航孔钻入定位克氏针;
(c)(d) 依据导引模板截骨平面分别截断股骨模型并去除截骨段,切断导引模板上下桥接部分并撤除导引模板;
(e) 以定位克氏针为操纵杆,内翻截骨近端并旋转截骨远端至合适位置,穿入角钢板对应的螺孔内,
完成内翻、旋转及短缩截骨;(f) 逐一拔除定位克氏针,利用针孔作为螺钉钉道,
根据术前三维重建预测量的螺钉长度,旋入螺钉完成内固定;
(g)(h) 模拟手术顺利完成,术后股骨前颈干角、前倾角及短缩长度均与术前规划一致

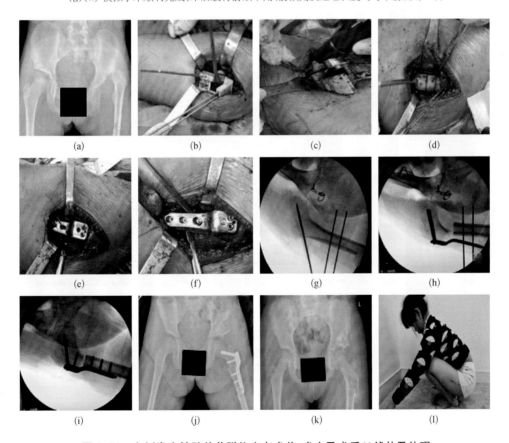

(a)　　　　　　(b)　　　　　　(c)　　　　　　(d)

(e)　　　　　　(f)　　　　　　(g)　　　　　　(h)

(i)　　　　　　(j)　　　　　　(k)　　　　　　(l)

图 2-31　左侧发育性髋关节脱位患者术前、术中及术后 X 线片及外观

(a) 术前常规拍摄骨盆正位片;(b)～(f) 依据模拟手术步骤完成股骨内翻旋转短缩截骨,
术中操作与模拟手术相一致;(g)～(i) 术中利用 C 形臂 X 线机透视验证进针方向及截骨形态与
术前规划一致(手术全程仅曝光 3 次);(j)～(l) 术后复查骨盆平片及大体外观照

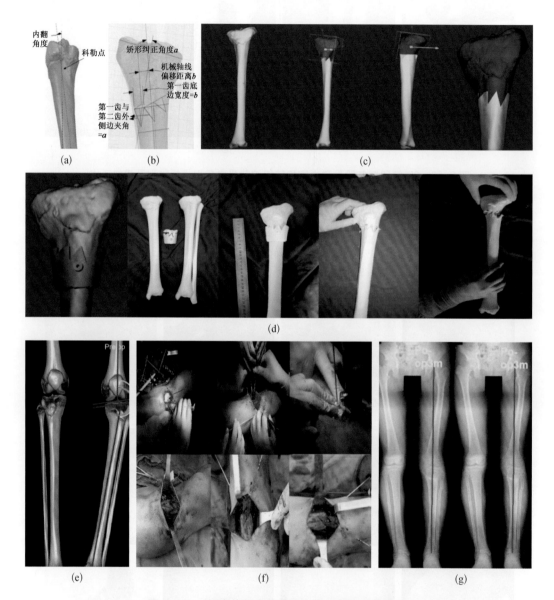

图 2-32   1 例个体化齿状截骨导板设计及应用图示

患者,男性,12 岁,左侧 Blount 病。

(a) Mimics 软件重建患儿胫骨模型;

(b) 计算机测量患儿畸形角度并设计截骨齿状线,精准控制每个齿的基底宽度、高度及角度;

(c) 计算机模拟齿状截骨手术,验证齿状截骨后通过平移矫正的精准性,并反向制作齿状截骨导板;

(d) 3D 打印截骨导板并进行体外模拟手术;(e) 手术前患侧下肢力线测量;

(f) 术中根据截骨导板齿状线进行截骨,截骨后平移矫正,克氏针固定;(g) 术后下肢机械轴线恢复正常

参考文献

［1］李梦,武美萍,陆佩佩,等.选区激光熔化 MnSi_2 增强 316L 不锈钢复合材料的表面质量及耐蚀性能[J].金属热处理,2022,47(4)：165-170.

［2］AARON C,PETCH M. 3D printing：rise of the third industrial revolution[M]. Gyges 3D Presents,2014：1-5.

［3］董文兴,刘斌.3D打印技术在骨科医疗器械的应用现状分析[J].生物骨科材料与临床研究,2014,11(4)：39-41.

［4］瑾泱,3D打印个性化医疗器械为患者带来新选择[N].中国医药报,2021-12-02.

［5］ZHANG B G,MYERS D E,WALLACE G G,et al. Bioactive coatings for orthopaedic implants-recent trends in development of implant coatings[J]. Int J Mol Sci,2014,15(7)：11878-11921.

［6］崔宇韬,李祖浩,万谦,等.3D打印金属假体在关节外科的临床应用[J].中国修复重建外科杂志,2019,33(6)：774-777.

［7］任一琰. 中国首个3D打印人体植入物获药监局批准[J].商业观察,2015,(3)：57.

［8］GENG X,LI Y,LI F,et al. Correction to：A new 3D printing porous trabecular titanium metal acetabular cup for primary total hip arthroplasty：a minimum 2-year follow-up of 92 consecutive patients[J]. J Orthop Surg Res,2020,15(1)：560.

［9］HUANG Y,ZHOU Y X,TIAN H,et al. Minimum 7-year follow-up of a porous coated trabecular titanium cup manufactured with electron beam melting technique in primary total hip arthroplasty[J]. Orthop Surg,2021,13(3)：817-824.

［10］WANG Q,YANG C,YANG J,et al. Dendrite-free lithium deposition via a superfilling mechanism for high-performance li-metal batteries[J]. Adv Mater,2019,31(41)：e1903248.

［11］夏志勇,马康康,李凯,等.3D打印钛合金骨小梁金属臼杯、垫块在全髋关节置换翻修术中的应用[J].中国骨与关节损伤杂志,2017,32(2)：121-124.

［12］SANGHERA B,NAIQUE S,PAPAHARILAOU Y,et al. Preliminary study of rapid prototype medical models[J]. Rap Protot J,2001,7(5)：275-284.

［13］方加虎,薛铠啸.3D打印在骨科畸形矫正中的应用[J].创伤外科杂志,2022,24(2)：81-88.

［14］LONG Y,SHANG X W,FAN J N,et al. Application of 3D printing in the surgical planning of trimalleolar fracture and doctor-patient communication[J]. Biomed Res Int,2016,2482086.

［15］张剑华,孙元艺,郭阿龙,等.3D打印含镁生物医用材料用于骨缺损修复研究进展[J].中华骨与关节外科杂志,2021,14(10)：826-831.

［16］GAO S,LIU R,XIN H,et al. The surface characteristics,microstructure and mechanical properties of PEEK printed by fused deposition modeling with different raster angles[J]. Polymers (Basel),2021,14(1)：77.

［17］邵惠锋,贺永,傅建中.增材制造可降解人工骨的研究进展——从外形定制到性能定制[J].浙江大学学报(工学版),2018,52(6)：1035-1057.

［18］GUO Z W,DONG L N,XIA J J,et al. 3D printing unique nanoclay-incorporated double-network hydrogels for construction of complex tissue engineering scaffolds[J]. Adv Healthc Mater,2021,10(11)：e2100036.

［19］王晓红.徐铭恩：生物3D打印技术的"领跑者"[J].团结,2020(4)：20-22.

［20］HAN W J,EL BOTTY R,MONTAUDON E,et al. In vitro bone metastasis dwelling in a 3D bioengineered niche[J]. Biomaterials, 2021, 269: 120624.

[21] 全球首颗含人体细胞和血管的 3D 打印心脏在以色列诞生[J]. 石河子科技, 2019(3): 16.

[22] WEI Q H, WANG G, LEI M, et al. Multi-scale investigation on the phase miscibility of polylactic acid/o-carboxymethyl chitosan blends[J]. Polymer, 2019, 176: 159-167.

[23] MATSUKAWA K, KAITO T, ABE Y. Accuracy of cortical bone trajectory screw placement using patient-specific template guide system[J]. Neurosurg Rev, 2020, 43(4): 1135-1142.

[24] 马文辉, 张英泽. 股骨颈骨折: 问题及对策[J]. 中国组织工程研究, 2014, 18(9): 1426-1433.

[25] RÜEDI T P, BUCKLEY R E, MORAN C G. 骨折治疗的 AO 原则[M]. 王满宜, 曾炳芳, 审. 危杰, 刘璠, 吴新宝, 等译. 上海: 上海科学技术出版社, 2010.

[26] 孙智文, 杨朝君, 郭峰, 等. 人工髋关节置换术治疗高龄股骨颈骨折 78 例疗效分析[J]. 中华损伤与修复杂志(电子版), 2011, 6(1): 79-80.

[27] 张晟, 胡岩君, 余斌. 不同内固定方式固定 Pauwels Ⅲ 型股骨颈骨折模型的有限元分析[J]. 中国矫形外科杂志, 2017, 25(2): 163-169.

[28] 杨立. 三种典型固定钉固定不稳定股骨转子间骨折生物力学特征的三维有限元分析[D]. 成都: 四川大学, 2005.

[29] EL'SHEIKH H F, MACDONALD B J, HASHMI M S. Finite element simulation of the hip joint during stumbling: a comparison between static and dynamic loading[J]. J Mater Process Technol, 2003, 143/144(1): 249-255.

[30] 高昂, 王伟, 杨琳. 应用中空加压螺钉治疗股骨颈骨折手术失误原因分析[J]. 中国矫形外科杂志, 2006, 4(2): 310.

[31] LU S, XU YQ, LU WW, et al. A novel patient-specific navigational template for cervical pedicle screw placement[J]. Spine (Phila Pa 1976), 2009, 34(26): E959-966.

[32] SCHWEITZER D, MELERO P, ZYLBERBERG A, et al. Factors associated with avascular necrosis of the femoral head and nonunion in patients younger than 65 years with displaced femoral neck fractures treated with reduction and internal fixation[J]. Eur J Orthop Surg Traumatol, 2013, 23(1): 61-65.

[33] 张铁山, 赵刚, 陈杰, 等. 切开与闭合复位空心钉内固定治疗移位股骨颈骨折的疗效比较[J]. 中国骨与关节损伤杂志, 2015, 30(2): 130-132.

[34] YUENYONGVIWAT V, TUNTARATTANAPONG P, TANGTRAKULWANICH B. A new adjustable parallel drill guide for internal fixation of femoral neck fracture: a developmental and experimental study[J]. BMC Musculoskelet Disord, 2016, 17: 8.

[35] 韩影, 王然, 钮红祥, 等. 3D 打印导航模板在圆孔外口三叉神经第二支射频治疗中的应用[J]. 临床麻醉医学杂志, 2017, 33(3): 227-229.

[36] 王飞, 刘志斌, 张建华, 等. 3D 打印导航模板在辅助寰枢椎椎弓根螺钉置入中的应用价值[J]. 中国脊柱脊髓杂志, 2017, 27(1): 61-68.

[37] 曹振华, 银和平, 李树文. 股骨颈骨折空心钉内固定数字化模板的建立[J]. 中国组织工程研究, 2014, 18(31): 5017-5023.

[38] LEE M S, CHANG Y H, CHAO E K, et al. Conditions before collapse of the contralateral hip in osteonecrosis of the femoral head[J]. Chang Gung Med J, 2002, 25(4): 228-237.

[39] WANG C, PENG J, LU S. Summary of the various treatments for osteonecrosis of the femoral head by mechanism: a review[J]. Exp Ther Med, 2014, 8(3): 700-706.

[40] ZALAVRAS C G, LIEBERMAN J R. Osteonecrosis of the femoral head: evaluation and treatment[J]. J Am AcadOrthop Surg, 2014, 22(7): 455-464.

［41］肖凯,罗殿中,程微,等.股骨颈基底部旋转截骨术治疗早期股骨头坏死的临床疗效［J］.中华骨科杂志,2018,38(7)：425-432.

［42］SUGIOKA Y. Transtrochanteric anterior rotational osteotomy of thefemoral head in the treatment of osteonecrosis affecting the hip：anew osteotomy operation［J］. Clin Orthop Relat Res，1978(130)：191-201.

［43］GANZ R，GILL T J，GAUTIER E，et al. Surgical dislocation of the adulthip a technique with full access to the femoral head and acetabulum without the risk of avascular necrosis［J］. J Bone Joint SurgBr，2001，83(8)：1119-1124.

［44］罗殿中,张洪.一项基本的保髋手术技术：髋关节外科脱位技术［J］.中华解剖与临床杂志,2015,20(5)：475-480.

［45］LEUNIG M，GANZ R. Relative neck lengthening and intracapital osteotomy for severe perthes and perthes — like deformities［J］. Bull NYU HospJt Dis，2011，69(Suppl l)：S62-S67.

［46］HAFEZ M A，CHELULE K L，SEEDHOM B B，et al. Computer-assisted total knee arthroplasty using patient-specific templating［J］. Clin Orthop Relat Res，2006，444：184-192.

［47］崔建强,孙德麟,曲军杰,等.3D打印导航模板在 Sanders Ⅱ型跟骨骨折中的应用［J］.中华骨与关节外科杂志,2018,11(8)：566-569.

［48］NIE W，GU F，WANG Z，et al. Preliminary application of three-dimension printing technology in surgical management of bicondylar tibial plateau fractures［J］. Injury，2019，50(2)：476-483.

［49］SUN L，LIU H，XU C，et al. 3D printed navigation template-guided minimally invasive percutaneous plate osteosynthesis for distal femoral fracture：a retrospective cohort study［J］. Injury，2020，51(2)：436-442.

［50］丁悦,罗剑锋,王臻,等.个性化3D打印导向器空心钉固定股骨颈骨折［J］.中国矫形外科杂志,2020,28(24)：2213-2217.

［51］姚升,郭晓东,刘佳,等.3D打印个性化体外导板辅助经皮微创置钉治疗骨盆髋臼骨折［J］.中华创伤骨科杂志,2019,21(6)：471-477.

［52］HU X，ZHONG M，LOU Y，et al. Clinical application of individualized 3D-printed navigation template to children with cubitus varus deformity［J］. J Orthop Surg Res，2020，15(1)：111.

［53］VLACHOPOULOS L，SCHWEIZER A，GRAF M，et al. Three-dimensional postoperative accuracy of extra-articular forearm osteotomies using CT-scan based patient-specific surgical guides［J］. BMC Musculoskelet Disord，2015，16：336.

［54］BAUER A S，STORELLI D，SIBBEL S E，et al. Preoperative computer simulation and patient-specific guides are safe and effective to correct forearm deformity in children［J］. J Pediatr Orthop，2017，37(7)：504-510.

［55］RONER S，SCHWEIZER A，DA S Y，et al. Accuracy and early clinical outcome after 3-dimensional correction of distal radius intra-articular malunions using patient-specific instruments［J］. J Hand Surg Am，2020，45(10)：918-923.

［56］董谢平,张大伟,漆启华,等.3D打印截骨导板辅助治疗踝关节内骨折畸形愈合［J］.中华创伤骨科杂志,2017,19(6)：511-517.

［57］SUGAWARA T，HIGASHIYAMA N，KANEYAMA S，et al. Accurate and simple screw insertion procedure with patient-specific screw guide templates for posterior C1-C2 fixation［J］. Spine (Phila Pa 1976)，2017，42(6)：E340-E346.

［58］吴冬灵,谢亮文,刘瑞仁,等.标杆型3D打印导板在寰枢椎脱位治疗中的应用疗效及准确性研究［J］.中华骨与关节外科杂志,2020,13(2)：138-142.

[59] 田野,张嘉男,陈浩,等. 3D打印导板辅助椎动脉高跨患者C2椎弓根螺钉置入的临床研究[J]. 中国脊柱脊髓杂志,2020,30(4): 323-330.

[60] ZHAO Y, LUO H, MA Y, et al. Accuracy of S2 alar-iliac screw placement under the guidance of a 3D-printed surgical guide template[J]. World Neurosurg, 2021, 146: e161-e167.

[61] MARUO K, ARIZUMI F, KUSUYAMA K, et al. Accuracy and safety of cortical bone trajectory screw placement by an inexperienced surgeon using 3D patient-specific guides for transforaminal lumbar interbody fusion[J]. J Clin Neurosci, 2020, 78: 147-152.

[62] TAKEMOTO M, FUJIBAYASHI S, OTA E, et al. Additive-manufactured patient-specific titanium templates for thoracic pedicle screw placement: novel design with reduced contact area [J]. Eur Spine J, 2016, 25(6): 1698-1705.

[63] CECCHINATO R, BERJANO P, ZERBI A, et al. Pedicle screw insertion with patient-specific 3D-printed guides based on low-dose CT scan is more accurate than free-hand technique in spine deformity patients: a prospective, randomized clinical trial[J]. Eur Spine J, 2019, 28(7): 1712-1723.

[64] 赵永辉,马宇龙,罗浩天,等. 3D打印手术导板辅助强直性脊柱炎截骨矫形[J]. 中国矫形外科杂志,2020,28(24): 2276-2280.

[65] GAUKEL S, VUILLE-DIT-BILLE R N, SCHLAPPI M, et al. CT-based patient-specific instrumentation for total knee arthroplasty in over 700 cases: singleuse instruments are as accurate as standard instruments[J]. Knee Surg Sports Traumatol Arthrosc, 2022, 30(2): 447-455.

[66] KE S, RAN T, HE Y, et al. Does patient-specific instrumentation increase the risk of notching in the anterior femoral cortex in total knee arthroplasty? A comparative prospective trial[J]. Int Orthop, 2020, 44(12): 2603-2611.

[67] KWON O R, KANG K T, SON J, et al. Patient-specific instrumentation development in TKA: 1st and 2nd generation designs in comparison with conventional instrumentation[J]. Arch Orthop Trauma Surg, 2017, 137(1): 111-118.

[68] MAO Y, XIONG Y, LI Q, et al. 3D-printed patient-specific instrumentation technique vs. conventional technique in medial open wedge high tibial osteotomy: a prospective comparative study [J]. Biomed Res Int, 2020: 1923172.

[69] CHAOUCHE S, JACQUET C, FABRE-AUBRESPY M, et al. Patient-specific cutting guides for open-wedge high tibial osteotomy: safety and accuracy analysis of a hundred patients continuous cohort[J]. Int Orthop, 2019, 43(12): 2757-2765.

[70] YAN L, WANG P, ZHOU H. 3D Printing navigation template used in total hip arthroplasty for developmental dysplasia of the hip[J]. Indian J Orthop, 2020, 54(6): 856-862.

[71] 周游,徐小山,李川,等. 3D打印导板在Bernese髋臼周围截骨术中的应用[J]. 中华创伤骨科杂志,2016,18(1): 17-23.

[72] WANG X, LIU S, PENG J, et al. Development of a novel customized cutting and rotating template for Bernese periacetabular osteotomy[J]. J Orthop Surg Res, 2019, 14(1): 217.

[73] 付军,王臻,郭征,等. 数字化结合3D打印个体化导板的设计加工及其在骨肿瘤手术中的应用 [J]. 中华创伤骨科杂志,2015,17(1): 50-54.

[74] EVRARD R, SCHUBERT T, PAUL L, et al. Resection margins obtained with patient-specific instruments for resecting primary pelvic bone sarcomas: a case-control study [J]. Orthop Traumatol Surg Res, 2019, 105(4): 781-787.

[75] LIU X, LIU Y, LU W, et al. Combined application of modified three-dimensional printed

anatomic templates and customized cutting blocks in pelvic reconstruction after pelvic tumor resection[J]. J Arthroplasty, 2019, 34(2): 338-345.

[76] 中华医学会医学工程学分会数字骨科学组,国际矫形与创伤外科学会(SICOT)中国部数字骨科学组. 3D打印骨科手术导板技术标准专家共识[J]. 中华创伤骨科杂志,2019,21(1): 6-9.

[77] 邱蔚六,张震康. 口腔颌面外科学[M]. 5 版. 北京: 人民卫生出版社,2004: 304.

[78] 蔡志刚. 数字化外科技术在下颌骨缺损修复重建中的应用. 中华口腔医学杂志[J]. 2012,47(8): 474-478.

[79] 张陈平. 下颌骨重建术. 口腔颌面外科杂志[J]. 2005,15(3): 215-217.

[80] 张陈平,张志愿,邱蔚六,等. 口腔颌面部缺损的修复重建——1973 例临床分析[J]. 中国修复重建外科杂志,2005,19(10): 773-776.

[81] LI P, XUAN M, LIAO C, et al. Application of intraoperative navigation for the reconstruction of mandibular defects with microvascular fibular flaps-preliminary clinical experiences[J]. J Craniofac Surg, 2016, 27(3): 751-755.

[82] ZHOU Z, ZHAO H, ZHENG J, et al. Evaluation of accuracy and sensory outcomes of mandibular reconstruction using computer-assisted surgical simulation[J]. J Cranio-Maxillofac Surg, 2019(47): 6-14.

[83] 纪玉清,吴玉仙,李建民,等. 3D打印截骨导板在股骨远端骨肉瘤肿瘤切除、假体重建术中的应用[J]. 中国骨与关节杂志,2018,7(7): 547-551.

[84] 徐磊磊,田征,王晓帅,等. 3D打印技术在骨肿瘤外科临床中的应用[J]. 中国修复重建外科杂志,2017,31(9): 1069-1072.

[85] 付军,王臻,郭征,等. 数字化结合 3D 打印个体化导板的设计加工及其在骨肿瘤手术中的应用[J]. 中华创伤骨科杂志,2015,17(1): 50-54.

[86] 董智伟,王帅,华泽权,等. 3D打印技术在下颌骨肿瘤治疗中的应用——一种改良的肿瘤截骨导板及腓骨截骨导板[J]. 解放军医药杂志,2015,27(11): 21-23.

[87] WAKEFORD R. Childhood leukaemia following medical diagnostic exposure to ionizing radiation in utero or after birth[J]. Radiat Prot Dosimetry, 2008, 132(2): 166-174.

[88] HU X, ZHONG M, LOU Y, et al. Clinical application of individualized 3D-printed navigation template to children with cubitus varus deformity[J]. J Orthop Surg Res, 2020, 15(1): 111.

[89] 徐鹏,陈杰,楼跃,等. 3D打印导航模板在大龄 DDH 患儿股骨近端内翻旋转短缩截骨术中的应用[J]. 中华小儿外科杂志,2017,38(7): 506-510.

3

3D 打印植入物的临床应用

临床工作中，传统植入物无法满足一些特殊的临床需求，而通过 3D 打印技术制备的植入物能够满足这些需求，以此为切入点，3D 打印技术已在口腔科、骨科等多个学科开展临床应用。3D 打印技术，又称增材制造技术，是一种以计算机辅助建模为基础，运用粉末状金属或非金属等可黏合材料，通过逐层打印的方式来构造物体的技术。目前，3D 打印医疗产品的应用呈现井喷式发展，3D 打印不仅是制造产业技术升级的重要推手，也是解决临床植入物需求的不可或缺的技术手段。

3.1 3D 打印植入物概述

3.1.1 3D 打印植入物的发展概述

生物医用材料是用于诊断、治疗、修复或替换人体组织、器官或增进其功能的一类材料，其应用提高了临床对癌症等的诊断、治疗效果，降低了疾病等的病死率和致残率。在挽救患者生命、改善患者生活质量和健康水平的同时，还能减轻患者医疗支出负担。临床常用的植入物主要有心血管支架、心脏瓣膜、人造关节和骨科填充物等。与血液接触相关的植入物应具备良好的生物相容性，在与血液接触过程中，应不引起溶血，不发生强烈的免疫反应，以免威胁使用者的生命安全[1]。对于骨科植入物及替代物，尤其是对于人工关节，应与骨具有相匹配的力学性能；而对于骨填充材料，其应具备良好的可降解性、骨传导和骨诱导等性能。目前，常见的骨科植入物材料主要有金属材料、陶瓷材料和高分子材料等[2]。

相较于传统的机械制造技术，3D 打印技术成本低，成型速度快[3]。自 20 世纪被提出以来已被广泛应用于诸多领域，引人关注的是，在过去短短几年时间里，3D 打印技术在医学领域也已备受重视，迄今应用 3D 打印植入物的成功案例不胜枚举，其创新潜力和应用前景更被业内人士普遍看好。

3D 打印植入物则是借助扫描成像、计算机模拟重塑患者生理学结构，通过 3D 打印设备制备与患者生理学结构相匹配的植入物。以 3D 打印技术制造的植入物对医疗设备/器械的开发产生了极大影响，满足了对个性化医疗不断增长的需求。3D 打印技术不但能根据患者特定的解剖结构和病理学情况实现量身定制，满足个性化需求，同时，该技术还提供特定位置的机械、物理结构及生物活性成分的可控释放手段。

3.1.2　3D 打印植入物的发展方向

3D 打印技术自问世已获得许多突破性的成果，这为其在制造植入物方面提供了更多可靠的技术依据，但其在临床应用中仍面临许多难题，在一定程度上限制了 3D 打印植入物的发展，主要表现在以下几个方面。

3.1.2.1　标准有待完善

3D 打印技术和植入物的相关技术标准都有较为完善的体系，而新型的 3D 打印植入物与传统制造的植入物仍有一定的差异性。传统的金属植入物在金属块的基础上以车削等方式制备所需形状，3D 打印金属植入物则以金属粉借助激光烧结或者高温熔融方式通过逐层打印的方式实现成型。相较两种制造方式，3D 打印金属植入物可能存在金属粉或颗粒，其表面光洁度或不及传统植入物。然而，3D 打印技术可实现对植入物空隙等内部结构的调节。如何规范 3D 打印植入物的制备流程、评价其稳定性、精确度及相应的生物学特性等也需要在已有标准的基础上进行重新定义，而目前尚缺少有关 3D 打印植入物的技术标准。

3.1.2.2　高精度设备与实时监控一体化

3D 打印设备的精度决定了其所制备植入物的精度。3D 打印设备的可调节参数的精确程度是决定设备性能的关键；同时，深刻地了解材料、黏合剂和打印喷头之间复杂的作用关系，也是提高打印精确程度的关键。此外，对 3D 打印过程的实时监控也是提高植入物成功的重要因素，相较于传统的均一制造方式，逐层累积制备的植入物可能存在一定的缺陷。如目前的生物 3D 打印技术通过将具有生物学活性的材料与高密度的细胞相结合，形成生物墨水，借助 3D 打印工艺制备高活性的生物学支架用于组织修复，3D 打印过程中可能存在潜在的细胞致死因素，而通过对细胞状态的动态监控，可以提高生物支架制备的成功率。因此，实时监控也是提高 3D 打印植入物成功率的重要环节。

3.1.2.3　新材料开发

长期的使用性和安全性是对植入物材料的基本要求。同时，植入物不应引起严重的免疫排斥反应和局部及全身炎性反应。目前，常见的植入物材料包括钛/不锈钢等金属材料、磷酸钙/羟基磷灰石等无机非金属材料以及明胶等高分子材料，这些材料已在临床广泛应用,但材料性能仍有待提高。因此,开发新型的具备可打印性能的材料也是推动 3D 打印发展的关键。

3.2 不可降解植入物的制造与临床应用

3.2.1 植入物制造的研究现状

3D 打印通过对材料处理并逐层叠加打印,大大降低了产品制造的复杂度。3D 打印可以直接从计算机图形数据中生成各种形状的零件,使生产制造得以向更广的人群延伸。

从整体来看,3D 打印产业链包含了基础配件、辅助运行、3D 打印设备、3D 打印材料和产品应用 5 个环节。基础配件层包括芯片、步进电机、激光器、控制电路板、打印喷头和振镜系统;辅助运行层包括三维扫描仪、控制软件、切片软件和建模软件;打印材料主要包括树脂基材料、金属材料和生物材料;3D 打印设备主要包括桌面级打印机和工业级打印机;应用领域覆盖工业领域、军用领域和民用领域。

3D 打印技术具备个性化、小批量和高精度制造等优势,正好迎合了医疗器械"量体裁衣,度身定做"的要求。目前,3D 打印在医疗器械领域上的应用主要包括:体外医疗器械,如医疗模型、假肢和齿科手术模板等;个性化植入物,如颅骨修复体、颈椎人工椎体及人工关节等;常规植入物,如关节柄、种植牙和补片等。2015 年 9 月,中国首个 3D 打印人体植入物——髋臼部件获得国家食品药品监督管理总局(现为国家药品监督管理局)注册批准,标志着 3D 打印技术在中国正式进入临床应用。自 2019 年 7 月我国第一批 3D 打印医疗器械团体标准开始实施以来,我国医疗 3D 打印应用开始走上快车道。2020 年 7 月 1 日,我国第二批 3D 打印医疗器械标准正式实施,相关法规和标准体系的逐步建立,为 3D 打印技术医疗器械产业化应用提供了政策性支撑。目前,已知通过国家药品监督管理局认证的 3D 医疗器械有:爱康宜诚医疗器械股份有限公司与北京大学第三医院合作的 3D 打印髋臼部件、椎体和脊柱椎间融合器 3 款产品,西安科谷智能机器有限公司的 3D 打印个体化下颌骨重建假体以及广州迈普再生医学科技股份有限公司的 3D 打印硬脑(脊)膜补片等多项产品。

依据科研与产业发展需求,3D 打印医疗器械仍需加快解决以下几个问题:第一,开发新型打印材料,特别是多元复合材料。建立相应的材料供应体系,这将有助于拓宽3D 打印技术应用场合。第二,3D 打印装备和关键系统的开发,提高设备的"高分辨率、高通量和高容量",优化设备软硬件兼容性并保留升级扩展的可能。3D 打印技术的实际应用,应当建立在先进打印装备的基础上。第三,医用 3D 打印属于计算机、材料、医学、生物化学、生物医学工程和机械制造等多学科交叉的"超级学科",需要不同领域的人才协调与合作。

随着个性化医疗、远程医疗、精准医疗、原位打印和大数据应用等技术的开发与融合,给可穿戴设备、医疗影像数据和扫描技术带来了技术上的突破。相信3D打印技术将会在此基础上,与广阔的医疗市场应用深入契合,设计制造出更为完善的产品,为患者带来福音。

3.2.2 3D打印植入物材料

3D打印材料是医学3D打印应用和发展的基本要素,临床应当根据植入物不同应用部位的物理学特性来决定材料的应用。目前,用于不可降解植入物制造的3D打印材料主要有:金属、生物惰性陶瓷和合成聚合物三大类。其中,多种材料类型和组合已被证明是有希望用于植入物工程应用的候选材料。

3.2.2.1 金属

临床应用的医用金属材料主要有钛合金、不锈钢、钴合金、形状记忆合金、贵金属,以及纯金属钽、铌、锆等。

医用钛合金(Ti-based-alloy as biomedical material)是目前已知的生物亲和性最好的金属之一,20世纪40年代以来,钛和钛合金逐渐在临床医学中获得应用。1951年,人类开始用纯钛制作接骨板和骨螺钉。20世纪70年代中期,钛及钛合金开始获得广泛的医学应用,成为最有发展前景的医用材料之一。目前,钛和钛合金主要应用于整形外科,尤其是四肢骨和颅骨整复,被用以制作各种骨折内固定器械、人工关节、头盖骨和硬膜、人工心脏瓣膜、齿、牙床、托环和牙冠[4]。其中,医学应用最多的钛合金是TC4(Ti-6Al-4V)。该合金在室温下具有α+β两相混合组织,通过固溶处理和时效处理,可使其强度等力学性能显著提高。钛及钛合金的密度在4.5 g/cm³左右,几乎仅为不锈钢和钴合金的一半,密度接近人体硬组织,且其生物相容性、耐腐蚀性和抗疲劳性都优于不锈钢和钴合金,是目前最佳的医用金属材料。钛及钛合金与人体的亲和性,源于其表面致密的氧化钛(TiO₂),具有诱导体液中钙、磷离子沉积生成磷灰石的能力,表现出一定的生物活性和骨结合能力,尤其适合于骨内埋植。钛及钛合金的缺点是硬度较低、耐磨性差。另外,钛是不可生物降解的金属,纯钛材料在其植入部位支持骨再生后,通常需要进行手术去除。通过由单个钛纤维或网状物形成的植入物,可以降低应力遮挡风险,并促进周围骨组织浸润生长。然而,由钛磨损产生的微粒碎片可能会造成人体炎性反应等不良影响。为了改善钛及钛合金的耐磨性能,可对钛及钛合金制品表面进行高温离子氮化或离子注入技术处理,强化其表面耐磨性。近年来,开发出的一些新型钛合金(主要是β型合金),主要减少了对人体有一定危害的元素。例如,V和Al有效地改善了钛合金的生物相容性[5]。

医用不锈钢(stainless steel as biomedical material)是铁基耐蚀合金,是最早开发的生物医用合金之一。其优点是易加工、价格低廉、耐腐蚀和高强度,缺点是较易发生疲劳断裂。不锈钢用以制作医疗器械:刀、剪、止血钳和针头,同时也用以制作人工关节、骨折内固定器、牙齿矫形和人工心脏瓣膜等器件。其中,医学应用最多的是奥氏体超低碳不锈钢 316L 和 317L。1987 年,316L 和 317L 两种合金已纳入国际标准 ISO 5832 和 ISO 7153 中。1990 年,我国制定了相应的国家标准 GB 12417,并于 1991 年开始实施。医用不锈钢的生物相容性及相关问题,主要涉及不锈钢植入人体后由于腐蚀或磨损造成金属离子溶出而引起的组织反应。大量的临床资料显示,医用不锈钢的腐蚀造成植入物的稳定性变差,加之其密度和弹性模量与人体硬组织相距较大,易导致力学相容性差。由于腐蚀会造成金属离子或其他化合物进入周围的组织或整个机体,因而可在机体内引起某些不良组织学反应,如过敏、水肿、感染和组织坏死等。特别是不锈钢中的镍离子析出可诱发一些严重病变(通常用的奥氏体医用不锈钢均含有 10% 左右的镍)[6]。针对这一点,近年来低镍和无镍的医用不锈钢正逐渐得到发展和应用。

医用钴合金(Co-based alloy as biomedical material)也是医疗中常用的金属材料。相对于不锈钢而言,医用钴合金因其出色的耐腐蚀性,更适用于制造体内承载条件苛刻的长期植入物。最早开发的医用钴合金为钴铬钼(Co-Cr-Mo)合金,其结构为奥氏体。20 世纪 70 年代又开发出具有良好疲劳性能的锻造钴镍铬铝钨铁(Co-Ni-Cr-Al-W-Fe)合金以及钴镍铬铝合金。钴合金主要用以制作人工髋关节、膝关节、关节扣钉、接骨板、骨钉和骨针。目前,应用最多的是铸造钴铬铝合金。该合金已纳入 ISO 5582/4 标准。1990 年,我国将其列入国标 GB 12417。钴合金在人体内多保持钝化状态,很少发生腐蚀现象,与不锈钢相比,其钝化膜更稳定,耐蚀性更好[7]。其耐磨性是所有医用金属材料中较好的。一般认为它植入人体后没有明显的组织不良反应。但是由于钴合金价格较贵,并且钴合金制作的人工髋关节由于金属磨损会造成 Co、Ni 等离子溶出,在体内较易引起关节松动、下沉松动和致敏反应。因此,在应用上受到一定的限制。

医用形状记忆合金(shape memory alloy as biomedical material)的研究始于 20 世纪 70 年代,并很快得到了广泛应用。医用形状记忆合金在临床上主要用于整形外科和口腔科,镍钛记忆合金应用最好的例子是自膨胀支架,尤其是心血管支架。临床上应用最多的是镍钛形状记忆合金。医用镍钛形状记忆合金的形状记忆恢复温度为(36±2)℃,符合人体温度的区间范围,在临床上也表现出较好的生物相容性。但由于镍钛记忆合金中含有大量的镍元素,如果表面处理不当,则其中的镍离子可能向周围组织扩散渗透,引起细胞和组织坏死[8]。因此,使用这类金属时需要优化其表面材料的加工工艺。

医用贵金属是指用于临床医学的金、银、铂及其合金的总称。贵金属的生物相容性较好,抗氧化和抗腐蚀性强,具备独特的物理与化学稳定性,优异的加工特性,对人体组织无毒副作用。被用作整牙修复、颅骨修复、植入电极电子装置、神经修复装置、耳蜗神经刺激装置、横膈膜神经刺激装置、视觉神经装置和心脏起搏器电极等。钽具有良好的化学稳定性、抗腐蚀性和生物相容性,钽的氧化物几乎不被人体吸收,也不发生毒性反应。钽、铌、锆与钛具有极相似的组织结构和化学性能,在临床中常被用作接骨板、种植牙、义齿、心血管支架以及人工心脏等[9]。但总的来说,医用贵金属和钽、铌、锆等金属因价格较昂贵而限制了其使用。

3.2.2.2　生物惰性陶瓷

金属材料具有高强度、韧性以及较好的综合力学性能,然而,金属材料的抗腐蚀性、耐疲劳性、应力屏蔽以及金属离子扩散等问题尚未解决。对比金属和聚合物材料,陶瓷材料具有高强度、高硬度、良好的耐蚀性、生物相容性以及优异的生物学惰性。由此可见,陶瓷材料作为人体植入物(特别是人体骨及骨关节置换材料)具有良好的应用前景。

氧化铝生物惰性陶瓷具有高硬度、耐磨损、良好的生物相容性和化学稳定性,目前常被用作制造人工关节置换[10]。然而,纯氧化铝陶瓷因其抗弯度强、不易加工,故不能用于制作牙冠、种植体基台。针对这一问题,有研究显示可通过向其添加纳米材料来解决陶瓷的韧性不足的问题,并通过体外细胞毒性实验、急性溶血实验、口腔黏膜刺激实验和经口短期全身毒性实验对纳米增韧氧化铝陶瓷材料的生物学安全性进行初步评价,发现添加纳米材料后陶瓷具有较好的生物学安全性,但氧化铝陶瓷在制备过程中需要添加纳米相颗粒、分散剂和助熔剂等材料。这样,复合体的化学性质较复杂。故在临床应用前必须对材料的生物安全性进行长期观察评估[11]。基于氧化铝生物惰性陶瓷与成骨细胞间具有较好的相容性,它可作为一种较好的人工关节替代材料。目前,克服氧化铝的脆性、提高其韧性以及可加工性是氧化铝陶瓷材料应用的研究重点。

二氧化锆作为一种新型材料,具有良好的生物相容性和易消毒、易成型等优点,且对核磁共振成像无干扰,对X线可阻射。目前,二氧化锆陶瓷在临床上应用于骨组织替代、口腔桩核、冠桥修复和种植材料。二氧化锆不溶于唾液,具有良好的生物相容性,对牙龈无刺激、无变态反应,故很适合口腔的临床应用[12]。相关研究表明,二氧化锆全瓷修复体可有效地提高后牙种植修复率,改善牙周健康,降低并发症发生率。然而,单纯的二氧化锆基全瓷冠修复体也存在不稳定问题,如饰瓷崩裂、基冠在潮湿环境下机械性能明显变差、低温劣化等[13]。因此,需要对二氧化锆基粉体的制备工艺进行优化,从晶体学角度提高材料的长期稳定性和安全性。

氮化硅陶瓷是一种高性能的结构陶瓷,具有高强度、高硬度、减摩耐磨、良好的化学稳定性和生物相容性，临床可采用 X 线片观察植入物术后状态[14]。氮化硅陶瓷的表面生物性能优于金属钛，在抛光的陶瓷表面上细胞增殖较快，能够加速植入物植入部位的组织修复。热处理（氧化和在氮气下）后的氮化硅具有极端亲水性。在恒定 pH 下所制备的氮化硅表面带有负电荷，或可有助于抑制表面细菌生长并增强骨整合能力[15]。氮化硅基陶瓷作为骨科植入物具有很好的临床应用前景，然而，氮化硅陶瓷同样存在脆性大、可加工性欠佳等问题。因此，通过引入第二相来改良其韧性和可加工性是未来的发展趋势。

3.2.2.3　合成聚合物

合成聚合物是骨科非承重骨部位替代传统金属植入物的重要材料。超高分子量不可降解的聚合物，如聚乙烯（UHMWPE）、聚甲基丙烯酸甲酯（PMMA）、聚氨酯（PU）和聚醚醚酮（PEEK）是美国 FDA 最常批准用于骨科的材料。目前，主要应用于非承重骨缺损修补和血管外支架。这种不可降解的聚合物比金属器件更可取，因为它们不会在射线成像过程中产生伪影，并且没有应力屏障导致再骨折的风险。然而，这些植入物的使用也存在一些局限性，以聚醚醚酮材料为例，它和钛金属是目前最常见的骨植入物，聚醚醚酮材料的弹性模量与人类骨皮质相接近，但缺乏亲水基团且为生物惰性材料，故细胞黏附生长、骨整合能力较差[16]。因此，应用者在后期需着力于产品的打印形态设计和材料表面改性来提高其生物学性能。

3.2.3　植入物设计规范

植入物设计的目标是修复人体结构缺损或有待功能重建的部位。在此，我们以骨组织生物工程的植入物设计方法为例来介绍植入物设计中需要注意的一些要点。骨组织工程研究领域旨在设计出优于自体骨和同种异体的骨移植材料。在临床实际应用中，需根据患者的健康情况、骨缺损部位、形状及功能来选择 3D 打印材料、打印方法和形态结构，以确保所选策略的实用性。

理想的骨科植入物需要具备以下特点：① 骨组织工程生物材料的基本要求是具有良好的生物相容性。不仅要有利于细胞的黏附、增殖并为细胞分泌基质提供良好的微环境，还需避免生物材料引发的非特异性炎性反应和致瘤性等不良事件[17]。② 该材料必须具有良好的骨诱导性，具有诱导间充质干细胞分化为成骨细胞以及骨矿化沉积的能力，从而增加植入物的机械稳定[18]。③ 除了生物学活性外，用于骨骼的组织工程材料需要具备特定的机械性能。由于骨骼是人体的典型硬组织，因此植入物需承担相应部位的机械负荷，以防止局部组织的塌陷[19]。此外，骨组织工程材料的机械性能应优选匹配（而不是大大超过）天然骨的机械性能，以避免传统的金属骨固定系统常见的应力遮挡现象[20]。④ 植入物还需具备生物学降解性。在理想情况下，支架降解的速率与矿化沉积的速率同步,以便新生组织替代降解植入物的机械支撑作用[21]。植入物在降解过程中还须具备生物相容性,不能干扰正常骨组织的重建功能[22]。⑤ 植入物的形态、结构塑造对骨组织工程至关重要。临床骨缺损部位通常为复杂的几何形状,需要在外形上匹配缺陷部位的复杂形状,而内部结构则要满足组织细胞植入生长的需求[23]。⑥ 充分考虑临床因素。例如,不同年龄患者的骨质情况。老年人的骨质相对疏松,骨再生能力随年龄增长逐年下降,切除骨质疏松部位的骨组织后,会增加该部位受伤的风险,并可能威胁患者的活动能力。那么,对于这类患者的植入物选择上,可以采取不易降解的骨组织工程材料来进行缺损修复。而用于儿科患者的骨组织工程材料则需具备动态结构或有利于其改形的特性,以适应患儿的骨骼生长[24]。⑦ 根据不同手术部位的功能特性选择合适的打印材料。脊椎和四肢长骨是人体的承重骨,这些部位主要承受扭转和压缩载荷。相比之下,除了上颌骨、下颌骨以及颞下颌关节,颅面骨通常不承重。因此,我们需要根据其力学性能和运动功能来选取相应的材料制造植入物。⑧ 所选材料至少能够采用一种灭菌或消毒方法,如,高压灭菌、环氧乙烷灭菌或紫外线消毒等。

对于植入物设计,没有千篇一律适合所有植入物的制造方法,应当根据一些特殊部位的结构功能予以相应的调整,以满足临床需求。例如,机械性能对于大型承重骨骼缺损部位的重建至关重要。因此,在设计植入物时应在优先保证其力学性能的前提下,再兼顾其他特殊要求。而对于一些无机械负荷要求的小缺损,则可以通过微创的方法向缺损处注射水凝胶。在实际应用中,应当根据不同植入物植入部位的功能特性来决定其修复方式。

3.2.4　植入物 3D 打印技术

目前,可用于植入物 3D 打印的方法主要有:挤出式、立体光固化、选择性激光烧结、喷墨式和电场辅助。

3.2.4.1　挤出式打印

在挤出式 3D 打印中,材料是通过气压或机械柱塞通过喷嘴挤出的,以形成细丝。这些细丝以每层所指定的独特图案沉积,从而使结构得以精确成型。此技术通常需要剪切稀化或热塑性材料。诸如 PLLA 之类的热塑性材料可以以连续长丝的形式应用。该长丝在挤出机头处熔化并通过喷嘴沉积制造 3D 结构。该过程被称为熔融沉积成型(fused deposition modeling,FDM)。挤出式打印的材料主要有:树脂、陶瓷、玻璃基浆料或糊剂。挤出式 3D 打印的优势在于生产便捷、工艺简单。其局限性是该方法制造出的产品分辨率相对较低,通常大于 $100~\mu m$;另外,它无法使用柔软或低黏度的材料进行加工制造,因为这些材料通常在挤出后无法保持其形状[25]。

3.2.4.2　立体光固化技术

立体光固化技术(stereo lithography apparatus, SLA)主要通过使用特定波长的紫外线激光选择性地固化液态树脂完成打印。通过透镜和反射镜将 UV 激光或其他光源引到液体树脂浴表面,从而局部树脂聚合形成固体 2D 层,而后,构建平台下降一层到树脂槽中,此时固化层的深度即为一层厚度。每层结束后,擦拭器穿过树脂表面使其均匀,为下一层的打印做准备,如此反复,直至模型打印完成。立体光固化的分辨率主要取决于激光强度、光引发剂、材料黏稠度,分辨率通常在 50 μm 左右。立体光固化技术使用透明、低黏度的液态树脂,该树脂能够进行光交联,并且可以通过投射到材料中的光图案在特定位置进行材料固化[26]。该技术的优势在于可在短时间内制造诸如骨小梁这样精细复杂的空间结构。但不适用于多种材料一起打印,只能用于单一材质的模型制造。

3.2.4.3　选择性激光烧结

选择性激光烧结(selective laser sintering, SLS)是利用红外激光器作为能量源,在计算机控制系统的指挥下,将铺洒在操作平台上的粉末材料逐层进行选择性烧结,完成模型打印工作。打印完毕不需要任何支撑材料,只需去除松散附着于表面的多余粉末即可。刚出炉的成品表面相对粗糙,用户需要对它们进行后期抛光或化学处理。烘烤通常用于改善机械性能。选择性激光烧结 X-Y 平面中的分辨率主要取决于激光光学器件,由光斑尺寸和材料的导热性决定。Z 方向分辨率主要由选择的层厚决定,通常在 50~200 μm。总体构建尺寸由粉末床的大小决定。该技术已成功用于金属、聚合物和陶瓷生物材料的生产构造。该技术的主要优点是无须添加溶剂即可加工粉末或颗粒材料。这样,或许在进一步加工步骤中引起聚合物的结构收缩[27]。此外,与许多立体光固化和基于挤出的打印方法相比,选择性激光烧结通常不需要在复杂结构的打印过程中使用临时支撑结构。这样,可以保持打印过程中烧结区域的完整性。

3.2.4.4　喷墨式打印

喷墨式打印分为材料喷射(material jetting, MJ)和光聚合物喷射(ploy jet, PJ)。MJ 是将液滴耗材选择性地沉积在构建床上来制作 3D 模型。常见的耗材调色板内加入了非光聚合物(例如低熔点蜡),打印时向机器输入两种材料——构建材料和低熔点蜡支撑材料。打印时构建材料被加热成融化状态,喷射到带冷却功能的构建平台,而后固化成型。MJ 的分辨率取决于喷墨打印头的尺寸、树脂物理特性、黏度和表面张力[28]。而 PJ 使用的树脂是光聚合物,打印时材料被喷射于安装有紫外线光源的构建平台上,随后被紫外线固化成型。MJ 的分辨率较高,一些专业打印机在 X-Y 平面的分辨率可以达到 40 μm,在 Z 平面的分辨率可达 15 μm。该技术的优势是操作相对简易、分辨率高,对复杂模型的细节表现良好,同时多材料和多色打印尤其适用于复杂组织结构打印[29]。例如，可用于骨-软骨的构造，从刚性到柔韧物体的多样性机械制造；还可用于骨-软骨模型体外手术模拟及机械测试，具有广阔的临床应用前景。

3.2.4.5 电场辅助技术

电场辅助技术主要用于颗粒、纤维、涂层和薄膜的 3D 模型制造。这种制造方法可对材料进行纳米级和微米级的精度控制。静电纺丝是最常用于制造骨组织工程生物材料的方法之一。其主要工作原理是通过在注射器和收集器之间施加电场来形成微纤维或纳米纤维，再将这些纤维沉积到合适的物体表面上形成高度多孔的电纺膜或网。电纺生物材料的纤维形态有助于细胞沿纤维方向排列[30]。目前，许多学者正在开发新的生物材料制造方法——将电场与其他制造原理相结合。例如，在喷墨打印装置中添加电场，可使基于水凝胶微滴沉积的 3D 打印得以实现。在这种制造技术中，需要使用计算机来控制移动收集器和（或）注射器以确保预先设计的纤维图案能逐层精确沉积，最终产生 3D 模型。另一种常见的设计方法是电喷涂法，可用于制造颗粒或涂层。该技术使用原理与静电纺丝相似，但由于制作工艺条件限制（例如电压和聚合物溶液性质），致使溶液从注射器中挤出形成的是液滴而不是纤维[31]。此外，电泳沉积法可用于制造源自颗粒生物材料的涂层或薄膜。在该技术中，悬浮在液相中的带电粒子在电场的作用下移动并沉积在带相反电荷的电极上，从而形成涂层。该技术已被广泛用于在金属植入物表面制造羟基磷灰石之类的材料涂层，也可以将表面涂层的纳米颗粒功能化或装载各种生物分子或药物，以增加植入物的功能特性。尽管其设置简单、成本低廉，但电泳沉积法为控制纳米级形态和沉积涂层的厚度提供了极大的可能性。带电分子（如壳聚糖）的沉积（也称为电沉积）涉及相似的过程，已用于制造与颗粒结合的聚合物涂层、薄膜或复合材料。通过采用顺序沉积工艺并改变沉积溶液中的盐浓度，电沉积已能够开发具有可调 Janus（即侧面特异性）特性的壳聚糖膜，以指导骨组织再生。这些 Janus 膜分别由致密的聚合物层和多孔的复合层组成，该层用作纤维组织渗透的屏障，而多孔的复合层则用于促进成骨[32]。

通过上述任何一种方法打印的都可进一步加工处理，以补偿该技术的有限分辨率。例如，FDM 制造的支架可以通过水热处理赋予其微观纳米尺度的形貌结构，通过这些微结构可以调节支架与细胞的相互作用。

3.2.5 临床应用实例

3.2.5.1 3D 打印在口腔科领域的应用

计算机断层扫描的出现加速了口腔 3D 打印医学的发展。这种技术使得口腔临床诊断和治疗计划变得更加精准有效，从而提升了治疗效果并减少了术后并发症。在过去的 10 年中，3D 打印技术被广泛应用于牙体种植修复、口腔正畸和颌面外科整形。下面将重点介绍 3D 打印技术在口腔科领域的最新应用。

1）义齿

牙齿脱落多由外伤、骨折、牙周疾病和龋齿所致。目前,已有多种治疗方法来替代缺失的牙齿,例如,完全或部分可移动的植入物、支撑牙齿的牙桥和支撑牙冠的植入物。过去,口腔植入物是通过藻酸盐或聚乙烯基硅氧烷进行口腔印模,然后,由技术熟练的牙科技师制作复杂的口腔模型。计算机辅助设计/计算机辅助制造(CAD/CAM)系统自问世以来,彻底革新了口腔植入物的构造模式。操作流程分为 3 个阶段。第 1 个阶段使用口内和口外扫描仪获取虚拟印模,并记录患者的咬合情况。第 2 个阶段由实验室或牙科诊所使用的计算机软件进行 3D 口腔植入物设计。第 3 个阶段为口腔植入物 3D 打印阶段。目前,义齿主要采用甲基丙烯酸酯、生物惰性陶瓷和金属来进行 3D 打印制作。将基于义齿的基托义齿分别打印,然后通过可光固化黏合剂将其固定在一起[33,34]。与压缩成型和热水处理加工传统义齿的技术不同,3D 打印义齿的匹配度更高,舒适性也更好,如图 3-1 所示。

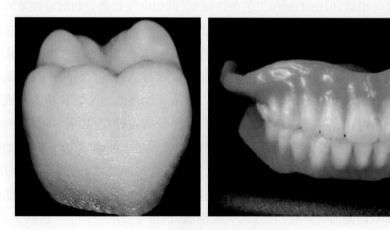

图 3-1 3D 打印义齿

(图片修改自参考文献[33,34])

2）冠和桥

牙冠和牙桥的制造是 3D 打印技术在牙科领域最有吸引力的应用之一。牙冠最主要的用途之一是保护替代缺失牙的锚钉(即牙齿基台)。目前,已有 3D 打印技术用来制造冠和桥,制作材料多为树脂、生物惰性陶瓷和金属。低成本的服务等级协议(service level agreement,SLA)打印机已被用来制作更为精确的临时牙冠和牙桥修复体。SLA 具有较高的效率和准确性,通过 SLA 技术可以制作出分辨率 50 µm 的植入物[35,36]。修复体制作精度的提高使得口腔牙齿修复的成功率得到了有效提高,并减少了牙齿脱落、感染等不良事件的发生。3D 打印牙冠和牙桥如图 3-2 所示。

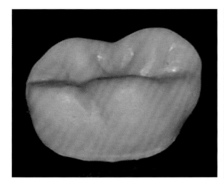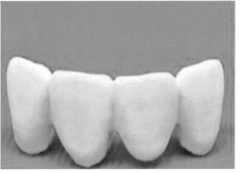

图 3-2 3D 打印牙冠和牙桥

(图片修改自参考文献[35,36])

3) 正畸矫形器

3D 打印为牙齿正畸提供了令人兴奋的机会。隐适美是一种牙齿矫形器,因其透明美观、方便卸戴等特性,成为当下最受大众欢迎的牙齿矫形器。矫形器主要用于治疗咬合不正并减轻颞下颌关节症状,制作材料以树脂为主。具体操作流程是正畸医师通过口腔内扫描仪对患者的上牙弓或下牙弓进行图像采集,然后使用 SLA 或频分复用(frequency division multiplying, FDM)技术制作牙齿矫形器。国内西安交通大学王晶教授带领团队将正畸软件功能又进行了一次提升,不但具备规范的功能,还可以通过齿根牙冠数据配准融合进行矫治规划。3D 打印技术可以有效地节约制作时间和材料成本,并且不会影响矫形器的产品质量。另外,3D 打印技术还可以通过改良打印材料的成分或后加工工艺赋予最终产品相应的功能。例如,纳米材料(二氧化硅和羟基磷灰石)可用于改良矫形器的一些物理学性能,羟基磷灰石表面的甲基丙烯酸酯官能团有助于加强纳米材料与聚合物基质的附着力,而纳米材料被季铵盐官能化后,则具备抗炎抗菌的功能。这样制作出的矫形器(见图 3-3)既有较强的机械性能,又具备一定的抗菌活性[37]。

4) 颌面外科

颌面外科 3D 打印手术应用主要是将假体放置在形态缺损或需要提升美学功能的区域。对于硬组织缺损的患者而言,理想的骨移植物是来源于患者的自体骨移植物,但自体骨移植存在供区损伤、来源与数量限制

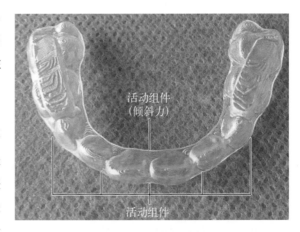

图 3-3 牙齿矫形器

(图片修改自参考文献[37])

等缺点,往往难以满足手术需求,而异体或异种骨移植存在免疫排斥反应、生物学性能差和成骨率低等一系列问题。用于骨缺损的假体需要具备以下特性,如良好的生物相容性、解剖学匹配、无严重免疫排斥,并且具有组织获取营养的孔隙度。许多生物材料都可以用作硬组织工程支架,如聚合物、生物惰性陶瓷和金属材料。为了增强生物材料的再生能力,可向其内装载干细胞后再行植入。干细胞释放的生长因子对于血管生成以及成骨至关重要。此外,支架表面的复杂的结构也有助于其与骨骼表面紧密接触,可加速组织愈合[38],如图 3-4 所示。

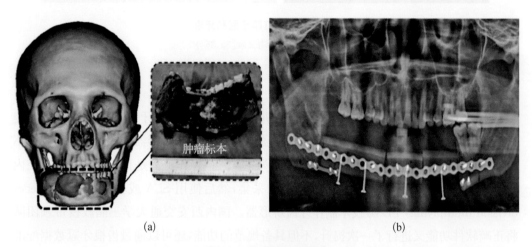

(a)　　　　　　　　　　　　　　　　(b)

图 3-4　下颌骨缺损修复

(a) 颌面部肿瘤 3D 数字模型与手术切除肿瘤标本;(b) 3D 打印下颌骨修复体植入后的 X 线影像

(图片修改自参考文献[38])

3.2.5.2　3D 打印在骨科领域的应用

近年来,随着 3D 打印技术的快速发展和材料研究的突破,骨科有越来越多的案例通过 3D 打印植入物来修复临床骨缺损或进行畸形骨骼矫正。骨科临床植入物主要应用于承重骨、非承重骨和关节的组织修复。下面重点介绍 3D 打印在骨科领域的最新应用。

1) 承重骨

肢体恶性骨肿瘤术后大段骨缺损重建是骨科医生面临的一个难题。传统骨肿瘤保肢手术将骨肿瘤灭活后植入,在原理上增加了肿瘤复发的风险,而异体骨来源有限,机械加工植入物生物学性能较差,易导致感染及植入物松动等并发症。3D 打印技术推动了骨缺损重建领域的改革,除了构建解剖学模型及手术导板,3D 打印的金属植入物也已在临床应用中获得了初步成效。目前,应用于承重骨 3D 打印的材料主要为生物惰性陶瓷和钛合金材料,制作工艺主要有 SLA、SLS、FDM。大块骨缺损,如骨盆则是以钛合金网孔结构修复为主,以维持骨盆的机械负荷、促进软组织与金属结合生长、盆腔内血管和神经通过。范围较小的下肢长段骨的修复可单纯采用生物惰性陶瓷材料,而较大范围的缺损可以管状钛合金植入物为基础,在其内填充具备优良生物相容性及降解性能的β-TCP生物惰性陶瓷颗粒,形成大段长骨骨缺损修复的"体内反应器"[39,40]。对于承重骨的3D打印修复,应首先保证其机械稳定性,在此基础上,再根据不同部位的解剖结构和生理功能特性来调整骨骼材料和结构设计,如图3-5和图3-6所示。

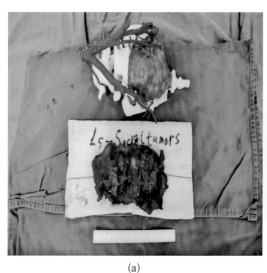

(a)

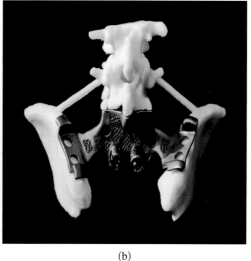

(b)

图3-5　3D打印钛合金腰骶椎

(a) 3D打印腰骶椎肿瘤模型与手术切除肿瘤标本;(b) 3D打印钛合金腰骶椎植入体模拟手术解剖修复

2) 非承重骨

胸壁肿瘤是胸外科领域常见的肿瘤类型,对于大部分胸壁肿瘤患者而言,手术是其主要的治疗方式,术后造成的大面积胸壁缺损还需要进行胸壁重建。传统观点认为,当胸壁缺损直径>5 cm时有必要使用硬质植入物重建,以防止发生胸壁浮动、反常呼吸和(或)呼吸衰竭,肩胛骨后方的缺损直径>10 cm时有必要对其进行重建。胸壁重建的目的包括:① 恢复胸廓硬度和完整性;② 防止肺疝和反常呼吸;③ 防止肩胛骨刺入胸腔(尤其是第5~6肋骨切除后);④ 维持胸壁外观效果。最常用于胸肋骨修复的材料以钛合金、聚醚醚酮(PEEK)为主[41]。聚醚醚酮材料的弹性模量与人体骨皮质最为接近。因此,对于单纯的胸骨或肋骨修复,可根据解剖学形态需求直接进行聚醚醚酮材料打印修复。而涉及肋软骨的胸肋骨缺损时,则需要考虑胸式呼吸的因素,可通过将肋骨设计成弹簧形态来解决呼吸受限的问题。对于颅骨、鼻骨等其他非承重骨的修复,恢复局部骨骼形态即可,如图3-7所示。

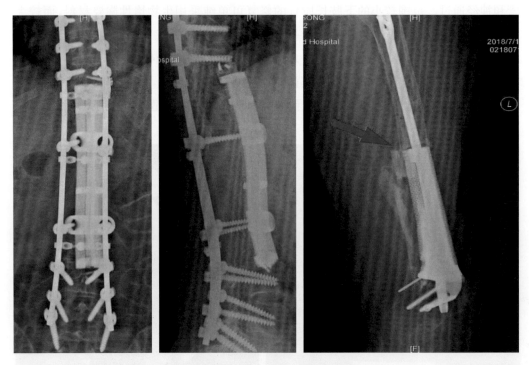

图 3-6　3D 打印生物陶瓷椎骨和股骨

(图片修改自参考文献[39,40])

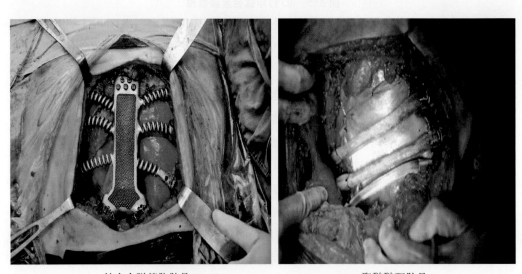

钛合金弹簧胸肋骨　　　　　　　　　　聚醚醚酮肋骨

图 3-7　3D 打印钛合金弹簧胸肋骨和聚醚醚酮肋骨

(图片修改自参考文献[41])

3）骨关节

关节置换常用于治疗关节坏死、粉碎性骨折脱位不能复位、疼痛及活动障碍的骨关节病、僵直或活动困难的类风湿关节炎以及肿瘤患者。通常,临床上人工植入物是依据大样本解剖学数据进行的统一化设计,然而,每例患者的病情程度及病变范围都有所不同,导致植入物的大小、型号不能完全匹配,给术中植入物植入造成了一定的困难,且术后容易导致植入物松动、脱落和失用等多种问题。因此,关于该方面问题已被广泛关注。通过 3D 打印技术能够提高关节植入物精准度,恢复关节骨的承重和运动功能,并能有效避免不必要的截骨以及神经血管损伤。目前,适用范围多见于髋、膝关节。制作人工关节的材料要求强度高、耐磨损、耐腐蚀、生物相容性好及无毒性,3D 打印材料多以钛合金、生物惰性陶瓷为主。关节植入物的设计要求是：修复关节结构、维持生物学稳定性、恢复运动功能。植入物的基本结构主要由 3 部分组成：① 钛笼,促进植入物内骨再生、周围组织长入,保证植入物在体内的长久稳定性；② 加强块,根据关节的仿生力学分析,调整关节的承重需求；③ 螺钉,保障关节的旋转稳定性[42]。针对目前关节植入物材料的耐磨性和机械稳定性,我们仍需通过长期临床观察考证,未来我们可以从材料、设计和制作工艺等方面进行提升发展,以提高产品的安全有效性和临床应用(见图 3-8)。

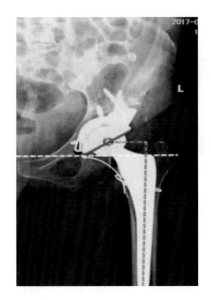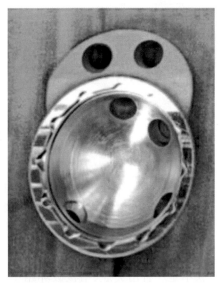

图 3-8　3D 打印钛合金髋关节

(图片修改自参考文献[42])

3.2.5.3　3D 打印在其他医学领域的应用

除了最常应用医疗植入物的口腔颌面外科和骨科,3D 打印技术还被广泛应用于多个学科,如介入科、眼科和整形科等。在此不做赘述,现仅就气管、血管外支架的临床应用做简单介绍。

左肾静脉受压综合征又称为胡桃夹综合征(nutcracker syndrome,NCS),是由于左肾静脉在穿经由腹主动脉和肠系膜上动脉形成的夹角时受到压迫导致的。NCS 患者常伴有血尿、蛋白尿和左腰痛等一系列临床综合征,病情严重者需行手术治疗。传统开腹手术创伤大,而血管内支架虽效果显著,但存在移位风险。应用 3D 打印技术可以根据患者的 CT 影像学数据,为患者量身打造符合其生理解剖学结构的血管外支架,这打破了传统的植入物只能选择固定尺寸的限制,能够最大限度地满足患者的需求。目前,用于 3D 打印的材料多以聚醚醚酮为主,其密度为 1.3 g/cm³,具有良好的生物相容性、耐腐蚀、抗老化、兼备韧性与刚性的特点,能够很好地起到血管外支撑作用,又不会给周围组织带来压迫负担[43],如图 3-9 所示。

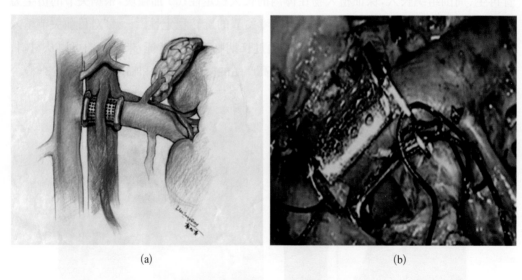

(a) (b)

图 3-9 3D 打印 NCS 血管外支架

(a) 血管外支架治疗 NCS 的方法示意图;(b) 术中植入 3D 打印钛合金血管外支架治疗解除左肾静脉压迫

(图片修改自参考文献[43])

气管狭窄是一种由炎症、结核破坏组织或恶性肿瘤压迫引起的气管塌陷。该病主要引起患者呼吸受限,严重的气管、支气管狭窄将危及生命。气管支架是一种有效治疗手段。气管支架主要有外悬挂式和内支撑式 2 种。制作材料多以生物聚合物为主,支架设计的难点在于材料研发,需为气道重新开放提供一定的力学支撑,并且能够在气管生理学形态功能恢复后逐渐降解。气管内支架较气管外支架的设计要求更为严苛,需要解决支架植入后的诸多并发症,如黏液潴留、二次狭窄和迁移等。针对这一点,有学者提出以四手性-反四手性杂化结构作为框架,为支架提供足够支撑性的同时带来负泊松比特性。另外,可在框架的孔隙中填充多孔海绵,以防止肉芽组织向内生长,同时又可以促进气道上皮细胞的黏附并进一步分化出与原生气管相似的功能性纤毛上皮[44]。这种方法或许能为治疗气管、支气管狭窄带来一种新的思路(见图 3-10)。

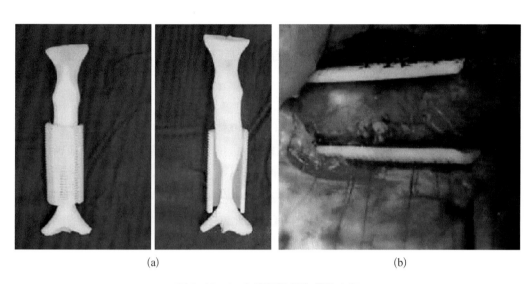

(a)　　　　　　　　　　　　　　　　(b)

图 3-10　3D 打印可降解气管外支架

(a) 3D 打印气管外支架模拟治疗气管狭窄病变的手术模型;
(b) 术中植入 3D 打印气管外支架悬挂解除气管狭窄的过程

(图片修改自参考文献[44])

3.3　可降解植入物的制造与临床应用

3.3.1　可降解植入物的研究现状

可降解植入物具有良好的生物相容性和骨传导性,被逐渐应用于颅面重建、前交叉韧带的重建、半月板修复、踝关节骨折治疗和胫骨腓骨骨折等手术治疗中。

非降解金属植入物具有良好的力学性能,能够实现早期稳定的固定。由于非降解金属植入物弹性模量远大于人骨弹性模量,因而常导致患处应力遮挡,引发骨质疏松、骨溶解及二次骨折[45,46]。这不仅增大了治疗难度、手术并发症风险,同时也给患者增加了身体上的痛苦和经济负担。近 20 年出现了大量可降解骨科植入物,具有良好的生物相容性、骨传导性及可降解特性,可很好地避免上述问题。因此,可降解植入物正逐渐被广大临床工作者和患者所接受。现阶段国内外采用的可降解植入物材料主要为聚乳酸类和镁合金[47]。

3.3.1.1　聚乳酸类植入物

聚乳酸类骨科植入物由于具有良好的机械性能、物理学性能、可降解特性及与人骨相近的弹性模量，避免了应力遮挡和二次手术取出植入物的风险，因而常被作为植入物应用到临床骨折的治疗中[47]。常见的聚乳酸类骨科植入物有聚乳酸、内消旋乳酸和左旋聚乳酸等。其中，聚乳酸作为骨科植入物应用于临床已有 30 余年，能够很好地治疗松质骨骨折，同时聚乳酸也是最早作为骨、软骨组织工程支架的材料[48,49]。对患有下胫腓联合损伤的患者，采用聚乳酸螺钉进行治疗，术后聚乳酸螺钉能够提供足够的疲劳强度和失效强度来修复下胫腓联合损伤[50]。

3.3.1.2　镁合金植入物

镁合金作为骨科植入物具有如下优点：镁是人体内必需的元素（含量 21～25 g），约 53% 在骨骼中，27% 在肌肉中，19% 在软组织中，0.5% 在红细胞中，0.3% 在血清中；镁可促进新骨的形成及骨组织的代谢；镁的弹性模量接近于人骨，避免了应力遮挡效应；镁合金在体内具有良好的生物相容性、骨传导性和可降解特性，可降解特性避免了二次手术取出植入物；镁在自然界的含量较丰富。因此，镁合金植入物常被用于治疗骨折患者。常用的镁合金植入物材料主要为高纯度镁合金、MgCa 0.8 合金（镁钙 0.8 合金）、MgYReZr 合金（镁-钇-铼-锆合金）及 AZ 系镁合金（镁-铝-锌系镁合金）等[47]。其中，高纯度镁合金避免了第二相杂质所产生的微电偶腐蚀，因而具有无毒、低降解率等优点。浸渍实验、细胞毒性及生物学活性测试表明，高纯度镁螺钉在体外表现出均匀腐蚀行为，可提高细胞活性、骨组织的碱性磷酸酶活性及与成骨分化相关基因（如碱性磷酸酶、骨桥蛋白和人骨髓间充质干细胞 RUNX2 等信使核糖核酸）的表达[51]。动物体内实验表明，高纯度镁螺钉显示出了良好的骨整合性能，增加了骨量和骨密度，不但不会影响骨折部位的愈合，而且可促进新骨形成，使骨折愈合之后达到接近正常骨的抗弯性能[52]。此外，临床上也有高纯度镁螺钉固定后的带血管蒂骨移植，可明显改善股骨头坏死患者髋关节功能，降低骨瓣发生位移的概率[53]。

3.3.1.3　软组织修复材料

组织修复材料可以分为软组织修复材料、硬组织修复材料和人造血管等，其中软组织修复材料在整形外科和烧创伤修复中应用广泛，主要包括生物敷料、硅橡胶、羟基磷灰石、膨体聚四氟乙烯、高密度聚乙烯和透明质酸等[54]。

1）生物敷料

烧创伤导致的皮肤软组织缺损的修复是贯穿整个治疗过程的基本问题，随着生物材料技术的发展，可采用具有不同功能的生物敷料，替代传统的换药方式，并达到功能重建的目的，缩短治疗周期，减轻患者痛苦。良好的创面敷料应具有良好的透水性及支撑性的网架结构，贴附创面无毒性和良好的生物相容性。目前，临床上采用的生物敷料主要包括天然来源的纤维敷料、人工纤维以及静电纺丝等新型材料类的纤维敷料,同时也有水凝胶类的生物敷料、海绵型敷料以及薄膜型敷料[55]。其中纤维类敷料透气性较好,但其吸水性有限,容易黏附在伤口上造成换药不便;水凝胶类敷料因其具有优异的生物相容性和可降解性而应用较为广泛,但其物理性能较差;海绵型敷料吸水性和透气性均较好,但由于其孔径结构允许组织长入,往往会导致换药时带来二次创伤;薄膜型敷料可以保持伤口湿润,减少伤口纤维化,降低瘢痕的产生,但其吸水性较差。因此,将几种敷料的优点有效地结合在一起,是解决这些问题的途径。为了提高生物敷料的抗菌性,研究者们采用在敷料中加入抗生素、纳米银等抗菌剂。为了促进创面修复还可以在敷料中加入生长因子如血小板衍生生长因子、成纤维细胞生长因子和表皮生长因子等[56]。

2) 硅橡胶

硅橡胶是硅、氧及有氧根组成的单体经聚合而成的一组有机聚硅氧烷,也是聚硅酮的一种。单体数越多,聚合物黏度越高,硬度越大。其有良好的理化稳定性和生理学惰性,能在体内长期埋置,耐组织液腐蚀,不被机体代谢吸收和降解。此外,它还具有疏水性、透气性、耐热性、较好的血液和组织相容性,以及良好的工艺性能[54]。由于硅氧饱和键的关系,硅橡胶性能稳定,耐热、耐光和耐氧化,可雕刻塑形,颜色可调配,富有弹性,易清洗,广泛应用于整形外科领域,主要应用于以增加组织量为目的的填充手术,如隆鼻、隆颏、隆胸、颞部及额部填充等。硅橡胶植入物植入的主要并发症包括植入物移位、感染、植入物外露等。为了防止植入物移位,要注意植入物雕刻对称、充分分离植入腔隙和术后牢靠固定。预防感染要严格无菌操作、术后预防性应用抗生素等。防止植入物外露则需要考虑局部皮肤张力,避免一味追求外观,避免植入物充填过高。对硅橡胶的表面改性可以提高细胞相容性,采用不同的方法对硅橡胶进行表面改性后,硅橡胶表面的微图形、亲/疏水性、表面化学状态等发生了改变,影响了蛋白的吸附,进而影响细胞在材料表面的黏附和生长等,同时对细菌在材料表面的黏附性能也有影响。目前常用的表面修饰方法有枝结共聚、等离子体处理、仿生涂层和离子注入等。

3) 羟基磷灰石

羟基磷灰石是一种天然的磷灰石矿物,具有优良的生物相容性,无毒、无刺激性、无排斥反应、不老化、不致敏、不致癌。同时羟基磷灰石有很好的骨传导性,与骨结合牢固,能达到较理想的生物学结合,但是羟基磷灰石脆性较高,难以雕刻成型。植入软组织后,会在羟基磷灰石周围形成很薄的纤维包膜,基本没有炎性细胞浸润。临床中使用的有微球和颗粒两种产品。其中微球由羟基磷灰石微球和凝胶溶剂组成,微球直径介于 $25 \sim 45~\mu m$ 之间,具有刺激胶原再生的能力,效果维持数月至 2 年。2006 年,被美国 FDA 批准用于中重度面部皱纹的治疗。国外报道的病例中也有用于隆鼻及面部凹陷填充,不良并发症主要有填充物移位、钙化、肉芽肿形成、包块形成和皮肤坏死等。与微球相比,羟基磷灰石颗粒为固体颗粒,流动性差,移位可能性小。在使用羟基磷灰石颗粒植入时需要手术切开,控制植入物植入腔隙的大小和植入层次,植入层次要选择在骨面。羟基磷灰石颗粒作为一种软组织填充剂,组织相容性好,效果可靠。为了克服羟基磷灰石的不易塑形性和利用其良好的生物相容性,可将羟基磷灰石与硅橡胶进行共混复合或采取羟基磷灰石涂层的方式。

4)膨体聚四氟乙烯

膨体聚四氟乙烯是一种有机氟化物四氟乙烯的多聚体,理化性能稳定、无毒、耐高低温和耐化学腐蚀;光滑不粘、摩擦系数极小、易塑形、有低弹性和一定的柔韧性、不易折断[54]。它的生物相容性良好,质地软,具有微孔结构,同时允许细胞、组织长入其组织内部,是一种性能较为理想的软组织填充材料。

5)高密度聚乙烯

高密度聚乙烯硬度高,多孔结构,孔径为 $40\sim200\,\mu m$。临床上应用的高密度聚乙烯产品(商品名 Medpor)的组织相容性良好,纤维或骨组织可长入小孔内,同时有血管长入,异物反应轻,不会出现包膜挛缩导致的变形,可以用于眶周骨性结构、上下颌骨、颧骨等部位的填充,还可作为支架用于耳再造。

6)透明质酸

透明质酸是一种线性多糖高分子聚合物,由葡萄糖醛酸和 N-乙酰葡糖胺重复通过 β-1,4 连接而成。广泛存在于脊椎动物的结缔组织,具有优良的理化性质如生物学降解性、生物相容性、无毒性和无免疫原性等,在生物医学领域广泛应用,如骨关节炎手术、眼外科、整形外科、组织工程和药物载体等[57]。在整形外科领域,可用于注射美容填充,用于面部年轻化;泪槽沟畸形矫正、隆鼻、鼻尖修饰;丰唇、唇形修饰;隆颏、丰臀等。临床常用的透明质酸产品为玻尿酸,主要由透明质酸和一些辅料如羟丙基甲基纤维素、高分子微球等构成。透明质酸的交联度以及辅料的种类和数量都会影响材料在体内代谢的时间,也直接影响玻尿酸的组织相容性及安全性。因此,在体内注射时要注意正确评估[54]。

3.3.2 可降解植入物设计规范

生物降解指材料在生物体内通过溶解、酶解、细胞吞噬等作用,在组织长入的过程中不断从体内排出,修复后的组织完全替代植入材料的位置,而材料在体内不存在残留。生物可降解材料包括生物降解金属材料、生物降解非金属材料和生物降解高分子材料等。

生物可降解材料不仅在体内可以降解,而且还避免了二次手术,减少了患者身体上的痛苦以及患者的经济负担。为了改善这一状况,近 20 年研发了大量可降解植入物。可降解植入物的设计相当复杂。它总是需要确定一组理想化的相关属性,以使植入物满足临床需要。例如:① 预防可降解植入物植入机体后产生免疫性。② 理想的可生物降解植入物必须具有较低的降解率,以便在愈合过程完成之前提供适当的机械支持。③ 生物可降解植入物的一个重要参数是它的生物相容性,它可以通过使用营养素、生物惰性元素等来控制。④ 无毒副降解作用。

但可降解植入物自身存在一些不足:一是可降解植入物的降解速率过快将导致植入物的机械强度快速丧失;二是如何控制可降解植入物的降解速率与植入部位的生长速率相匹配等。因此,在今后的研究中,需要重点研究如何减缓降解速率、增强机械性能和抗腐蚀性,以及开发无毒性的可降解植入物等问题。随着科学的进步,进一步提高可降解植入物的力学性能和生物学性能,研发更高效的可降解植入物,是未来医学研究中的重要方向,同时可降解植入物在医学中的应用有着非常广阔的前景[58]。

3.3.3　可降解植入物 3D 打印技术

近年来,利用 3D 打印技术制造的各类植入物有诸多报道,其中大部分植入物的材料为不可降解的金属材料。金属材料之所以能被广泛地应用于硬组织替代物的 3D 打印,是因为其中钛系、钴铬钼系、钽系合金具备较好的生物相容性、耐蚀性、抗疲劳性和耐摩擦磨损性能。然而,金属材料的硬度和刚度远大于人体骨骼,植入人体内易引发应力屏蔽效应,会导致替代物松动。理想的植入物材料应该不但具有优异的机械性能、生物相容性,还应具有可降解、可吸收的特性。可降解植入物能够根据组织生长的情况进行调整吸收周期,即随着组织的自然愈合,植入物会经体液最终降解为水和二氧化碳,转为人体自然代谢。这意味着患者再也不需要为了取出体内的植入物,忍受二次手术的痛苦。

3D 打印医疗器械的第 3 个层面就是可降解的植入物,这是 3D 打印从以机械支撑功能为主的惰性材料制作的人工植入物,向具有生物学功能为主的可降解植入物的重要转变。可降解材料在人体环境中诱导组织形成的同时,能够逐步发生降解,最终完全被新生组织替代,从而实现人体组织的修复。目前,金属、陶瓷和聚合物材料在可降解植入物方面均得到了研究与初步应用探索。其中,可降解金属材料以镁系、锌系合金为主要研究对象,可降解生物陶瓷材料以羟基磷灰石和磷酸三钙材料为主,而可降解的聚合物材料则主要聚焦在聚乳酸、聚己内酯和聚乙醇酸等可降解聚合物上。近年来,采用 3D 打印技术制造的聚乳酸、聚己内酯和聚乙醇酸等可降解聚合物器械逐渐应用于骨、软骨、乳房和血管支架等的研究中。例如,Flege 等[59]利用选择性激光熔化技术,使用聚己内酯制备了冠状动脉支架原型。磷酸三钙被认为是骨组织研究中较为理想的 3D 打印材料，其主要成分是构成骨的钙、磷元素，降解后能为新骨的形成提供丰富的钙、磷离子，可以在支架周围形成一种钙磷的固-液平衡，并能为骨组织提供足够的力学强度，具有非常好的生物相容性、能有效地促进和诱导骨组织再生，在降解率上也有显著优势[60]。Yong Chen 团队[61]利用 3D 打印制备了用于骨再生的具有分层多孔结构的羟基磷灰石/磷酸三钙支架(hydroxyapatite/tricalcium phosphate，HA/TCP)，结果表明，具有仿生分层结构的 3D 打印的 HA/TCP 支架是生物相容的，且具有足够用于手术的机械强度。虽然以羟基磷灰石和磷酸三钙为代表的生物陶瓷材料，成分与自然骨接近，而且骨诱导能力优异。经 3D 打印技术制作后，具有多孔结构的生物陶瓷材料能为骨细胞提供适宜生长的三维环境。但是，陶瓷类材料由于脆性较大，难以作为承重的骨植入物材料。

目前，利用 3D 打印技术制备的个性化可降解植入物研究虽然已取得了很大进展，但多为实验室阶段的技术创新，仅少数开展了前期临床试验和临床转化。需要关注的是，3D 打印的可降解植入物的临床与转化仍受制于多种因素。首先，由于植入物与人体之间存在复杂的相互作用，在进行临床试验之前，应系统地揭示可降解植入物的安全性和有效性，而目前对于 3D 打印的个性化可降解植入物的审批尚无明确规范；其次，植入物在不同类型组织修复与重塑中的最佳降解性能仍未被阐明，植入物与宿主组织融合后，如何精确测定植入物降解的理化性质仍是一项技术难题；最后，3D 打印的工艺与环境参数、设备参数等密切相关，不同条件下制备的可降解植入物缺乏一致性，严重地制约了其临床与产业转化进程。现阶段，利用 3D 打印技术能够基本实现对可降解的聚合物材料、生物陶瓷材料和可降解金属材料等材料的三维立体打印。我们相信，随着医学、材料学、工程学和生物学等多学科的不断融合，3D 打印的可降解植入物在临床上的应用将更加成熟、广泛。

3.3.4 可降解植入物的临床应用

3.3.4.1 骨科

骨作为人体最重要的组成器官之一，对人体起着重要的支撑和保护作用。我国每年有几百万人患有骨科疾病。可降解植入物具有良好的生物相容性和骨传导性，目前逐渐被应用于骨科治疗中，如半月板修复、踝关节骨折治疗和骨肿瘤治疗等。

镁合金植入物：镁合金作为骨科内植入物具有以下优点。① 镁元素是人体内的第二大阳离子元素，并且是骨生长代谢必需元素(大约 53% 的镁存在于骨骼中)，镁的缺乏会引起骨吸收和骨质疏松。② 镁金属的密度为 $1.74 \sim 1.84$ g/cm^3，弹性模量为 $41 \sim 45$ GPa，相对于现在临床上应用的不锈钢钛合金等惰性金属材料，其密度和弹性模量更接近人体骨组织。③ 镁合金在体内具有良好的生物相容性、骨传导性和可降解特性（见图 3-11）。这些性能为镁金属作为骨科植入物打下了良好的基础[62,63]。

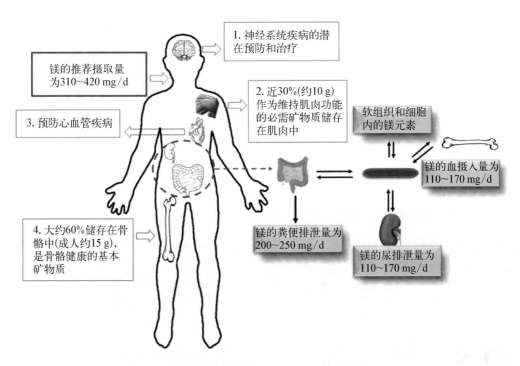

图 3-11 可生物降解镁基骨科植入物具有良好的生物相容性

（图片修改自参考文献[63]）

德国是第一个在跗外翻手术中使用 MgYReZr 合金螺钉（Syntellix AG 制造的 MAGNEZIXW）的国家。Windhagen 团队调查了 MAGNEZIXW 压缩螺钉的使用情况。MAGNEZIXW 是一种无铝镁合金，根据 DINEN1753 被归类为 MgYReZr 合金。该合金含有稀土元素，在体内已经显示出良好的生物相容性和骨传导性能。这项前瞻性对照研究的影像学和临床结果表明，对于轻度跗外翻畸形，可降解镁基螺钉与钛螺钉（见图 3-12）具有同等的疗效。结果显示两者在美国矫形外科足踝协会（AOFAS）跗趾评分、视觉模拟评分（疼痛评估）或第 1 跗趾关节（MTPJ）活动范围（ROM）方面没有发现显著差异，并且未发

图 3-12 两个设计相同的中空螺丝

（a）钛螺钉；（b）MAGNEZIXW 加压螺钉

现异物反应、骨溶解或全身炎症反应。通过这项临床试验，MgYReZr 螺钉在 2013 年获得了欧盟（Communauté Européenne，CE）认证的批准。到目前为止，MAGNEZIX 系列螺钉的临床应用已扩展到 50 多个国家或地区[64]。

韩国 U&I 公司开发了用于修复桡骨远端骨折的镁钙锌合金 K-MET 螺钉。这种可均匀缓慢降解的 Mg-5%Ca-1%Zn（质量分数）合金种植体可在降解界面形成仿生钙化基质，启动骨形成过程，促进了骨折的早期愈合，并使可生物降解镁植入物在植入后 1 年内被新骨完全替代（见图 3-13）。新型的 K-MET 螺钉具有足够的机械强度（极限拉伸强度约为 250 MPa），并且含有钙（已知可以刺激骨骼的形成）和锌（已知影响骨骼的重塑）。治疗手腕骨折的开放式手术长期临床研究结果表明，骨折固定后 6 个月完全愈合。2015 年 4 月，韩国食品和药物管理局批准镁钙锌螺钉临床使用[65]。

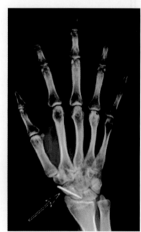
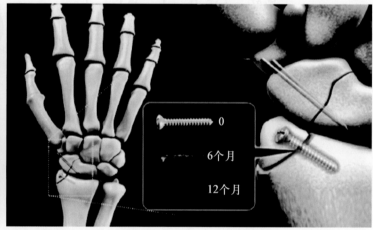

图 3-13　镁合金螺钉 1 年内完全降解和骨愈合的临床观察

（图片修改自参考文献[65]）

考虑到合金元素对患者潜在的健康风险，中国一直致力于开发 99.99% 高纯度镁骨科内固定植入物（由广东东莞的 Eontec 制造）。这些纯镁螺钉已用于固定自体血管化骨瓣治疗患者股骨头缺血性坏死，显示出良好的长期疗效（12 个月）（见图 3-14），这些螺钉也已成功地用于固定血管化髂骨。2019 年 7 月 1 日，中国国家药品监督管理局正式批准纯镁螺钉治疗激素性骨坏死的多中心临床试验，这也是Ⅲ类医疗器械产品注册的关键步骤[66]。

3.3.4.2　其他生物医学的应用

可降解植入物不仅用于骨科，还广泛用于其他生物医学领域。皮质脊髓束（CST）通常被认为是最难再生的神经束，因为损伤脊髓中的 CST 轴突与感觉运动皮质中起源

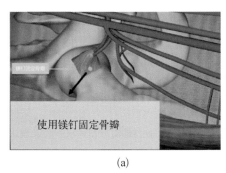 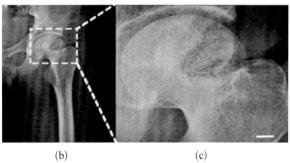

| (a) | (b) | (c) |

图 3-14　应用高纯度镁螺钉固定吻合血管的骨瓣

(a) 示意图；(b) 术后 X 线片；(c) 术后 X 线片局部放大

(图片修改自参考文献[66])

细胞的位置之间的距离超过了神经系统中其他所有神经束的距离[67]。聚(α-羟基酸)包括聚乳酸(PLA)、聚乙醇酸(PGA)和聚乳酸-乙醇酸(PLGA)，是组织修复和细胞移植领域研究较多的材料。三维 PLGA 或 PLA 支架可以很容易地将治疗细胞导入脊柱损伤部位，并且可降解。He 等[68]制作了一种 PLGA 神经导管，其管壁具有可控排列的多个通道和层次化的孔结构。随后发现，这些 PLGA 管道为骨髓间充质干细胞(MSC)和施万细胞(SC)之间的黏附提供了良好的环境。此外，由聚 L 乳酸(PLLA)和聚乙醇酸(PGA)组成的 LactoSorb 等材料已被发现用于儿童患者的颌面部植入术，在截骨手术过程中可使颅骨稳定，并且在完全降解之前具有手术后骨愈合所需的适当特性。Sharif 等[69]通过静电纺丝研制了一种聚乳酸(PLA)、聚己内酯(PCL)、纳米羟基磷灰石和头孢克肟-β 环糊精(cefixime-β cyclodextrin，Cfx-βCD)共混的复合材料，以应用于颅颌面或腭裂修复。这种新型的可降解复合膜具有合适的机械强度，可支持细胞附着和迁移，诱导骨形成细胞形成骨，并能够释放临床可以接受的抗生素，以减少感染的可能性。

参考文献

[1] 秦政,杨钦博,苏白海. 血液接触生物材料的血液相容性评价研究进展[J]. 高分子通报,2021(2)：8.

[2] 张文毓. 生物医用金属材料研究现状与应用进展[J]. 金属世界,2020(1)：21-27.

[3] 郭佳乐,许建霞,刘斌,等. 3D 打印骨科钛合金医疗器械的性能研究进展[J]. 中国药事,2021(4)：471-478.

[4] 张高会,施远驰,李根,等. 医用钛合金的研究现状[C]//中国机械工程学会表面工程分会. 第九届全国表面工程大会暨第四届全国青年表面工程论坛论文集,2012：457-462.

[5] 任军帅,张英明,潭江,等. 生物医用钛合金材料发展现状及趋势[J]. 材料导报,2016,30(28)：

384-388.

[6] 杨柯,任玲,任伊宾. 医用不锈钢研究新进展[J]. 中国医疗器械信息,2012,18(7)：14-17.

[7] 史胜凤,林军,周炳. 医用钴基合金的组织结构及耐腐蚀性能[J]. 稀有金属材料与工程,2007,36(1)：37-41.

[8] 陆鹏,赵亚楠,张艳秋,等. 钛镍形状记忆合金管材的研究进展[J]. 应用科技,2013,40(3)：67-74.

[9] 郭敏,郑玉峰. 多孔钽材料制备及其骨科植入物临床应用现状[J]. 中国骨科临床与基础研究,2013,2(5)：47-55.

[10] 王欣宇. 氧化铝陶瓷半髋关节股骨头材料的制备、性能及假体成型加工技术[D]. 武汉：武汉理工大学,2003.

[11] 沈晴,李国强,江国健. 纳米增韧陶瓷的初步生物安全性评价[J]. 口腔医学,2016,36(2)：97-100.

[12] 蒋媛,杨杨. 二氧化锆的临床研究进展[J]. 临床口腔医学杂志,2017,33(2)：125-127.

[13] MIYAZAKI T, NAKAMURA T, MATSUMURA H, et al. Current status of zirconia restoration [J]. J Prosthodont Res, 2013, 57(4)：236-261.

[14] 陈威. Si_3N_4-hBN 陶瓷复合材料的摩擦化学行为[D]. 西安：西安交通大学,2010.

[15] BOCK R M, MCENTIRE B J, BAL B S, et al. Surface modulation of silicon nitride ceramics for orthopaedic applications[J]. Acta Biomaterialia, 2015, 26：318-330.

[16] WANG S F, KEMPEN D H R, DE RUITER G C W, et al. Molecularly engineered biodegradable polymer networks with a wide range of stiffness for bone and peripheral nerve regeneration[J]. Adv Funct Mater, 2015, 25(18)：2715-2724.

[17] LEI M, QU X, LIU H, et al. Programmable electrofabrication of porous Janus films with tunable Janus balance for anisotropic cell guidance and tissue regeneration[J]. Adv Funct Mater, 2019, 29, (18)：1900065.

[18] TATARA A M, KOONS G L, WATSON E, et al. Biomaterials-aided mandibular reconstruction using in vivo bioreactors[J]. PNAS, 2019, 116(14)：6954-6963.

[19] SURJADI J U, GAO LB, DU HF, et al. Mechanical metamaterials and their engineering applications[J]. Adv Eng Mater, 2019, 21(3)：1800864.

[20] TAKIZAWA T, NAKAYAMA N, HANIU H, et al. Titanium fiber plates for bone tissue repair [J]. Adv Mater, 2017, 30(4)：1703608.

[21] FENG P, WU P, GAO C D, et al. A multimaterial scaffold with tunable properties：toward bone tissue repair[J]. Adv Sci, 2018, 5(6)：1700817.

[22] LIN ZJ, WU J, QIAO W, et al. Precisely controlled delivery of magnesium ions thru sponge-like monodisperse PLGA/nano-MgO-alginate core-shell microsphere device to enable in-situ bone regeneration[J]. Biomaterials, 2018, 174：1-16.

[23] DU Y, GUO J L, WANG J, et al. Hierarchically designed bone scaffolds：from internal cues to external stimuli[J]. Biomaterials, 2019, 218：119334.

[24] LIU M, NAKASAKI M, SHIH Y V, et al. Effect of age on biomaterial-mediated insitu bone tissue regeneration[J]. Acta Biomater, 2018, 78：329-340.

[25] PLACONE J K, ENGLER A J. Recent advances in extrusion-based 3D printing for biomedical applications[J]. Adv Healthc Mater, 2018, 7(8)：1701161.

[26] RAMAN R, BHADURI B, MIR M, et al. High-resolution projection microstereolithography for patterning of neovasculature[J]. Adv Healthc Mater, 2016, 5(5)：610-619.

[27] DUAN B, WANG M. Selective laser sintering and its application in biomedical engineering[J]. MRS Bulletin, 2011, 36(12)：998-1005.

[28] FARAHANI R D, DUBÉ M, THERRIAULT D. Three-dimensional printing of multifunctional nanocomposites: manufacturing techniques and applications[J]. Adv Mater, 2016, 28(28): 5794-5821.

[29] MARINO A, FILIPPESCHI C, GENCHI G G, et al. The osteoprint: a bioinspired two-photon polymerized 3-D structure for the enhancement of bone-like cell differentiation[J]. Acta Biomater, 2014, 10(10): 4304-4313.

[30] BROWN T D, DALTON P D, HUTMACHER D W. Melt electrospinning today: an opportune time for an emerging polymer process[J]. Prog Polym Sci, 2016, 56: 116-166.

[31] DE JONGE L T, LEEUWENBURGH S C G, VAN DEN BEUCKEN J J J P, et al. Electrosprayed enzyme coatings as bioinspired alternatives to bioceramic coatings for orthopedic and oral implants[J]. Adv Funct Mater, 2009, 19(5): 755-762.

[32] LEI M, QU X, LIU H, et al. Programmable electrofabrication of porous Janus films with tunable Janus balance for anisotropic cell guidance and tissue regeneration[J]. Adv Funct Mater, 2019, 29 (18): 1900065.

[33] MAI H N, LEE K B, LEE D H. Fit of interim crowns fabricated using photopolymer-jetting 3D printing[J]. J Prosthet Dent, 2017, 118(2): 208-215.

[34] KIM H, LEE D, LEE S Y, et al. Denture flask fabrication using fused deposition modeling three-dimensional printing[J]. J Prosthodont Res, 2020, 64(2): 231-234.

[35] WANG W J, SUN J. Dimensional accuracy and clinical adaptation of ceramic crowns fabricated with the stereolithography technique[J]. J Prosthet Dent, 2021, 125(4): 657-663.

[36] LI H, SONG L, SUN J, et al. Dental ceramic prostheses by Stereolithography based additive manufacturing: potentials and challenges[J]. Adv Appl Ceram, 2019, 118(1/2): 30-36.

[37] ZHANG J Y, YANG Y Z, HAN X, et al. The application of a new clear removable appliance with an occlusal splint in early anterior crossbite[J]. BMC Oral Health, 2021, 21(1): 36.

[38] KANG J F, ZHANG J, ZHENG J B, et al. 3D-printed PEEK implant for mandibular defects repair a new method[J]. J Mech Behav Biomed Mater, 2021, 116: 104335.

[39] ZHANG T, WEI Q G, ZHOU H, et al. Three-dimensional-printed individualized porous implants: a new "implant-bone" interface fusion concept for large bone defect treatment[J]. Bioact Mater, 2021, 6(11): 3659-3670.

[40] 鲁亚杰,龙作尧,李明辉,等. 下肢骨肉瘤切除后大段骨缺损患者的 3D 打印假体复合 β-TCP 生物陶瓷重建[J]. 中国骨与关节杂志,2019,8(1): 21-26.

[41] 张豪,黄立军,朱以芳,等. 3D 打印钛合金胸肋骨植入物在胸壁重建中的临床应用[J]. 中国胸心血管外科临床杂志,2020,27(3): 268-273.

[42] ZHANG H, LIU Y, DONG Q R, et al. Novel 3D printed integral customized acetabular prosthesis for anatomical rotation center restoration in hip arthroplasty for developmentaldysplasia of the hip crowe type III: a case report[J]. Medicine, 2020, 99(40): 22578.

[43] HE D L, LIANG J H, WANG H E, et al. 3D-printed PEEK extravascular stent in the treatment of nutcracker syndrome: imaging evaluation and short-term clinical outcome[J]. Front Bioeng Biotechnol, 2020, 8: 732.

[44] LIU J, YAO X, WANG Z, et al. A flexible porous chiral auxetic tracheal stent with ciliated epithelium[J]. Acta Biomater, 2021, 124: 153-165.

[45] GEFEN A. Computational simulations of stress shielding and bone resorption around existing and computer-designed orthopaedic screws[J]. Med Biol Eng Comput, 2002; 40(3): 311-322.

［46］VILJANEN J，KINNUNEN J，BONDESTAM S，et al. Bone changes after experimental osteotomies fixed with absorbable self-reinforced poly-l-lactide screws or metallic screws studied by plain radiographs，quantitative computed tomography and magnetic resonance imaging［J］. Biomater，1995，16(17)：1353-1358.

［47］李俊伟，都承斐，尉迟晨曦，等. 可降解植入物在骨折固定中的应用［J］. 中国组织工程研究，2018，22(34)：5526-5533.

［48］KIM W S，VACANTI C A，UPTON J，et al. Bone defect repair with tissue-engineered cartilage ［J］. Plast Reconstr Surg，1994，94(5)：580-584.

［49］曹谊林，商庆新. 软骨、骨组织工程的现状与趋势［J］. 中华创伤杂志，2001，17(1)：7-9.

［50］THORDARSON D B，HEDMAN T P，GROSS D，et al. Biomechanical evaluation of polylactide absorbable screws used for syndesmosis injury repair［J］. Foot Int，1997，18(10)：622-627.

［51］HAN P，CHENG P，ZHANG S，et al. In vitro and in vivo studies on the degradation of high-purity Mg (99.99wt.%) screw with femoral intracondylar fractured rabbit model［J］. Biomater，2015，64：57-69.

［52］CHAYA A，YOSHIZAWA S，VERDELIS K，et al. In vivo study of magnesium plate and screw degradation and bone fracture healing［J］. Acta Biomater，2015，18：262-269.

［53］ZHAO D，HUANG S，LU F，et al. Vascularized bone grafting fixed by biodegradable magnesium screw for treating osteonecrosis of the femoral head［J］. Biomater，2015，81(1)：84-92.

［54］樊东力，张一鸣. 生物医用材料和组织工程技术在组织修复中的应用及进展［J］. 三军医大学学报，2015，37(19)：1909-1913.

［55］周英，许零. 抗菌敷料研究进展［J］. 中华损伤与修复杂志，2012，7(3)：307-311.

［56］金艳，陈建英，祝美华，等. 含表皮生长因子创面敷料的研究进展［J］. 生物医学工程研究，2014，33(3)：200-204.

［57］SUDHA P N，ROSE M H. Beneficial effects of hyaluronicacid［J］. Adv Food Nutr Res，2014，72：137-176.

［58］CHANDRA G，PANDEY A. Biodegradable bone implants in orthopedic applications：a review — ScienceDirect［J］. Biocybern Biomed Eng，2020，40：596-610.

［59］FLEGE C，VOGT F，HÖGES S，et al. Development and characterization of a coronary polylactic acid stent prototype generated by selective laser melting［J］. Mater Sci Mater Med，2013，24(1)：241-255.

［60］HWANG K S，CHOI J W，KIM J H，et al. Comparative efficacies of collagen-based 3D printed PCL/PLGA/β-TCP composite block bone grafts and biphasic calcium phosphate bone substitute for bone regeneration［J］. Materials (Basel)，2017，10(4)：421.

［61］LI X，YUAN Y，LIU L，et al. 3D printing of hydroxyapatite/tricalcium phosphate scaffold with hierarchical porous structure for bone regeneration［J］. Bio-Design and Manufacturing，2020，3：15-29.

［62］WANG J，XU J，HOPKINS C，et al. Biodegradable magnesium-based implants in orthopedics-a general review and perspectives［J］. Adv Sci (Weinh)，2020，7(8)：1902443.

［63］CHANDRA G，PANDEY A. Preparation strategies for mg-alloys for biodegradable orthopaedic implants and other biomedical applications：a review［J］. IRBM，2020.

［64］WINDHAGEN H，RADTKE K，WEIZBAUER A，et al. Biodegradable magnesium-based screw clinically equivalent to titanium screw in hallux valgus surgery：short term results of the first prospective，randomized，controlled clinical pilot study［J］. Biomed Eng Online，2013，12：62.

［65］LEE J W，HAN H S，HAN K J，et al. Long-term clinical study and multiscale analysis of in vivo biodegradation mechanism of Mg alloy［J］. Proc Nat Acad Sci U S，2016，113(3)：716-721.

［66］ZHAO D W，WITTE F，LU F，et al. Current status on clinical applications of magnesium-based orthopaedic implants：A review from clinical translational perspective［J］. Biomaterials，2017，112：287-302.

［67］JOOSTEN E. Biodegradable biomatrices and bridging the injured spinal cord：the corticospinal tract as a proof of principle［J］. Cell Tissue Res，2012，349(1)：375-395.

［68］HE L M，ZHANG Y Q，ZENG C G，et al. Manufacture of PLGA multiple-channel conduits with precise hierarchical pore architectures and in vitro/vivo evaluation for spinal cord injury［J］. Tissue Eng Part C Methods 2009，15(2)：243-255.

［69］SHARIF F，TABASSUM S，MUSTAFA W，et al. Bioresorbable antibacterial PCL-PLA-nHA composite membranes for oral and maxillofacial defects［J］. Polym Composite，2019，40(4)：1564-1575.

4 3D 打印定制式康复矫形辅具的临床应用与技术

康复工程是以技术、工程方法和科学原理的系统应用为手段,研究满足残疾人在教育、康复、就业、交通、独立生活和娱乐等领域需求的一门科学。它主要涉及生理学、解剖学、神经科学、生物力学、辅助技术、环境工程、心理学、理疗、作业治疗和人因工程学评价等,是一门跨学科的新兴边缘科学[1]。3D 打印技术以定制化、数字化、人工智能化及新型材料应用为特征,可以生产完全个性化定制的专用医疗器械康复矫形辅具,其最大优势是自由成型,结合计算机数字化技术,可以根据患者需要设计各种精细复杂的结构和外形。所以,3D 打印技术在康复领域的应用越来越广泛。

4.1 3D 打印康复矫形辅具概述

康复矫形辅具属于生物医学工程中的康复工程范畴,是以康复医学、生物力学、功效学、仿生学、机械工程、控制工程、电子工程、化学工程和材料工程等领域为基础,以人体功能评定、诊断、恢复、补偿、训练和监护设备为主要研究内容的一门新兴交叉学科。康复矫形辅具对于存在肢体瘫痪、功能障碍及发育畸形的成人和儿童,可以辅助改善其功能障碍、纠正畸形,促进全面康复。我国人口基数巨大,在未来数十年中人口老龄化和残疾人问题将成为严重的社会问题。据统计,2009 年,我国老年人中长期卧床、生活不能自理的约有 2 700 万人,丧失劳动能力的老年人已达 940 万[2]。这些老年人中很多都需要康复矫形辅具来减轻生活中的压力。传统方法制作的康复矫形辅具大多通过模具浇注成型,尽管相对批量大、成本较低,但由于设计水平和制作工艺的限制,存在许多不足。例如,制作时间长、不能完全匹配患者,更重要的是笨重、不美观,患者穿戴不便或穿戴意愿不强。3D 打印作为一种新型的快速成型及快速制造技术,可以制作传统加工方法不能制作的高度复杂的结构,可以生产完全个性化定制的专用医疗器械康复矫形辅具。目前,3D 打印定制式康复矫形辅具的推广应用还有很多限制因素,包括计算机医疗模型的设计、打印材料的选择、打印工艺的匹配度等关键技术以及相关的法律、法规等很多问题亟待解决。

4.2 康复矫形辅具3D打印材料

4.2.1 3D打印工程塑料

工程塑料是当前广泛应用于3D打印的材料[3],常用的有丙烯腈-丁二烯-苯乙烯共聚物(ABS)、聚酰胺(PA)、聚苯砜(PPSF)、聚碳酸酯(PC)和聚醚醚酮(PEEK)等。其中,聚酰胺粉末不但具有低静电、高流动性、低吸水性、熔点适中及制品的高力学强度、尺寸精度等优异的特性,其韧性、耐疲劳性也可满足需要较高机械性能的工件。因此,尼聚酰胺近几年也逐步成为3D打印工程塑料中的理想材料,应用成熟、性能稳定,在医学领域的体外结构件中的应用最为广泛。

4.2.2 3D打印聚丙烯及模拟聚丙烯材料

聚丙烯(简称PP)是日常生活中最常见的聚合物之一,是一种无色、无臭、无毒和半透明的固体物质。聚丙烯是一种性能优良的热塑性合成树脂,为无色半透明的热塑性轻质通用塑料,具有耐化学性、耐热性、电绝缘性、高强度机械性能和良好的高耐磨加工性能等,这使得聚丙烯自问世以来,便迅速在机械、汽车、电子电器、建筑、纺织、包装、农林渔业和食品工业等众多领域得到广泛的开发应用。聚丙烯材料的主要问题是它的黏附性并不好。这会使打印件很难附着在打印床上,从而导致频繁的故障。另一个挑战是聚丙烯具有半结晶结构,在3D打印过程中,这意味着会产生高的翘曲应力,从而导致黏到打印床上的第1层整个脱离。由于打印床的附着力和翘曲是我们面临的主要问题。因此,这也是行业内希望解决的挑战,以成功地用聚丙烯进行3D打印。封闭3D打印机以保持热量并防止温度波动是解决该问题的一种方案。如果期望获得较好的3D打印效果,可以尝试自己动手制作3D打印机的封闭外罩。例如,使用亚克力或钣金材料。

4.2.3 3D打印热塑性聚氨酯弹性体橡胶

热塑性聚氨酯弹性体橡胶(TPU),是介于橡胶和塑料的一类高分子材料,主要有聚酯型和聚醚型,是一种成熟的环保型材料。TPU具有其他塑料材料所无法比拟的强度高、韧性好、耐磨、耐寒、耐油、耐水、耐老化和耐气候等特性,同时它还具有高防水性、透湿性、防风、防寒、抗菌、防霉、保暖、抗紫外线以及能量释放等许多优异的功能。TPU材料是最主要用于打印柔性结构的材料之一。例如,运动鞋的鞋中底、可穿戴柔性传感器件等。目前，TPU 已广泛应用于医疗卫生、电子电器、工业及体育等方面。采用 TPU 材料打印的各种心脏、肺脏器官模型可以模拟组织受力后变形情况，可为临床诊断和治疗提供实体参照。

4.2.4　3D 打印碳纤维复合材料

3D 打印中最广泛使用的碳纤维形式是短切碳纤维丝，市面上有多种用于 3D 打印的短切碳纤维混合物可供选择。碳纤维长丝也可用于 3D 打印，碳纤维段与热塑性粒料混合，然后挤出适合 3D 打印的长丝。因为短切碳纤维丝是分散在基体内部的，而不是连续的，所以它只能在那些很小的碎片所在的位置提供碳纤维的刚度。将碳纤维长丝引入热塑性材料中可以改善其强度和刚度，但是也可能具有负面影响。一些研究人员发现，除了所需的强度外，聚醚醚酮-碳纤维复合材料的孔隙率更高，打印层之间的黏合性更差。另一些研究人员发现，用于立体光固化的树脂短切碳纤维具有相似的结果，包括增加了脆性。这并不意味着切碎的碳纤维丝在 3D 打印中没有价值，特别是因为相比之下它要比纤维长丝便宜得多。因其表现出来的优异性能，现在越来越多的厂商开始涉足诸如聚醚醚酮等类似的复合材料 3D 打印技术。优异的打印材料可能让相对成熟的熔融沉积成型(fused deposition modelling，FDM)3D 打印技术焕发出新的生命和活力。

4.2.5　3D 打印石膏材料

石膏是一种以硫酸钙为主要成分的气硬性胶凝材料。石膏粉末是一种优质复合材料，颗粒均匀细腻，颜色超白，材料打印的模型可磨光、钻孔、攻丝、上色并电镀，实现更高的灵活性。石膏本身就是医学中广泛应用的材料，如骨折石膏辅具。因此 3D 打印的适型石膏医学辅具已经成为一种新的研究方向。

4.3　康复矫形辅具 3D 打印工艺

4.3.1　熔融沉积成型技术

熔融沉积成型技术是 20 世纪 80 年代末由美国 Stratasys 公司的斯科特·克伦普(Scott Crump)发明的技术，是继立体光固化成型(SLA)和分层实体制造(LOM)工艺后的另一种应用比较广泛的 3D 打印技术。1992 年，Stratasys 公司推出世界上第一款基于 FDM 技术的 3D 打印机——"3D 造型者(3D Modeler)"，标志着 FDM 技术步入商用阶段。

FDM 的工作原理是将丝状的热塑性材料通过喷头加热熔化，喷头底部带有微细喷嘴(直径一般为 0.2～0.6 mm)，在计算机控制下，喷头根据 3D 模型的数据移动到指定位置,将熔融状态下的液体材料挤喷出来并最终凝固。材料被喷出后沉积在前一层已固化的材料上,通过材料逐层堆积形成最终的成品。在打印机工作前,先要设定三维模型各层的间距、路径的宽度等数据信息,然后由切片引擎对三维模型进行切片并生成打印移动路径。在计算机控制下,打印喷头根据水平分层数据作 X 轴和 Y 轴的平面运动,Z 轴方向的垂直移动则由打印平台的升降来完成。同时,丝材由送丝部件送至喷头,经过加热、熔化,材料从喷头挤出黏结到工作台面上,迅速冷却并凝固。这样,打印出的材料迅速与前一个层面熔结在一起,当每一个层面完成后,工作台便下降一个层面的高度,打印机再继续进行下一层的打印,一直重复这样的步骤,直到完成整个物体的打印。

FDM工艺的关键是保持从喷嘴中喷出的、熔融状态下的原材料温度刚好在凝固点之上,通常控制在比凝固点高 1 ℃ 左右。如果温度太高,会导致打印物体的精度降低,产生模型变形等问题;如果温度太低,喷头容易堵住,导致打印失败。FDM工艺的打印机需要使用两种材料:一种用于打印实体部分的成型材料,另一种用于沉积空腔或悬臂部分的支撑材料。切片软件会根据待打印模型的外形,自动计算决定是否需要为其添加支撑。支撑的另一个目的是建立基础层。即在正式打印之前,先在工作平台上打印一个基础层,这样可以提供一个精准的基准面,还可以使打印完成后的模型更容易剥离。FDM技术使用的材料主要包括实体材料和支撑材料。实体材料主要为热塑性材料,包括PLA、ABS、人造橡胶和石蜡等。它是最为常见的康复辅具的打印方式。其优势是成本低,FDM技术不采用激光系统,成型材料范围较广,如ABS、聚乳酸、聚碳酸酯、聚丙烯等热塑性材料均可作为FDM技术的成型材料;环境污染较小,在整个打印过程中不涉及高温、高压,没有有毒物质排放;设备、材料体积较小,便于搬运,适合办公室、家庭等环境;原料利用率高,没有废弃的成型材料,支撑材料可以回收。其缺点是精度低,温度对于FDM效果影响非常大,而桌面级FDM 3D打印机通常都缺乏恒温设备,另外,在出料部分缺少控制部件,致使难以精确地控制出料形态和成型效果。这些原因导致FDM的桌面级3D打印机的成品精度通常为 0.1~0.3 mm;每层的边缘容易出现由于分层沉积而产生的"台阶效应",导致很难达到所见即所得的3D打印效果;而且一般强度低,打印时间长,需要支撑材料。

4.3.2 选择性激光烧结技术

选择性激光烧结(selective laser sintering,SLS)技术采用红外激光器作能源,使用的造型材料多为粉末材料。加工时,首先将粉末预热到稍低于其熔点的温度,然后在刮平辊子的作用下将粉末铺平;然后激光束在计算机控制下根据分层截面信息进行有选择的烧结,一层完成后再进行下一层烧结,全部烧结完后去掉多余的粉末,就可以得到烧结好的零件。目前成熟的工艺材料为蜡粉及塑料粉,用金属粉或陶瓷粉进行烧结的工艺尚在研究中。SLS 工艺最大的优点在于选材较为广泛,如尼龙、蜡、ABS、树脂裹覆砂(覆膜砂)、聚碳酸酯、金属和陶瓷粉末等都可以作为烧结对象。粉床上未被烧结部分成为烧结部分的支撑结构,因而无须考虑支撑系统(硬件和软件)。SLS 工艺与铸造工艺的关系极为密切,如烧结的陶瓷型可作为铸造之型壳、型芯,蜡型可做蜡模,热塑性材料烧结的模型可做消失模。该类成型方法有着制造工艺简单、柔性度高、材料选择范围广、材料价格便宜、成本低、材料利用率高和成型速度快等特点。

4.3.3 立体光固化成型技术

立体光固化成型(stereo lithography appearance,SLA)技术采用激光聚焦到光固化材料表面,使之由点到线、由线到面顺序凝固,周而复始。这样,层层叠加构成一个三维实体。SLA 的技术成熟度高,加工速度快,产品生产周期短,无须切削工具与模具,降低了错误修复的成本,并且可以对计算机仿真计算的结果进行验证与校核。另外,它可以加工结构外形复杂或使用传统手段难于成型的原型和模具。但是,SLA 系统造价高昂,使用和维护成本过高。而且对液体进行操作的精密设备,对工作环境要求苛刻。成型件多为树脂类,强度、刚度、耐热性有限,不利于长时间保存。预处理软件与驱动软件运算量大,与加工效果关联性太高,这是它的劣势。光固化快速成型技术为不能制作或难以用传统方法制作的人体器官模型提供了一种新的方法,基于 CT 图像的光固化成型技术是假体制作、复杂外科手术规划、口腔颌面修复的有效方法。

4.3.4 喷墨式光固化成型技术

喷墨式光固化成型技术是一种喷墨打印技术。在工作台上精准地喷上一层超薄的光敏树脂,然后用紫外光进行固化。这一步骤减少了使用其他技术所需的后处理过程。每打印完一层,机器内部的成型底盘就会极为精确地下沉,一层一层地工作,直到原型件完成。成型时使用了两种不同的光敏树脂材料:一种是用来成型实体部件的模型材料,另一种是用来支撑部件的类胶体支撑材料。支撑结构的骨架先提前预排好程序来配合复杂的成型件,如空腔、悬垂、底切和薄壁的截面成型完成后,只用一个水枪就可以轻易地移除支撑材料,留下光滑的表面,代表现代手板行业的最新技术。使用该技术的3D 打印机可以使用各种各样的材料,包括数百种色彩鲜亮的刚性不透明和类橡胶材料、透明和带色彩的半透明材料、类聚丙烯材料以及用于牙科和医学行业中 3D 打印的专用光敏树脂。它的打印精度高、涂层薄。常见打印机的精度可精确到 0.02 mm,层厚最低可达 0.016 mm。而且打印成品表面光滑,优秀的表面细节展现、多彩艳丽。最多可打印的色彩可达上百万种颜色,打印效果逼真动人。此技术打印时可以多种材料混合打印,达到软硬结合的效果。常见的打印材料有:类橡胶、类聚丙烯材料等。但它也存在一些缺点:① 硬度、工业性能较低,材料强度和机械性能比 FDM 的工程塑料差;② 制作大型样件时成本偏高,混合材料多样,材料有保质期。

实际应用举例如下。

1) 残障人士的 3D 打印餐具

如图 4-1 所示,这是一种多用途的简单餐具支撑,可帮助那些手掌有缺陷的人。需求者可以定制叉子或勺子以适合任何手。为了舒适和清洁,它不使用魔术贴皮带,而是 3D 打印所有零件。

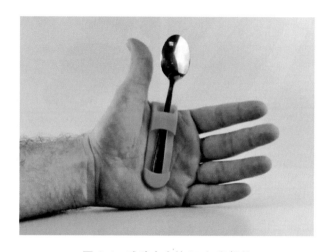

图 4-1　残障人士的 3D 打印餐具

(图片修改自 https:// www. myminifactory. com)

设计人员建议以 0.2 mm 的层高打印模型,这大约需要两个半小时完成。

2) 握笔器

如图 4-2 所示,打印笔套可用热水进行再次塑形,可使其更易于握住和使用。该模型是智利的 Mutual de Seguridad 设计的,旨在利用创新和发展来帮助有需要的人。

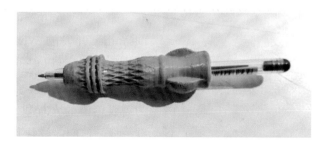

图 4-2　3D 打印笔套

(图片修改自 https:// www. thingiverse. com)

3) 打字触摸屏

如图 4-3 所示,这是 Chiliean Mutual de Seguridad 计划的另一个项目。该模型对于任何无或仅有有限的手掌控制和手指运动的人都非常有用。借助这种帮助,可以更容易地使用触摸屏或键盘。

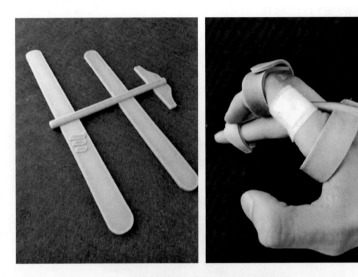

图 4-3　3D 打印的打字触摸辅助装置

(图片修改自 https:// www. thingiverse. com)

设计人员建议使用 0.3 mm 的层高,填充 100%,不要使用任何图案。还建议使用热风枪或热水(但不要太热避免造成伤害)使设计符合佩戴者的手形。

4) 卫生纸分配器

通常,残疾人专用洗手间具有分配卫生纸的复杂装置。通过如图 4-4 所示的简单的 3D 打印装置,可以将一卷厕纸附着在扶手上,以方便使用。

5) 定制轮椅

如图 4 - 5 所示,这是由 Disrupt Disability 开发的 Wheelwear,它是一款模块化轮椅,可以根据自己的身体和风格进行定制。该公司总部位于英国,可为需要轮椅的人提供多种选择,就像换鞋一样。他们的模块化轮椅具有快速释放机制,可轻松地更换座椅、靠背、前轮和踏板等。Disrupt Disability 的定制轮

图 4-4　3D 打印的卫生纸放置装置

(图片修改自 https:// www. thingiverse. com)

椅所使用的技术就是 3D 打印技术。它使人们能够以合理的成本创建新模块以适应人们不断变化的需求和喜好,且无须制造全新的轮椅。

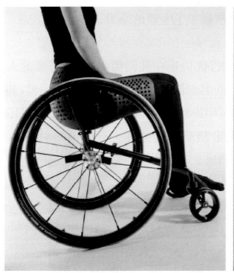

图 4-5　Disrupt Disability 开发的 Wheelwear 轮椅

(图片修改自 https://www.disruptdisability.org)

6) 仿生手臂

Open Bionics 是 Hero Arm 背后的公司。该公司开发出世界上第一个经过临床批准的 3D 打印仿生手臂,名为"hero arm"。如图 4-6 所示,这不仅是简单的 3D 打

图 4-6　3D 打印的仿生手臂

(图片修改自 https://openbionics.com)

印假肢,同时也是仿生设备,可帮助截肢者恢复失去的功能。传统上,这些设备非常昂贵,约为 5 000 英镑,这是公司所要平衡的。该设备展示了多种抓握功能,并赋予了肘部以下截肢者的美感。Open Bionics 公司的使命是将差异化转为超能力,这正是设备的可定制设计如此重要的原因。它使人们感到被赋予了全新的能力。

7)3D 打印假肢

e-NABLE 社区是来自世界各地的一群人,他们正在共同努力,为有需要的人创建 3D 打印假肢(见图 4-7)。该社区由大约 2 000 名志愿者组成,他们聚集在一起,共同致力于通过各种方法改进手和手臂的开源 3D 打印设计以及 3D 打印。这些 3D 打印假肢是免费的或非常便宜的,大约有 8 000 名假肢接受者受益于 e-NABLE 社区所做的工作。

图 4-7 3D 打印的假肢

(图片修改自 https://hub.e-nable.org/)

8)轮椅坡道

那些不得不依靠轮椅出行的人经常面临着障碍挑战。如图 4-8 所示,这种轮椅"坡道"使人们更容易上下台阶。

9)混合动力外骨骼

3D Systems 公司公布了他们制作的首例 3D 打印的混合动力外骨骼机器人套装,如图 4-9 所示。这套装备是 3D Systems 公司联合 EksoBionics 公司合作生产的,并在布达佩斯奇点大学举办的活动上首次展示。

作家兼专业播音员 Amanda Boxtel 现场试穿了这套很酷的外骨骼机械套装,十几年被禁锢在轮椅上的她霎时变身威风凛凛的女"战士"。

图 4-8　3D 打印的轮椅坡道

(图片修改自 https://www.thingiverse.com)

图 4-9　3D 打印的混合动力外骨骼机器人套装

(图片修改自 https://www.3dsystems.com)

4.4 3D 打印康复辅具的临床应用

4.4.1 3D 打印上肢假肢

上肢假肢通常为模式控制的前臂假肢,通常包括复杂的电缆和线束系统。这些假肢需要大量的程序来控制和驱动,因此价格昂贵。此外,与下肢截肢者不同,许多单侧上肢截肢患者不使用假肢,因为他们能够用剩余的健康上肢进行日常活动。由于上肢假体与下肢假体相比,相对暴露,所以患者在安装假体时将操作、形状和方便性视为重要问题。而且,大多数截肢者只是出于美容的原因才使用假肢。因此,他们要求接纳感强和重量轻。

而 3D 打印技术,拥有简化工艺和个性化定制的特点。因此,将 3D 打印技术应用于上肢假肢的制作无疑解决了传统制作的假肢重量重和不美观的特点。本节以 3D 打印技术在上肢假肢制造中的运用为例,介绍 3D 打印技术在上肢假肢领域的优势。

4.4.1.1 应用案例

2017 年,英国的 Open Bionics 公司通过由 10 例儿童截肢患者组成的试验小组来评估 3D 打印肌电手,这是世界首例针对 3D 打印仿生手的临床试验。该 3D 打印肌电手与传统肌电手相比,不仅重量更轻,而且价格更加低廉,使用也更灵活。

E-Nable 是一个义务帮助残疾人设计、打印和定制 3D 打印假肢的非营利性机构,在全世界已经拥有 1 600 多名志愿者,利用 3D 打印技术为这些世界各地的残疾人制作定制化假肢。该机构能够利用较低的成本为截肢患者定制没有电池、马达、传感器等的假肢,这为截肢者解决了生活不便的困难,让患者重塑对生活的自信。

美国 3D 打印假肢公司使用 3D 打印技术为截肢者定制个性化的假肢外壳,使得截肢者可以表达自己的个性,重塑对生活的信心。UNYQ 推出了使用高强度的尼龙材料的 3D 打印定制假肢上肢外壳。这些上肢外壳主要包括肘部以下的前臂部分,在保持功能性和舒适性的同时,更加时尚和美观。这种假肢外壳将假肢变成了可选择的时尚配饰,能影响周围人对假肢的态度,对截肢患者具有重要意义。

4.4.1.2 设计制造

1) 数据采集

测量患者未受影响的手臂和受影响手臂的剩余部分的长度和周长,作为定制假体的参考。常用手持式扫描、激光扫描和接触型测量来获取截肢者的身体解剖结构数据。此外,还可通过 MRI/CT、超声扫描和照片重建等方法进行数据采集。

2) 计算机辅助设计

(1) 假肢师或者技术人员利用计算机辅助设计(computed aided design,CAD)软件系统进行假肢接受腔的结构优化、连接件的设计和假肢表面的个体化定制。

（2）将扫描的患者数据导入数据库中，使用专用的修型软件工具对假肢三维模型的每个部件进行单独修型。目前，主流的设计软件有 BioSculptor、CanFit、Rodin4D、Omega 和 Gensole 等。

4.4.1.3 评价

（1）传统的假肢制作通常需要进行多次的适配调整以实现舒适的要求，而舒适的标准通常由患者的反馈与假肢矫形器工程师的判断来决定。

（2）对于已完成设计的假肢三维模型，可利用传感技术来测量残肢和接受腔界面的应力分布。如，有限元建模和分析可以在假肢矫形器被制作出来之前就直接对人体与假肢矫形器之间的相互作用进行模拟、评估，无须进行烦琐的测量。

4.4.1.4 打印

打印是假肢制作为成品的最后环节，决定了产品的质量与安全。与传统的板材或热塑成型不同，打印环节可选用不同的技术与材料。不同的打印技术和材料影响着假肢矫形器的强度、韧性和耐久度等最终效果。目前应用在该领域的打印技术主要有熔融沉积成型（FDM）、选择性激光烧结（SLS）和立体光固化成型（SLA）。常见的打印材料有尼龙、尼龙复合材料、硬性树脂、柔性树脂和热塑性聚氨酯（TPU）等。

3D打印技术应用于制造残疾人康复所需的假肢将克服传统假肢的高成本和制作周期长的问题。3D打印技术增加了残疾人的便利性，因为它可以快速地对设备的故障或损坏进行完善或处理。通常我们印象中的假肢不仅笨重且难以使用，而且价格昂贵。3D打印使得假肢价格变得经济实惠且易于制造。目前，在 3D打印领域，许多需要假肢的人可以通过各种开源合作组织得到帮助。不过，这些设备中的大部分虽然有用，但并未通过医学认证。此外，目前的 3D打印上肢假肢从传统的手工制作发展到 CAD/CAM辅助的 3D打印个性化设计阶段，但大部分研究还处于临床观察期，未来还需要多中心、大样本的临床应用试验数据对其进行验证和支持。

4.4.2 3D打印下肢假肢

传统的假肢制造主要是依靠手工制作工艺来完成的。主要过程为根据患者的残肢部分进行解剖学的取模、修型、成型加工、调整等，整个过程烦琐复杂，并且需要凭借假肢师多年的制作经验才能完成一个假肢接受腔的制作，耗时费力。

3D打印技术以其快速制作和个性定制的特点，能够根据患者残肢端的身体解剖结构进行精确地 3D扫描模型构建，然后利用三维设计软件制作、修型以及相应的结构优化，整个过程耗时短，并且设计出的接受腔也贴合患者的残肢端，具有个性化、效率高的特点。本节以 3D打印制作下肢假肢为例，介绍该 3D打印技术在假肢领域的优势。

4.4.2.1 应用案例

2005 年,有人使用 3D 打印技术制作了小腿假肢接受腔,改善了假肢制造工艺,有效地降低了假肢制造成本,为提升截肢患者的生活质量带来了更加完善的解决方案。

总部位于保加利亚的 ProsFit 公司与大中型假肢诊所合作,为配置假肢的患者提供定制化假肢接受腔。ProsFit 提供名为 PandoFit 的软件解决方案,使假肢师能够进行3D 扫描,并在屏幕上创建自定义接受腔。设计完成后,ProsFit 通过 3D 打印技术来制造接受腔。

Prosthetic DDProsthetic Ddesign 假肢公司把假肢接受腔制作技术与先进的 3D 打印技术结合起来打印出了一个完美的接受腔。这款打印机使用的打印材料是柔性高分子材料,在提供接受腔受力所需要强度的同时,相对的柔软性还能为残肢提供舒适的穿戴体验与高活动性。

4.4.2.2 3D 打印接受腔设计制作

1) 数据采集

(1) 使用 3D 扫描方式获取患者健侧肢体外轮廓数据,经处理后可获得与健侧肢体的解剖学结构高度匹配的假肢模型。

(2) 对残肢的外表轮廓进行扫描以构建残肢和接受腔模型。

2) 计算机辅助设计

(1) 假肢师或者技术人员利用 CAD 软件系统进行假肢接受腔的结构优化、连接件的设计和假肢表面的个体化定制。

(2) 将扫描的患者数据导入数据库中,使用专用的修型工具对 3D 模型进行修整,获得假肢接受腔数字模型。

(3) 使用计算机辅助技术建立残肢-接受腔的有限元模型,设定残肢的软组织、骨骼属性,接受腔外壳和衬垫的材料属性。

(4) 根据患者的个体特征设定载荷状况和模型边界条件,分析残肢-接受腔接触面的生物力学效应来优化接受腔的形状和结构,均匀压力分布,防止过高的压力和剪应力引起致残肢末端皮肤和软组织的破坏。

3) 3D 打印及适配

(1) 将 3D 打印假肢接受腔的设计文件通过相关专业软件转换成 STL 等 3D 打印机可识别的文件格式,根据假肢配置需求选择合适的 3D 打印工艺,确定 3D 打印的材料、设备和参数,从而进行打印。

(2) 给截肢患者进行假肢的装配、佩戴、调整和对线等。

(3) 装配完成后进行步态分析和适应性训练。

4.4.2.3 技术要点

精确性和个性化是3D打印的优点。通过扫描仪取模，可以完整地获取患者个人的精确信息数据，并加以处理。使用CAD，可通过镜像功能获得对侧体表信息，经过个性化设计，综合患者的各方面数据信息，设计完全符合患者个体的假肢模型。考虑到舒适性和轻便性，可以对假肢进行结构优化设计，增加贴合度，减少摩擦；考虑3D打印的特点，可以利用多种材料进行制作，提高患者的满意度。

4.4.2.4 并发症及其防治策略

（1）由于肢体缺失，会引起肌力不平衡，发生关节挛缩。保持良好的体位，可以防止残肢关节挛缩与畸形。

（2）保护残肢的卫生，腔内的皮肤由于压迫、摩擦及温度的变化，容易引起湿疹、皮肤色素沉着、磨破、溃疡、感染、小水泡、滑囊和过敏性皮炎等。要增强皮肤的抵抗力，有条件者可做理疗。每日就寝前需用肥皂水洗残肢，若使用残肢专用的护理液、润肤露则残肢的抗菌效果更佳。

4.4.2.5 注意事项

（1）每天晚上清洁残肢。

（2）尽可能多地行走，防止残肢肌肉萎缩。

（3）经常锻炼，保持合适的体重，同时使残肢强壮有力。

（4）在适当的体位下保持残肢的活动性。

4.4.2.6 总结与评述

将光学扫描、CAD和3D打印等技术结合在一起，为患者制作个性化的假肢接受腔，能够有效地改善假肢的制造工艺缺陷，不仅可缩短假肢的设计和制造时间，而且提高了假肢的精度和舒适度，大大地降低了假肢的制造难度和复杂程度。此外，使用3D打印技术能实现假肢部件的快速制造，促进了智能假肢产品研发的快速迭代，提高了智能假肢的开发速度，为假肢领域的进一步发展创造了有力的支撑。但3D打印的下肢假肢接受腔也存在着一些不足。首先，假肢师不是专业的CAD工程技术人员，而假肢接受腔的设计制作需要相应的计算机软件操作知识，如果程序过于复杂，假肢师可能会觉得它还不如石膏修型更加容易上手，极易出现放弃新技术新工艺的情况。此外，应用于假肢的3D打印材料多为ABS塑料、尼龙或金属粉末。这些材料可以打印出时尚的假肢外形，但无法实现高度仿真的皮肤，并且假肢的刚性和弹性方面也有待提高和改善。

4.4.3 脊柱侧弯矫形器

脊柱侧弯是骨科常见疾病之一，个性化定制脊柱矫形器治疗被公认是非手术治疗中最可靠和最主要的方法。根据我国18个城市的不完全统计，2018年定制式脊柱侧弯矫形器数量达 11 000 多件。脊柱侧弯矫形器治疗特发性脊柱侧弯具有悠久的历史，而制作方法也随着技术的进步而更新。2015 年，随着 3D 技术和打印材料的进展，定制式脊柱侧弯矫形器经历了从第一代传统手工制作，发展到第二代 CAD/CAM 制作，再到第三代 3D 打印技术的突破。

3D 打印技术可以使矫形器更轻，使用更舒适的替代材料，通过独特的结构设计，包括局部纹理、穿孔或加强区域的矫形器。这种良好的局部纹理和结构的集成增加了穿着舒适性的潜力，特别是有更轻的重量、更多可调或灵活的区域和更好的通风性，并且不影响内部支矫形器矫正。

4.4.3.1 传统制作方法的缺憾

（1）矫形器传统石膏制作技术繁杂，产品普遍存在透气性差和样式笨重、难看等问题，导致患者依从度较差，特别是儿童和青少年佩戴时间严重不足甚至拒绝佩戴，大大影响了治疗效果。

（2）精准度低、美观性差且很难进行生物力学验证。传统的脊柱侧弯矫形器多以石膏在患者身上进行取模，需要患者半小时的时间保持同一姿势，就诊体验差，且矫形程度与精准度多依赖矫形师的经验，故可能造成一定误差，美观性差，患者不愿意佩戴或减少佩戴时间，降低治疗效果。

（3）实体无法直接导入计算机进行模型分析，很难利用生物力学验证有效性和安全性，制作过程中产生的废料多，对环境造成一定损害。

4.4.3.2 临床应用

（1）西安南小峰脊柱矫形工作室和德国的 Weiss 合作，通过 3D 打印技术制作的脊柱侧弯矫形器如图 4-10 所示。

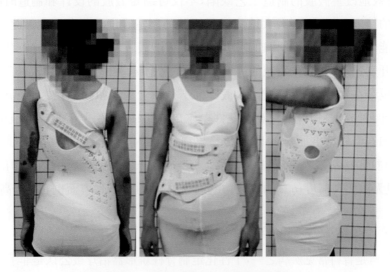

图 4-10　3D 打印脊柱侧弯矫形器适配

该矫形器是使用 SLS 技术制作的。该技术速度慢且成本高,但可用于打印的材料范围更广。

(2)上海交通大学医学院附属第九人民医院王金武团队为患者个性化定制的各式 3D 打印脊柱侧弯矫形器如图 4-11 所示[4]。

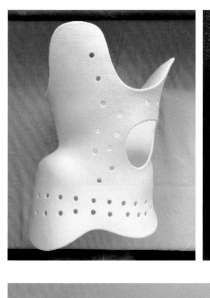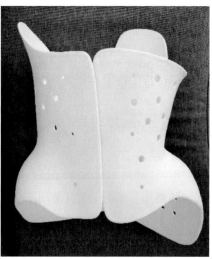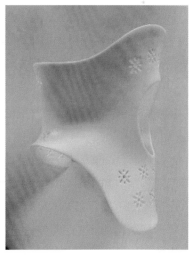

图 4-11　3D 打印脊柱侧弯矫形器

在 3D 打印技术的支持下,对传统矫形器进行了优化,在制作过程中尽量减少患者的不适,更快、更方便地进行矫形器修型,提高患者依从性,经过新方法制作出的矫形器美观度更高,更加贴合患者身体,矫形精度更高。研究表明,相同的矫形器在传统和 3D

打印条件下,后者更轻便、透气,制作过程中产生的废料更少,速度更快。

尽管目前应用 3D 打印技术进行矫形器的制作还未广泛地投入市场,普及率不高,但是在矫形精度和生产速度上,3D 打印技术有着不可否认的优势,一名操作熟练的矫形器师在计算机上进行修型设计也只需要几十分钟,便可安排打印。并且计算机处理可以做到异地制作和生产,大大降低了非本地区患病人群的看病难度,让更多的患者可以早发现、早治疗。同时计算机模型还可以导入有限元分析软件进行生物力学分析,验证矫形器的矫正效果和安全性,同时,也可以优化矫形器,更大程度上减少矫形器与身体的接触面积,让矫形器更小巧,易于隐藏。总而言之,科技的进步在更大程度上给患者带来了便利,3D 打印技术在康复矫形领域有着巨大的发展空间。

4.4.4　上下肢矫形器

4.4.4.1　概述

上下肢矫形器(upper limb orthosis)是临床上常用的康复辅助器具,通过限制上下肢的运动从而辅助康复治疗,或直接用于保守治疗的外固定,同时在外固定的基础上施加压力亦可用于上下肢畸形的矫正治疗。

相比于传统矫形器,3D 打印矫形器能够通过个性化定制更加贴合患者身体表面,进行个性化矫形,3D 打印技术可以制造更加复杂的结构,避免固定过程中关节活动度的降低,从而达到更好的治疗效果,缩短康复进程。

相比于传统矫形器,3D 打印矫形器具有更好的便携性,佩戴与拆卸方式简单,可以提供精准的治疗效果,且对患者的生活不产生过多的负担。3D 打印技术与计算机辅助技术的联合,可以对上下肢矫形器进行拓扑优化,制作矫形器壁的多孔结构,但不影响矫形器的力学效果,在减少矫形器重量的同时增加矫形器的透气性,避免佩戴矫形器时一系列并发症的发生。

矫形器可以通过多种方式进行分类。传统的矫形器常根据矫形器所使用部位的不同分为手矫形器、腕手矫形器、肘腕手矫形器、足矫形器、踝足矫形器和膝踝足矫形器等;根据治疗目的的不同,可以分为促进愈合、帮助生长、矫正畸形、预防畸形和增强功能等;根据矫形器结构的不同,可分为静态和动态。3D 打印更加注重个性化与定制式的治疗,制作的矫形器形状可以因人而异,具体结构也常因"病"制宜,这是传统矫形器无法达到的。因此,本节内容根据 3D 打印在临床上的应用案例,简要介绍 3D 打印上下肢矫形器在临床康复中的实际应用。

4.4.4.2　3D 打印固定型上肢矫形器

3D 打印固定型上肢矫形器(见图 4 - 12)主要起固定、制动和支撑作用,临床上主要用于上肢骨折后固定、促进骨折愈合、避免骨折端移位造成畸形。

图 4-12　3D 打印固定型上肢矫形器

　　一般来说,手法复位后使用夹板或石膏等传统方式对骨折进行临时固定,但是骨折后常损伤软组织导致软组织水肿,消肿后矫形器与体表之间可能出现较大空隙,不能达到固定效果,传统的矫形器无法有效地适应这种变化。3D 打印固定型矫形器设计过程相对简单,由医师协助患者双侧上肢摆放拟固定体位进行影像学(CT 或 MRI)和体表扫描,常采用的方法是对健侧上肢扫描数据进行镜像处理,结合患侧上肢影像学资料进行修型设计矫形器。常用的打印材料包括尼龙、光敏树脂和聚乳酸等,固定型矫形器在制作时一定要考虑打印材料的硬度,以防在患者使用中发生变形、缺损甚至折断等意外情况。在进行计算机辅助设计时,可以对上肢矫形器进行拓扑优化,在减轻重量的同时增大透气性,使其更加轻巧便携,美观度高。同时,3D 打印固定型矫形器还具有以下优势。

　　1) 产品设计性能优势

　　个性化设计,不仅可以保证支具对患者完美的贴合度与固定性,同时当患者固定部位需要擦涂药物时,可以在支具中预留空腔或开口,有助于观察病情发展与恢复情况。支具设计成镂空结构透气轻便。

　　2) 康复速率明显提高

　　个性化设计保证支具的着力点、装配结构、材料完全匹配患者,保证支具始终效果最优。

　　3) 并发症发生率有效降低

　　传统支具、夹板和批量生产的支具在使用过程中,普遍出现伤口感染、关节僵硬,而3D 打印的个性化设计与轻便透气的结构可降低并发症的出现概率。

4.4.4.3　3D 打印膝关节矫形器

　　3D 打印膝关节矫形器是下肢矫形器的重要应用之一。上海交通大学医学院附属

图 4-13 3D 打印膝关节矫形器

第九人民医院骨科将 3D 打印技术运用在膝关节矫形器的设计制造中,研发了新型个性化 3D 打印单侧减荷式膝关节矫形器,在个性化治疗的同时减轻矫形器的重量,大幅度地提升了患者佩戴矫形器时的舒适度,如图 4-13 所示。

个性化 3D 打印单侧减荷式膝关节支具,不同于传统的石膏取模的方式,而是通过光学扫描仪获得体表信息,结合患者下肢 CT 数据通过计算机精准设计,部分或全部 3D 打印工艺制作完成。患者适配精准调整后佩戴矫形器拍摄 X 线片,做到精准矫正与治疗[5,6]。

3D 打印个性化膝关节矫形器扫描过程干净、卫生、高效,穿戴方便、快捷、安全美观、与人体高度贴合;计算机设计矫正的精准度高,提升了患者的就诊体验。

同时矫形器的佩戴位置影响矫形效果,应使矫形器双侧活动关节处于膝关节内外侧中间位置。为保证治疗效果,佩戴时应注意绷带合适的松紧度,以确保矫形器位置稳定,同时,也切忌因佩戴过紧而影响下肢的血供。

4.4.4.4 3D 打印踝足矫形器

踝足矫形器(ankle-foot orthosis,AFO)也称作小腿矫形器,是具有从小腿到足底的结构,对踝关节运动进行控制的矫形器。传统的 AFO 是由石膏或热塑性材料等制作的,如矫形器受损或患者病情发生变化,矫形器需重新制作。而 3D 打印能存储设计数据,故可重复制作,并且易根据患者的需求调整矫形器尺寸。不过,国内关于此类 3D 打印的研究相对较少。

国内刘震等使用 Artec 尺寸扫描仪对存在踝关节背伸功能障碍的脑卒中患者的小腿、踝和足等部位进行扫描,所获数据(STL 文件)经 Instep 软件转换为 STP 文件后,再通过 Evolve 软件优化 AFO 模型结构,最后由 3D 打印机打印出适合患者的 AFO。该研究展现了 3D 打印制作 AFO 的实际过程,证实了 3D 打印制作 AFO 的可行性,有助于推动 3D 打印 AFO 的临床应用。

参考文献

[1]唐蓉.康复工程和辅助技术[J].医药前沿,2017,7(1):383-384.

[2]卢博睿,喻洪流,朱沪生,等.无障碍居家环境交互技术研究现状与趋势[J].中国康复医学杂志,2013,28(7):684-688.

[3]杨伟,陈正江,补辉,等.基于工程塑料的 3D 打印技术应用研究进展[J].工程塑料应用,2018,46

　　（2）：143-147.

［4］鲁德志，王彩萍，刘子凡，等.特发性脊柱侧弯矫形器的研究进展［J］.中国矫形外科杂志，2020，28
　　（13）：1215-1219.

［5］XU Y，LI N，WANG J. Design and verification of a new 3D printed customized unilateral load-reduction knee brace［C］//Proceedings of the 12th International Convention on Rehabilitation Engineering and Assistive Technology，2018：92-95.

［6］许苑晶，高海峰，吴云成，等.定制式增材制造膝关节矫形器间室减荷效果的有限元分析［J/OL］.上海交通大学学报：1-10［2023-01-06］.https：//doi. org/10. 16183/j. cnki. jsjtu. 2022. 194.

5 生物 3D 打印的研究进展与技术前沿

生物 3D 打印（Bio-3DP）又称生物增材制造技术，是将生物材料或生物单元（细胞、蛋白质等）按仿生形态学、生物体功能、细胞特定微环境等要求，用增材制造的方法制造出具有复杂结构、功能和个性化外形的生物材料三维结构或体外三维生物功能体的新型材料成型方法。利用合适的生物材料、细胞类型以及生长和分化因子，生物 3D 打印技术可以打印出复杂的组织和器官，如皮肤、软骨、心脏瓣膜、骨骼、心肌组织和血管等，以用于药物筛选、药物/基因和生物分子递送、疾病建模、再生医学和生物混合机器人等研究。生物 3D 打印技术可以精准控制支架材料和组织细胞的空间位置和沉积量，可满足个性化、小批量、大规模的医疗需求，构建与人体组织结构高度类似的人工组织，解决支架结构的精准性和细胞植入的准确性两大难题，尤其是对于含多细胞多种复杂成分人体组织器官的构建具有独特的优势。

5.1 生物 3D 打印材料

5.1.1 生物 3D 打印水凝胶材料

5.1.1.1 水凝胶材料概述

水凝胶（hydrogel）是基于亲水性聚合物链形成的聚合物材料，性质柔韧近似天然组织，这使得其在组织工程等医药领域有着非凡的前景[1]，例如，再生医学[2,3]、伤口敷料[4]、医疗诊断[5]、生物医学植入物[6]及细胞培养[7]等。以水作为分散介质的水凝胶可以容纳大量的水，在溶胀状态下，水凝胶中水的质量分数通常远高于聚合物的质量分数[8]。因此，水凝胶作为水的载体在工农业及环境领域也被广泛应用。例如，橡胶工业[9]、食品添加剂[10]和农业[11]等。

常规水凝胶具有一定的化学稳定性，也可以通过降解溶进水性介质中[12]。通过物理、化学等交联剂可以使得凝胶中的聚合物链交联从而产生相变等性质变化。物理交联指的是通过分子链缠结、静电力、离子、氢键或疏水力等物理学相互作用使得水凝胶形成非永久性的聚合网络,这类水凝胶被称为可逆凝胶或物理凝胶。物理凝胶通常是可逆的,可以通过改变环境条件(如 pH 值、溶液的离子强度或温度)来溶解。化学交联指的是通过分子间的化学键交联形成稳定的、永久的水凝胶聚合网络。这类水凝胶被称为永久性凝胶或化学凝胶。化学凝胶可以通过聚合方式制备[13]。一般来说,水凝胶制备的 3 个组成部分是单体、引发剂和交联剂。亲水单体可以在多功能交联剂的存在下聚合,例如通过过氧化苯甲酰、过二硫酸铵等自由基生成化合物引发,或者利用紫外线、伽马或电子束辐射等产生主链自由基。然而这些过程通常会导致材料中含有大量残留单体,由于未反应的单体通常是有毒的,因此必须通过长时间或者高效的纯化过程来去除这些杂质,包括未反应的单体、引发剂、交联剂和通过不良反应产生的不需要的产物[14-16]。

水凝胶聚合网络的溶胀性、触变性、黏附性、环境敏感性、黏弹性等物理化学性质与水凝胶成分及结构有很大关系。交联后的水凝胶在水中不会溶解,且可以通过溶胀达到平衡状态。水凝胶溶胀的程度取决于两个力的平衡。一个是渗透性溶胀施加给水凝胶的作用力;另一个则是周边粒子传递给水凝胶的约束力[17]。一些水凝胶会对所处环境的变化或刺激产生响应。例如,温度、电磁场、光、压力、声音和 pH 值等,环境因素会导致环境敏感水凝胶产生物理学结构乃至化学性质变化。根据交联链上是否存在电荷,水凝胶可分为 4 类:非离子型(中性)、阴离子型、阳离子型,以及包含酸性和碱性基团的两性电解质,两性离子在每个结构重复单元中同时包含阴离子和阳离子基团,因此具有电荷的水凝胶也可以对电场产生相应响应。许多研究将这些环境响应机制的水凝胶应用于传感器等研究中[18]。

5.1.1.2　水凝胶的分类

根据水凝胶的来源可以将其分为天然水凝胶与合成水凝胶。水凝胶吸水的能力来自连接在聚合物分子链上的亲水性官能团,而其抗溶解性则来自聚合物分子链之间的交联作用,因此满足上述条件的天然材料和合成材料均符合水凝胶的定义[19]。

1) 天然水凝胶

天然水凝胶具有良好的生物相容性,且有着丰富的来源和低廉的成本,如海藻酸盐、明胶、透明质酸、壳聚糖、琼脂糖、卡拉胶和纤维素等天然来源的聚合物通过人工提纯后,被广泛地应用于药物控释、组织工程和再生医学等领域。

(1) 海藻酸盐。

海藻酸盐(alginate)是由海藻中分离出的线性多糖,它是 D-甘露糖醛酸和 L-古洛糖醛酸单体的复合物,是一种无毒、可降解的天然高分子材料,海藻酸钠的分子结构如

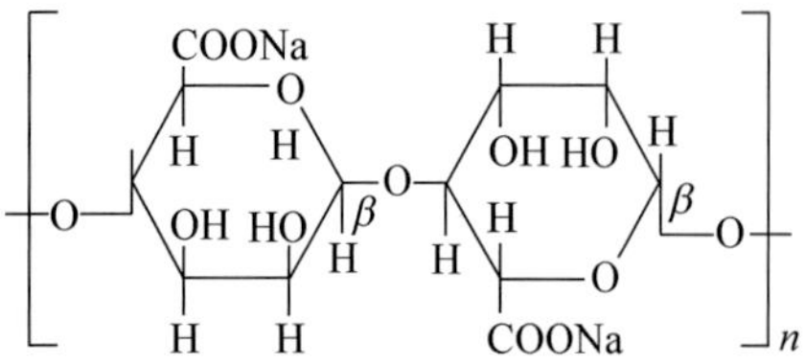

图 5-1 海藻酸钠的分子结构

图 5-1 所示。海藻酸盐具有易于塑形、亲水性好、生物可降解和来源丰富等优点,其构建的三维支架具有微压力环境,能携带大量种子细胞并维持细胞表型,有利于细胞的黏附和营养物质的渗透,且在体内经酶解作用分解后的产物对人体无毒害作用。因此,海藻酸盐常作为伤口覆盖材料、药物载体和细胞培养载体等。海藻酸盐常用离子交联法进行固化(如海藻酸钠-Ca^{2+}),其交联强度大,通常物理性能较好,但会影响胶内细胞的功能表达,不利于带细胞水凝胶组织的功能发挥。

(2) 明胶。

明胶(gelatin)属于多肽分子聚合物质,是胶原局部水解得到的可溶性蛋白,保留了胶原特定的氨基酸组成。明胶的分子结构如图 5-2 所示,其在冷水中膨胀,能够吸收 5~10 倍量的水,溶液黏度会随着机械搅拌而降低,轻度搅拌则降低后还可恢复,如激烈搅拌,则往往产生不可逆的结果。明胶继承了胶原的优点,具有良好的生物相容性,其富含的短肽可以改进细胞和材料的亲和性,因此被广泛用于组织工程研究。但明胶采用温度交联时,该过程是可逆的,它在人体温度(37 ℃)下呈液态,当温度下降至一定程度(如 20 ℃)时呈固态。

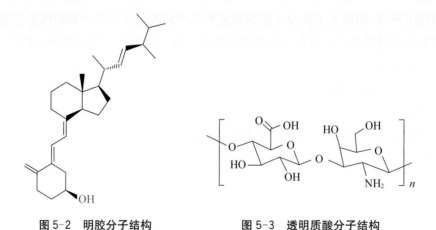

图 5-2 明胶分子结构　　　　图 5-3 透明质酸分子结构

(3) 透明质酸。

透明质酸(hyaluronic acid,HA)是一种天然透明的多糖体,是由 D-葡萄糖醛酸和 D-N-乙酸氨基葡萄糖重复构成的直链高分子多糖,广泛存在于动物各组织中,包括结缔组织、脐带、皮肤、人血清、关节滑液、软骨、动脉和静脉壁中等,其分子结构如图 5-3

所示。透明质酸对水有优异的亲和性,可以吸收 500～1 000 倍体积的水分,加上生物学性能稳定,是很好的组织填充物的选择。透明质酸在人体内发生折叠时会形成三维网络,产生生理学效应,包括产生流体阻力,维持体内水平衡和内环境稳定,影响生物大分子的溶解度、空间构型、化学平衡和系统渗透压,阻止病原体传播,引导胶原纤维分泌性物质的沉积。

2) 合成水凝胶

由于天然高分子的稳定性通常较差,性质不足以满足某些领域需求,存在容易降解、机械性能差等问题,可以通过物理化学手段对于天然水凝胶进行"修饰",合成具有丰富亲水基团的共聚物。人工修饰的合成水凝胶通常具有明确的分子结构,可以定向地调控其降解性和功能性,使其在特定条件下依旧能够保持功能稳定。近 20 年来,天然水凝胶逐渐被降解率低、吸水能力强和机械强度高的合成水凝胶所取代。

1954 年 Wichterle 和 Lim 提出第一个合成水凝胶[19],合成水凝胶至今仍是一个非常活跃的研究领域。尤其在生物医学领域,合成水凝胶的机械强度与生物性能之间的平衡也是一个备受关注的研究内容[20]。生物材料的 3D 打印作为一种新兴制造工艺,与其他支架制造方法相比,在打印过程中可以极大地减少人工操作的不稳定性,并且可以根据需求直接加入活细胞及生物因子等,受到了再生医学研究者们的关注。在早期研究中,天然水凝胶性质及制造技术的限制对生物 3D 打印产生了一定阻碍,而在过去的几年中,更为坚韧乃至具有特殊性能的合成水凝胶材料与进一步发展的 3D 打印技术相结合,以单种或多种水凝胶材料作为墨水构建复杂结构应用于生物医学领域。

5.1.1.3　水凝胶的性质

3D 打印水凝胶材料不仅具备现有修复材料的修复性能,具有独特的延展性、亲水性和组织相容性;还会对骨和软骨的相关信号通路进行调控,进而推动病灶部位的组织修复。由于 3D 打印水凝胶具有独特的优势,水凝胶在骨关节组织修复、抗感染甚至肿瘤治疗方面具有巨大的潜力。目前,水凝胶是最常用的 3D 打印生物学材料,其基本性质如下。

1) 生物相容性和降解性

生物相容性是 3D 生物打印材料的一个关键要素。它是指水凝胶材料在体内和体外不引起任何不良生物反应的能力。具体来说,生物相容性材料不会对细胞和身体产生任何毒副作用,不会引起身体过敏,在体内和体外降解时不会产生有毒副产物。3D 打印水凝胶的某些特性,例如材料温度,可以在整个 3D 打印过程中发生变化。材料在整个过程中不同条件下的生物相容性是另一个需要考虑的重要标准。在实验人员实验手段的调制下,3D 打印的水凝胶在体内被分解和重吸收是可取的。降解主要取决于基于几种机制的体积溶解。例如，水解（酯或酶）、光解、解扭以及这些机制的组合。3D 打印水凝胶材料的降解为细胞增殖、迁移和血管浸润创造了更多空间。

2）机械强度

水凝胶的机械强度可以从许多不同的角度来考虑。在某些情况下，组织形成主要取决于水凝胶的机械性能。理想情况下，水凝胶材料在整个 3D 打印过程中应具有良好的机械强度。水凝胶材料无论是在体外，还是后来植入体内，都会从各个角度承受压力和应力。因此，它们需要具有良好的抗压缩性。除了抗压能力外，抗拉力也是必不可少的。例如，人体膝关节软骨-骨界面每年可承受 1 MPa 的压缩应力。为了使水凝胶结构达到这种强度，可在水凝胶中添加羟基磷灰石等矿物颗粒以生产复合水凝胶，或者使用结合聚己内酯（PCL）支架进行共同打印等方法。

3）黏度

黏度是指流体响应外力流动的内在阻力。水凝胶的分子量、浓度和主要温度共同决定了它的黏度。一般来说，分子量和浓度越高，相应的黏度就越高。特别是在基于挤出的 3D 生物打印中，水凝胶应具有高黏度，因为它有助于抵消水凝胶的表面张力。此外，水凝胶液滴可以更顺畅地从喷嘴中挤出并进一步形成连续的线条，这确保了两条相邻的水凝胶链不会结合在一起。然而，高浓度的水凝胶不能形成良好的细胞外微环境。因此，优选低浓度的高分子量水凝胶。

4）剪切稀释

剪切稀释是指随着剪切速率增加而降低黏度的能力。通常，水凝胶体系的浓度越高，剪切稀释越明显。在 3D 生物打印过程中，水凝胶会暴露在设备内部的高剪切率下，黏度会降低，从而确保细胞的存活，确保 3D 生物打印的适应性。

5）适印性

现有的 3D 生物打印技术大多采用逐层的打印方式。因此，水凝胶材料在整个 3D 打印过程中需要保持其原始结构和形态。这意味着它们需要具有结构保真度和完整性。这种性质可能与水凝胶的黏度、表面张力、流变性质和交联机制有关，它可以使用标准化测试进行定量测量。评估可打印性的主要方法是分析 3D 打印的水凝胶材料在不同的打印压力、打印速度和程序化的纤维间距下表现出的纤维直径和孔径。目前，提高水凝胶可印刷性的主要方法是在水凝胶中添加易于打印的成分，形成复合水凝胶。

5.1.2 生物 3D 打印聚合物材料

5.1.2.1 聚乳酸-羟基乙酸共聚物

聚乳酸-羟基乙酸共聚物［poly（lactic-co-glycolic acid），PLGA］是由两种单体——

乳酸(lactic acid, LA)和羟基乙酸(glycolic acid, GA)聚合而成,其分子结构如图5-4所示,是一种无毒的、具有良好生物相容性和可降解性的高分子有机材料。PLGA的颜色为浅黄色或无色。因其具有良好的成囊和成膜特性,被广泛应用于生物材料工程、制药等领域。在美国,PLGA已通过了FDA认证。

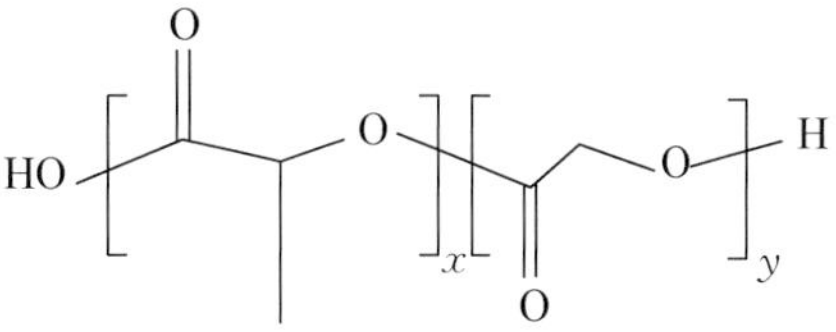

图 5-4　聚乳酸-羟基乙酸共聚物分子结构

PLGA通常有开环聚合法和直接熔融聚合法两种制备方法。合成方法不同,其性能也不同。例如,具有相同分子量的PLGA,通过直接熔融聚合合成与通过开环聚合法制备合成,其产物的熔点相差10 ℃,玻璃化温度相差5 ℃,分别为135 ℃、145 ℃和50 ℃、55 ℃。此外,PLGA因其组成成分(乳酸/羟基乙酸)不同而具有不同的特性,通过调整聚合物中的乳酸/羟基乙酸的比例,可以改变聚合物的熔点、玻璃化温度和降解时间等性质,如1∶9的PLGA的熔点为191 ℃,玻璃化温度为39 ℃,1∶1的PLGA的玻璃化温度为47 ℃,熔融峰不明显。改变其比例也能调控其降解时间到1周至6年。PLGA常常被用于药物控制释放体系构建、组织工程及骨内固定材料和医用缝合线等领域[21]。

5.1.2.2　聚乙烯醇

聚乙烯醇(polyvinyl alcohol, PVA)是一种单体,其分子结构如图5-5所示。聚乙烯醇为白色片状、絮状或粉末状,无味,在95 ℃以上可溶于水。化工级别的聚乙烯醇因其吸收后对人体有害。因此,在2017年被联合国列入3类致癌物。而医用级别的聚乙烯醇是一种安全性极高的高分子有机物,具有无毒、无不良反应、生物相容性好的特点。聚乙烯醇的物理性质受化学结构、醇解度和聚合度的影响,在聚乙烯醇分子中存在两种化学结构,1,3乙二醇和1,2乙二醇结构。聚乙烯醇的聚合度分为超高聚合度(分子量为25万~30万)、高聚合度(分子量为17万~22万)、中聚合度(分子量为12万~15万)和低聚合度(分子量为2.5万~3.5万)。常用的聚乙烯醇材料型号有PVA 17-92、PVA 17-99、PVA 17-99B等。

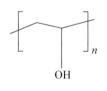

图 5-5　聚乙烯醇分子结构

医用聚乙烯醇的水凝胶在敷料、眼科和人工关节方面具有广泛的应用,而聚乙烯醇薄膜常被用于药用膜、人工肾膜等方面。其一些型号也已应用于面膜、洁面膏、化妆水及乳液中[22]。

5.1.2.3　聚乳酸

聚乳酸(polylactic acid, PLA)又称聚丙交酯,是以乳酸为主要原料聚合得到的聚酯类聚合物,其分子结构如图5-6所示。PLA是一种新型的可降解的生物学材料,可以被降解为二氧化碳和水。PLA 常常通过可再生的植物资源所提取的淀粉制备,将淀粉原料糖化后由一定的菌种发酵制成高纯度的乳酸,再通过化学的方法合成具有一定分子量的聚乳酸。制备方法为直接缩聚法、二步法和反应挤出制备高分子量聚乳酸。聚乳酸的物理性质稳定,密度为 $1.25\sim128$ g/cm^3,熔点在 176 ℃ 左右,玻璃化温度在 60 ℃ 左右,具有良好的生物相容性、可降解性、抗拉强度及延展度;聚乳酸薄膜具有良好的透气性、透氧性及透二氧化碳性,同时也具有隔离气味的特性。聚乳酸材料常被用于制备一次性输液工具、免拆型手术缝合线、药物缓解包装剂、人造骨折内固定材料、组织修复材料和人造皮肤等。

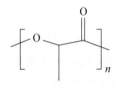

图 5-6　聚乳酸分子结构　　　　图 5-7　聚己内酯分子结构

5.1.2.4　聚己内酯

聚己内酯(polycaprolactone,PCL)又称聚 ε-己内酯,是一种 ε-己内酯单体在金属阴离子络合催化剂催化下开环聚合而成的高分子有机聚合物,为半结晶性的脂肪族聚酯,具有良好的生物相容性、生物降解性和生物吸收性,其分子结构如图 5-7 所示。聚己内酯的熔点在 60 ℃ 左右,在 25 ℃ 下密度为 1.15 g/cm^3。可以和聚乙烯、聚丙烯、聚碳酸酯等材料互溶。在自然条件下聚己内酯在 6~12 个月后可以分解为二氧化碳和水。聚己内酯常被用作手术缝合线、骨科内固定器件、伤口敷料和微纳米药物递送系统等。

5.2　生物 3D 打印工艺

5.2.1　宏观生物 3D 打印工艺

5.2.1.1　宏观挤出式打印

宏观挤出式打印(extrusion-based printing)主要分为气动挤出式、螺杆旋转挤出式和电机辅助挤出式三类(见图 5-8),根据打印环境又可分为气相挤出式和液相挤出式。气动挤出式打印采用将空气压力引入精密气动挤出装置,利用气压提供的动力推动活塞向下运动,通过调节空气压力的大小来控制挤出量;螺杆旋转挤压式打印利用螺杆与料筒对物料的摩擦和挤压作用实现物料的挤出,螺杆转动一次,就可以把桶里的材料向下推一个螺距。在挤出过程中，利用步进电机控制螺杆旋转的速度，实现挤出速度的定量控制，并在支架打印过程中精准调整纱线的用量；电机辅助挤出式打印结合了两者的优点，利用步进电机提供动力，通过推动活塞向下挤压，可以实现对挤压速度的定量控制。

挤出式生物 3D 打印方法能挤出含有细胞的生物材料，可以高精度、低损伤、低成本地打印大尺寸生物组织结构。Wei Sun 等首次利用气动挤出式打印方法使用藻酸盐构

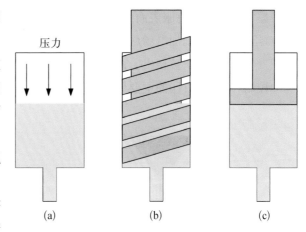

图 5-8　宏观挤出式打印
(a) 气动挤出式打印；(b) 螺杆旋转挤出式打印；
(c) 电机辅助挤出式打印

建了含有大鼠心脏内皮细胞(RHEC)的生物学活性支架，并基于 Poiseulle 方程等非牛顿流体半经验模型，建立了预测打印流速和几何形状的模型。Jakaba 等基于机械式挤出的方法，离散/连续挤出含有中国仓鼠卵巢(CHO)细胞的生物学材料，构建了厚度从几百微米到几毫米的管状结构。Kang 等研发了多材料挤出式生物 3D 打印机(integrated tissue-organ printer，ITOP)，可以实现多材料共同挤出打印，打印出了类下颌骨、类颅骨、类软骨和类骨骼肌等组织[23]。Liu 等研制基于挤出式打印的快速打印机，利用快速材料切换结构，将 15 个"生物墨水盒"与一个喷头联结起来，其打印速度是普通打印机的 15 倍。Noor 等首次利用挤出式液相 3D 打印的方法打印出类心脏结构，并在内部构建了大尺度血管结构[24]。

挤出式打印的主要限制是剪切应力效应和材料选择较少。挤压过程引起的剪切应力会导致细胞变形和损坏，当细胞密度过高时，喷嘴壁的剪切应力会导致活细胞数量下降。通过优化生物学材料浓度、喷嘴压力(理想情况下应尽可能小)、喷嘴直径和细胞密度等工艺参数，可以部分缓解这一问题。材料的选择是有限的，因为材料需要能够通过水凝胶包裹细胞。有限的材料选择范围、低分辨率和精度限制了挤出打印系统的应用。此外，对于生物悬浮液，需要足够高的黏度才能克服表面张力引起的细胞变形，然而，高黏度会导致喷嘴堵塞。因此，需要根据喷嘴直径优化黏度。

5.2.1.2　喷墨式打印

喷墨式打印(inkjet-based printing，IBP)有热泡式和压电式两种方法。热泡式喷墨打印中，加热元件通电后迅速达到高温，在喷嘴处墨水形成气泡，气泡产生一定的压力

使得墨水从喷嘴处克服表面张力被喷出。而压电式喷墨打印利用了压电陶瓷的逆压电效应,给压电陶瓷施加电场后,压电陶瓷膨胀、收缩变形,当压电陶瓷膨胀时,引起腔体体积发生变化,墨滴被挤出。此后,压电陶瓷收缩,墨滴液面被收缩,墨水液面得到了精确的控制,喷墨式打印的主要原理如图5-9所示。

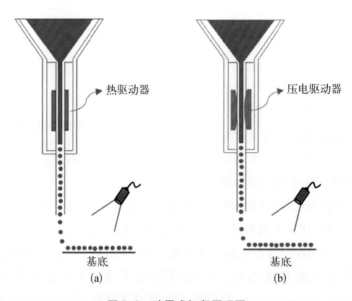

图 5-9　喷墨式打印原理图
(a) 热泡式;(b) 压电式

喷墨打印技术应用较早,相对成熟,其主要优点包括:① 喷墨打印可以集成多个喷嘴,同步打印细胞、生长因子、生物材料,能够构建异构体组织和器官;② 喷墨打印是一种非接触式的生物制造方式,喷嘴和培养基分开,因此,可以防止打印过程中可能发生的交叉污染;③ 喷墨打印速度快、效率高,有利于解决器官打印相关的生产时间较长、生物活性下降等问题,适用于大型组织制造;④ 喷墨打印液滴体积小,与单个体细胞大小相近,可以实现对单个细胞的精确操作。Cui 等[25]利用喷墨打印技术修复人体关节软骨,该系统通过控制细胞浓度、液滴体积和精度、喷嘴直径及打印细胞平均直径等工艺参数来打印细胞和生物学材料,实现了引导组织高效再生。Weiss等[26]开发了一种带有多喷嘴的喷墨打印平台来制造复合结构。他们将纤维蛋白原、凝血酶等多种生长因子与细胞一起精准地打印到小鼠的细胞颅骨缺损中,证明了原位打印的可行性。

第一台基于喷墨的生物打印机是通过改造商用喷墨打印机开发的。IBP 的一个缺点是生物墨水必须呈液态,然后固化形成固体结构。因此,这种方法只能沉积低黏度

(3.5～12 mPa·s)和低细胞密度的生物墨水。由于液滴喷射后固化的延迟,IBP 在垂直方向(Z 轴)的分辨率受到限制。尽管如此,IBP 因其高打印速度、高吞吐量、高精度和相对较低的成本仍被广泛用于打印皮肤、软骨、骨骼和血管。

5.2.2 微观生物 3D 打印工艺

5.2.2.1 静电纺丝

静电纺丝(electrospinning)是在静电场下,从泰勒锥尖端流出细流溶液或熔体继而冷却固化成聚合物纤维的过程。静电纺丝常使用黏度较高的聚合物溶液(常温)或熔体(高温),可制备出直径为纳米级的丝,最小直径可至 1 nm。

在静电纺丝的过程中,射流在电场力作用下发生弯曲、拉延和分裂,在极短时间(数十微秒)及较短距离(约 100 mm)内迅速变细并固化成纳米纤维。静电纺丝的过程可具体分为以下几个阶段:首先,聚合物溶液在高压电场作用下,在毛细管尖端形成泰勒锥;当所施加的电场力大于液滴的表面张力后,带电射流从泰勒锥体尖端射出,聚合物射流形成,并产生不稳定性鞭动,继而细流在喷射过程中溶剂蒸发,最终落在接收装置上,形成类似非织造布状的纤维毡,其原理如图 5-10 所示。

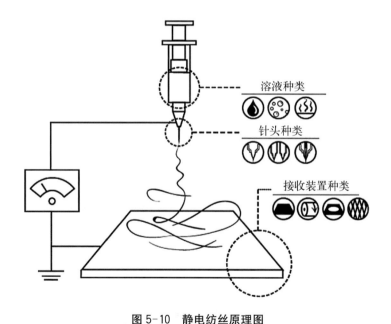

图 5-10　静电纺丝原理图

(图片修改自 https://en.wikipedia.org/wiki/Electrospinning)

静电纺丝技术在构建一维纳米结构材料中发挥了非常重要的作用。通过应用静电纺丝技术,可以制备各种结构的纳米纤维材料。例如,通过改变喷嘴结构、控制实验条件等多种制备方法,可以得到具有核壳结构的实心、中空和超细纤维,或具有蜘蛛网结构的二维纤维膜。通过设计多种收集器,可以获得单纤维、纤维束、高取向纤维或随机取向的纤维薄膜。现有的研究结果表明,在静电纺丝过程中,影响纤维性能的主要工艺参数主要有:聚合物溶液浓度、纺丝电压、固化距离(喷嘴到收集器距离)、溶剂挥发性和挤出速度等。

使用静电纺丝技术生产纳米纤维仍面临一些需要解决的问题。首先,在有机纳米纤维的生产中,用于静电纺丝的天然聚合物的种类还非常有限,对所得产品的结构和性能的研究仍在进行中,最终产品的大部分应用还处于实验阶段。其次,静电纺有机/无机复合纳米纤维的性能不仅与纳米粒子的结构有关,还与纳米粒子的聚集方式和协同性能、聚合物基体的结构性质及纳米粒子之间的结构界面性质等有关。生产合适的、高性能和多功能的复合纳米纤维是研究的关键。

5.2.2.2 电流体动力学打印

电流体动力学打印(electrohydrodynamic printing,EHDP)利用电场力喷射出高分辨率聚合物纤维或液滴($100 \text{ nm} \sim 20 \text{ μm}$),同时通过控制收集板的运动,将聚合物纤维或液滴沉积到特定的位置。当在两个电极之间施加高电压时会发生电晕放电现象。这个过程会导致与电极极性相同的离子向另一个电极移动,形成空间电荷并产生电流。当打印系统的打印头包含不同电荷的墨水时,如图 5-11 所示,在喷嘴和基板之间施加电压,正(负)粒子聚集在正(负)电极的喷嘴尖端,形成泰勒锥。随着电压的升高,静电电压克服了表面张力和黏度,最终将液体从锥体尖端喷射到基板上。

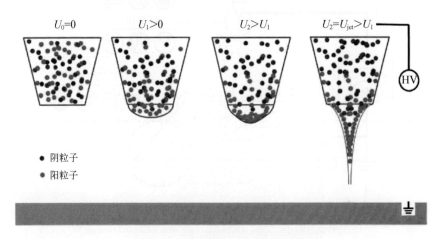

图 5-11 电流体动力学打印原理图

迄今为止,EHDP 技术已采用了广泛的材料,如天然聚合物、合成聚合物、无机材料、金属颗粒和生物学材料。为进一步实现射流的可控性，提高打印精度，EHDP 采用电流体动力学近场直写技术（melt electrowriting）。其原理是将接收器与喷射头的距离缩短，利用静电喷射出细丝的可控区间，实现纤维细丝的有序排列。

电流体动力学打印工艺可以用于打印直径低至数百纳米的纤维，并可以将其堆叠成具有一定厚度的三维结构。它的精度在目前的所有 3D 打印、微纳制造技术中都位于前列。通过调整温度（料仓、喷头、环境、接收器）、气压、电压差、接收距离和接收器移动速度等技术参数，可以提高打印的精度和图案的质量，适用于各种二维网格或三维构件。不过 EHDP 打印的结构通常体积较小，且较难精准堆叠高纵横比的三维结构。基于溶液的 EHD 技术，喷嘴到基板的距离通常缩短到数百微米以获得稳定的纳米纤维，导致溶剂蒸发不足，相邻层之间的黏合不稳。

5.2.2.3 光固化

常规 3D 打印技术，例如挤出 3D 打印、喷墨 3D 打印、熔融沉积成型或选择性激光烧结等打印方式均可用于制造组织工程所需支架。然而，这些打印方法均存在缺点。例如，挤出及喷墨打印中所涉及的剪切力或温度转变可能会抑制水凝胶内细胞的活力或损害生物墨水中其他生物学材料的活性。SLS 技术主要使用粉末材料，因此几乎不可能打印载有细胞或其他生物学活性材料的支架结构。而上述这些问题均可以通过生物光固化打印来解决。

生物光固化打印（lithography-based 3D bioprinting）是基于光固化的 3D 生物打印，是通过计算机分割模型后，利用光敏水凝胶的光交联反应分层成型的制造方式。在曝光区域，光敏聚合物由于交联作用产生固化，在未曝光的位置仍保持液态。常见的生物光固化打印包括立体光固化技术和数字光处理技术，其原理如图 5-12 所示。SLA 是第一种商品化的 3D 打印工艺，基于 CAD 模型的切片文件信息对光敏材料进行选择性激光固化[27]。在 SLA 打印过程中，激光以逐点的方式照射到液态感光材料上，形成固化层。第 1 层固化后，平台上升规定高度，再进行第 2 层光交联。重复此过程，直到打印出完整的形状。SLA 不需要通过喷嘴挤出，并且比挤出式打印更快、更准确和分辨率更高（<100 μm）。但是 SLA 在打印过程中会对细胞产生损伤，因此较少用于生物打印。

DLP 的制造原理与 SLA 的区别在于 DLP 是一种逐层成型的方法，不是点对点线性聚合树脂，而是一次固化一层，即一个模型被计算机分成多层，每一层都是基于光交联反应一体化成型，可以显著缩短打印时间[28,29]。此外，DLP 系统可以采用可见光代替激光来固化生物材料，对细胞的伤害更小，更安全高效。不过，由于受打印机面积和数字光镜分辨率的限制，相比 SLA，DLP 的可打印面积有所减少。DLP 的逐层成型可以支持控制细胞分布的需求[30]。现阶段，为了提高打印分辨率，制造出结构更为复杂的

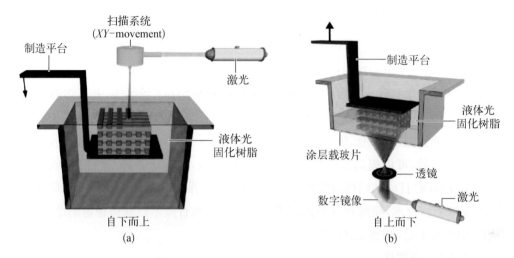

图 5-12　SLA 和 DLP 生物打印原理图

(a) SLA；(b) DLP

(图片修改自参考文献[27])

分层支架，通过多种策略进一步提高光固化打印设备的打印性能。同时通过对水凝胶的溶胀性能、交联密度以及细胞密度的调控来改善水凝胶在光固化打印中的制造精度[31]。SLA 和 DLP 的主要限制条件是只有少数光敏生物相容性聚合物可以应用于生物光固化打印中。但是通过合成水凝胶及光固化打印设备的进一步发展，将更好地构建出生物医学工程领域所需要的组织结构。

5.3　生物 3D 打印技术的应用

5.3.1　体外病理学模型

5.3.1.1　肿瘤模型

癌症的特征是高病死率、复杂的分子机制和昂贵的疗法。肿瘤的微环境由多种生化线索组成，肿瘤细胞、基质细胞和细胞外基质之间的相互作用在肿瘤的发生、发展、血管生成、侵袭和转移中起着关键作用。为了更好地了解肿瘤的生物学特征并揭示针对癌症的治疗方法的关键因素，建立体外肿瘤模型可以重现肿瘤发展的各个阶段，并模拟体内肿瘤行为，对实现高效且针对患者特异性的药物筛选和生物学研究具有重要意义。由于缺乏构建复杂结构和血管生成的潜力，构建肿瘤模型的传统组织工程方法通常无法模拟肿瘤发展的后期阶段。在过去的几十年中，生物 3D 打印技术已逐渐在肿瘤微环境构建中得到应用，可精准控制肿瘤相关细胞和细胞外基质成分的组成并组织良好的空间分布。生物 3D 打印技术可以高分辨率和高通量地建立具有多尺度、复杂结构、多种生物学材料和血管网络的肿瘤模型,成为生物制造和医学研究中的多功能平台。与传统的组织工程方法相比,生物 3D 打印提供了更加准确和适当的组合来构建复杂的肿瘤环境,同时还能够精确控制肿瘤细胞和细胞外基质(ECM)成分的空间分布,增强了肿瘤模型的仿生特性和功能。此外,生物打印肿瘤模型可以成功地概括患者体内肿瘤进展的类型和阶段,因此可用于基础生物学研究和更有效的抗癌药物筛选,最终实现个性化抗癌治疗。

通过生物 3D 打印构建的体外肿瘤模型在结构设计上可大体分为球状/无支架结构、纤维结构、网状结构和肿瘤芯片几种。由于肿瘤细胞在三维培养环境中总是表现出比二维培养时更接近体内真实情况的细胞行为和药物反应。因此,许多研究构建出具有受控尺寸和形状的,包含一种或多种细胞的三维细胞团以及形状结构多样的无支架肿瘤模型,用来模拟癌症研究中的某些肿瘤的发展、表型和细胞间及细胞微环境间的相互作用。这些无支架结构的肿瘤模型通常易于构建,且可以灵活调节不同细胞类型及肿瘤微环境组分的空间分布。然而,细胞球体的可成型性和稳定性不仅取决于制造方法,而且很大程度上取决于不同类型细胞的固有特征。此外,无支架结构难以实现一些复杂的空间设计,并且会给模型内部细胞间和微环境间活动及相互作用的观察带来一些困难。而与无支架结构相比,纤维结构的模型可以为不同细胞或微环境因子提供更明确的具有核壳结构的空间位置的设计,且同轴打印技术也可为生物墨水的成型过程提供新的交联方式。但这类模型在两种以上不同成分的空间分布的打印和观察上仍存在一些局限性。网状肿瘤模型是最常见的。这类结构打印过程简便,且具有相对较大的表面积,易与培养基等外界环境进行物质交换从而维持模型中的细胞活性,此外,这类结构可以为观察细胞和其他实验变量提供较为清晰的视野。然而,目前大部分网状肿瘤模型的设计过于简单,需要加入更多类型的细胞和生长因子等组分,使这些模型更加接近复杂的真实肿瘤微环境。同时,在结构、细胞类型和微环境因子等方面,根据肿瘤模型的应用场合,需要明确模型的合理简化程度。比如,对于疾病模型,应添加更多的微环境组分来忠实地再现体内肿瘤行为,而对于药物筛选模型,需要平衡模型的有效性和成本。肿瘤芯片可以大大提高体外肿瘤模型的复杂性,具有更近似的多种细胞及基质组成和分布,以模拟体内各种生理活动和对药物或环境刺激的反应。随着生物材料和生物打印策略的发展和改进,肿瘤芯片有望得到更广泛的应用,并为药物筛选和个性化治疗研究提供一个有价值的平台。

尽管生物 3D 打印技术在体外肿瘤模型的构建中展现出了不可替代的优势,但仍存在一些挑战。例如,在打印过程中和打印前后,需要控制多种打印参数和环境因素的影响,以维持细胞的活性、表型和功能,并准确反映外部环境刺激和模拟组织/器官的体内行为,这对模型的有效性至关重要。随着肿瘤类型和实验要求的变化,生物墨水的最佳配方也会发生变化,从而对生物打印技术和打印条件提出不同需求。因此,需要开发多种打印策略和多材料复合生物打印技术,实现多种细胞类型和个性化肿瘤模型微环境成分的复制。此外,体外肿瘤模型的有效性和可靠性的评价标准体系有待明确。尽管仍有一些障碍需要克服,但我们相信,随着生物 3D 打印技术和生物学材料的不断发展和改进,未来人们有望建立与实际体内情况非常接近的体外肿瘤模型,实现个性化肿瘤研究和药物开发。

5.3.1.2 血管模型

血管遍布人体各个器官。血管结构的特征为同心层排列,一般分为 3 层(见图 5-13),每层中细胞和非细胞物质的成分都有所差异。最里面的部分是内层,主要包

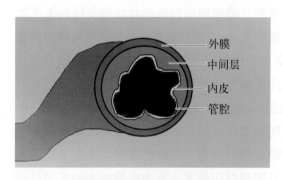

图 5-13 血管结构示意图

外膜
中间层
内皮
管腔

含单层内皮细胞(endothelial cells,EC),它们在血管腔和血管壁之间形成紧密的屏障。中间层则由Ⅰ型和Ⅲ型胶原组成的弹性组织以及平滑肌细胞(SMC)构成,在大动脉中相当厚,并且还可能包含神经。动脉逐渐分支形成小动脉,它具有与大血管相似的 3 层结构,但这些层的厚度更小。小动脉分支成毛细血管,在其管壁中,通常只有内皮细胞构

成的内层,并且通常不包含任何平滑肌。该结构特征允许血液中的溶质从管壁扩散出去到达周围的组织细胞。毛细血管重新聚集成小静脉。其管壁依然包含内皮细胞构成的内层,少量平滑肌细胞和弹性纤维构成的中间层,以及由结缔组织纤维组成的外层,但是各层厚度相对更小,多个小静脉连接形成静脉。

常规的生物性人工血管模型制造工程包括管状模具法和薄板轧制法。管状模具法是将生物材料注入,并使环形模具内部的生物材料交联固化。在薄板轧制法中,将一片细胞或无细胞生物材料轧制在预定的轴上,然后将其卷成稳定且均匀的管状结构。这些制造方法对血管结构、大小尺度均缺乏适当的控制。生物 3D 打印技术因其个性化制造能力强的特点,已经成为血管模型的重要制造新途径。其主要方法包括牺牲打印(sacrifice bioprinting)法和同轴打印(coaxial bioprinting)法。

牺牲打印法利用可逆转交联机制的水凝胶材料,如普朗尼克 F127(pluronic F127)、琼脂糖(agarose)和明胶等,打印人造组织中的血管通道,完成后通过变化温度或使用适当的溶剂将该材料清除,留下可灌注的管状通道,随后通过灌注等方法在通道内壁接种内皮细胞,形成密致的内皮细胞层。该通道可在组织中起到输送营养和物质交换的作用。该方法能够克服水凝胶打印性能不足和制造中空管道时缺乏支撑结构的问题,已

经可以用于打印具有完整组织形状和一定功能的 3D 血管化组织,虽然受到材料可逆交联机制的制约,但仍可作为较成熟的手段广泛应用于血管模型构建中。

同轴打印法利用具有内外两层甚至多层流道的特殊同轴喷头进行打印,作为支架的水凝胶材料,如海藻酸盐水凝胶和甲基丙烯酸酐化明胶(gelatin methacryloyl,GelMA)等,从环形流道中流出并迅速交联固化,直接形成中空的管状结构(见图 5-14)。同轴打印法由于其天然的多材料复合的特点,可以用于构建具有层次或是管腔结构的打印。该方法直接快速,且不要求水凝胶材料的可逆交联机制;同时,可具备形成多层管道的能力,在结构上更贴近人体血管,但是另一方面其打印的管状结构具有相对独立性,在打印多分支结构或与其他构建方式结合使用时会遇到困难。

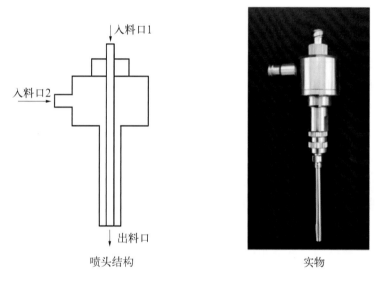

图 5-14　同轴打印喷头结构和实物图

5.3.2　体外组织/器官

5.3.2.1　皮肤

皮肤是人体最大的器官,约占成人总质量的 15%。它具有重要的保护、感知和调节功能,能使身体远离可能的入侵,维持身体循环。许多疾病和损伤会导致皮肤脱落、热损伤、划痕和糖尿病病足溃疡,每年导致数百万人出现全层皮肤缺损,并花费数十亿美元的医疗保健费用。传统组织工程皮肤的构建方法分为自上而下和自下而上两种基本方法。自上而下的方法是将种子细胞在多孔支架中培养、生长、增殖和迁移,并在支架降解过程中产生细胞外基质(extracellular matrix,ECM)及调节因子,最终获得成熟的细胞组织;自下而上的方法则是采用细胞团、细胞片或含细胞水凝胶等方式来构建微观组织模块,然后通过特定的三维排布可自组装形成细胞组织。以上方法对细胞和细胞外基质进行分离,或者依靠手工和模具制造,存在制备周期长、无法精确控制细胞和定位材料等问题,难以得到结构复杂的功能性人工皮肤。而生物 3D 打印的技术优势,可以有效地解决上述方法中存在的问题,在皮肤打印方面具有巨大的应用潜力。生物 3D 打印技术可通过多喷头打印(multi-nozzle printing)的方式,逐层打印细胞外基质(如胶原、海藻酸盐、甲基丙烯酸酐化明胶等)、真皮细胞(fibroblasts,FB)、血管内皮细胞和表皮细胞(keratinocytes,KC)等,形成具有多层皮肤结构和附属器官的皮肤组织,并具有一定的皮肤功能。

Geun Hyung 等于 2009 年打印了胶原支架,这标志着 3D 打印皮肤的开始,3D 打印皮肤的结构逐渐与人体皮肤结构相似。Vivian 等采用喷墨打印的方式首次打印含有真表皮结构的人工皮肤[32],他们以角质形成细胞和成纤维细胞作为构成细胞来打印表皮和真皮,而胶原蛋白被用作皮肤的真皮基质,通过优化打印参数以实现最大细胞活力以及优化表皮和真皮中的细胞密度,以模拟人体皮肤的生理学相关属性(见图 5-15)。组织学和免疫荧光表征表明,3D 打印的皮肤组织在形态和生物学上代表了人体皮肤组织。与传统的皮肤工程方法相比,生物 3D 打印在形状和形状保持、灵活性、可重复性和高培养通量方面具有多个优势。其在透皮和局部制剂发现、皮肤毒性研究以及设计用于伤口愈合的自体移植物方面具有广泛的应用。

Ng 等通过有序排布黑色素细胞和表皮细胞的方式构建了具有颜色的人工皮肤组织[33],生物 3D 打印方法有助于细胞液滴的沉积,通过角质细胞和黑色素细胞的预定义图案,可以模拟表皮黑色素单元,同时能够操控墨水微环境以制造 3D 仿生分层多孔结构(见图 5-16)。将生物 3D 打印着色皮肤结构与通过传统手动铸造方法制造的着色皮肤结构进行比较。对两种 3D 色素皮肤结构的深入表征表明,就存在发达的分层表皮层和存在连续的基底层而言,生物 3D 打印皮肤结构与天然皮肤组织具有更高程度的相似性,存在更好的封层表皮层和连续的基底膜蛋白层。

而 Kim 等通过结合血管模型的牺牲打印法,成功构建具有单血管通道的真表皮和皮下组织 3 层结构的皮肤模型[34]。他们开发了一种混合 3D 细胞打印系统,并设计了一种基于胶原蛋白的聚己内酯网状结构,可防止组织成熟过程中胶原蛋白的收缩,从而形成了带有功能性侵袭实验系统的人体皮肤模型(见图 5-17)。该皮肤结构的成纤维细胞密集的真皮通过使用挤压模块连续制造,角质形成细胞通过喷墨模块均匀分布在工程真皮上。该皮肤模型显示出良好的生物学特性,包括 14 天后稳定的成纤维细胞拉伸真皮和分层表皮层。同时,与传统培养相比,成本降低到 1/50。但是皮肤组织复杂,皮肤附属着血管、神经、汗腺和毛囊等多种器官,其体外完整构建的难度极高。目前,3D

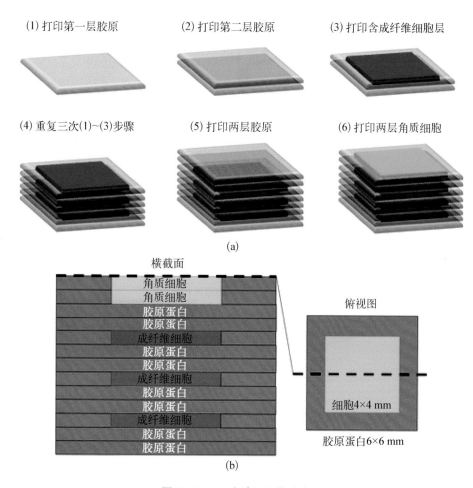

(1) 打印第一层胶原　　(2) 打印第二层胶原　　(3) 打印含成纤维细胞层

(4) 重复三次(1)~(3)步骤　(5) 打印两层胶原　　(6) 打印两层角质细胞

(a)

横截面

角质细胞
角质细胞
胶原蛋白
胶原蛋白
成纤细胞
胶原蛋白
胶原蛋白
成纤细胞
胶原蛋白
胶原蛋白
成纤细胞
胶原蛋白
胶原蛋白

俯视图

细胞4×4 mm

胶原蛋白6×6 mm

(b)

图 5-15　3D 皮肤组织构建方法

(a) 逐层打印胶原蛋白基质、角质细胞和成纤维细胞,以在单一结构中构建真皮和表皮隔空;
(b) 3D 打印皮肤组织的示意图,显示横截面(左)和俯视图(右)

(图片修改自参考文献[32])

打印皮肤仅在血管化方面有了初步的成果,含其他附属器官的人工皮肤 3D 打印方法尚在探索中。

5.3.2.2　骨关节

关节骨软骨缺损多由创伤、运动、先天畸形及老龄化等因素造成[35]。如果不采取干预治疗,严重者会发展为骨关节炎(osteoarthritis, OA)[36,37]。据报道,骨关节炎正在影响全球大约 15% 的人口[38]。当前,在中国大约有 1.2 亿人患有骨关节炎,60 岁以上的人群中有超过 50% 的人正在经受骨关节炎的困扰[39,40]。骨关节炎患者将随着老龄化社会的加剧而不断增加,在我国骨关节炎患者每年的治疗费用超 10 000 亿元人民币[41]。骨软骨缺损不仅给患者的日常生活带来极大的不便,而且对患者造成巨大的经济和心

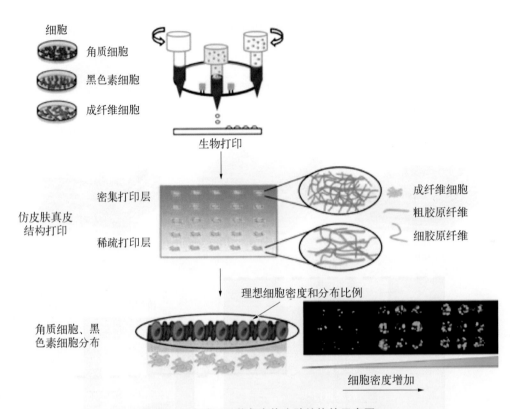

细胞
角质细胞
黑色素细胞
成纤维细胞

生物打印

仿皮肤真皮
结构打印

密集打印层
成纤维细胞
粗胶原纤维
细胶原纤维

稀疏打印层

理想细胞密度和分布比例

角质细胞、黑
色素细胞分布

细胞密度增加

图 5-16　打印 3D 着色人体皮肤结构的示意图

(图片修改自参考文献[33])

理负担。因此,迫切需要一种有效的策略来修复骨软骨缺损,以减轻广大患者的痛苦和社会的经济负担。

软骨和软骨下骨是独立而又统一的功能单位[42],共同维持着关节的完整性。软骨或软骨下骨的损伤都会破坏关节结构与功能的完整性,最终导致骨软骨损伤[43]。关节软骨和软骨下骨具有不同的组织学、生理学和力学特性,加上软骨组织缺乏神经、血管和淋巴管,代谢能力极低,一旦发生损伤很难自愈[44]。关节骨软骨缺损的修复,特别是透明软骨的再生,仍是当前关节外科领域亟待解决的难题之一。

近年来,生物 3D 打印技术在骨组织工程领域受到了越来越多的关注。像打印机需要墨水一样,生物 3D 打印利用活性生物材料或活细胞作为它的"生物墨水",不同于后期在支架材料表面复合细胞的传统方法,生物 3D 打印能够完成高密度活细胞、生物材料以及生长因子的共打印,并按需构建个性化的宏观及微观结构,实现种子细胞、生长因子和材料在空间位置上的精准装配,从而构筑起一个仿生的活细胞微环境[45]。此外,生物 3D 打印过程中还能通过调控支架的理化性能实现细胞与细胞之间以及细胞与周围环境之间的相互作用及信号传导的建立,构建具有生物学功能活性的组织或器官[46]。

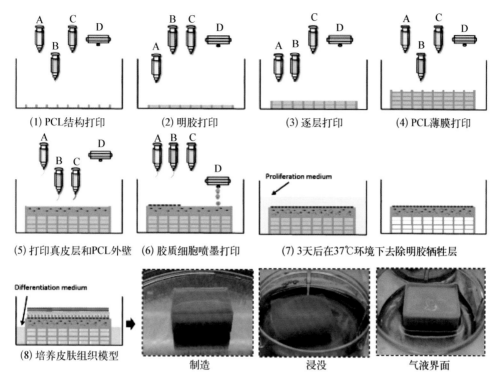

(1) PCL结构打印　　(2) 明胶打印　　(3) 逐层打印　　(4) PCL薄膜打印

(5) 打印真皮层和PCL外壁　(6) 胶质细胞喷墨打印　(7) 3天后在37℃环境下去除明胶牺牲层

(8) 培养皮肤组织模型　　　　制造　　　　浸没　　　　气液界面

图 5-17　3D 人体皮肤模型打印示意图

(图片修改自参考文献[34])

基于上述独特的优势,生物 3D 打印技术在骨软骨缺损的再生修复中得到了广泛的应用。例如,浙江大学第二附属医院严世贵教授团队构建 PRP-GelMA 水凝胶复合支架,并用于骨软骨损伤修复。通过长达 18 周的动物体内实验发现,该复合支架能够在长时间内有效地促进骨软骨修复,并调节修复部位周围免疫细胞向有利于组织修复的亚型极化[47]。上海交通大学附属第九人民医院王金武教授团队对丝素蛋白生物学改性和力学改性后,再利用生物 3D 打印技术一体化构建骨软骨双相支架并植入兔骨软骨缺损中。研究结果表明,基于丝素蛋白双重改性的骨软骨双相支架不但能促进骨软骨缺损的再生,还在一定程度上维持了透明软骨的表型[48]。上海交通大学林秋宁、周广东研究员联合设计了一种超快、高强及强黏的杂化光交联水凝胶技术。该类水凝胶技术能够满足关节镜手术实施软骨缺损修复的苛刻要求,即在水压环境下实现光固化操作,并通过负载自体软骨细胞的水凝胶支架材料,成功地实现了大动物(猪)负重区关节软骨缺损修复[49]。来自波士顿儿童医院心脏外科的 Melero-Martin 和 Lin 团队开发了一种仿生支架,可以快速自我维持软骨内骨化,而不会增厚软骨。这种方法也概括了软骨内骨化在人类骨再生中的作用[50]。哈佛大学医学院的 Shin 团队利用悬浮 3D 打印技术打印细胞微球并制造类软骨组织,结果显示,类软骨组织中的干细胞向软骨细胞分化,并表现出类软骨行为[51]。

骨组织是人体重要的组成部分,具有良好的组织再生能力,但在先天畸形、创伤、疾病或手术切除等造成的临界缺损下,需要在缺损处植入骨修复支架来辅助骨组织再生。骨修复支架要求具有可降解性以实现新骨对支架的取代,一定的力学性能以起到暂时的支撑作用,良好的生物相容性以便于细胞黏附生长,贯通的多孔结构以利于血管化与新骨长入[52]。使用生物3D打印方法制备的骨支架降解速度可调节,生物相容性好,且承载细胞的支架可加快血管化与新骨形成的速度。因此,在骨修复应用中十分具有应用价值。

Murphy等[53]研究了载细胞骨支架的挤出打印工艺。如图5-18所示,他们以聚己内酯/生物活性玻璃(bioactiveglass,BG)作为支架骨架材料提供力学支撑作用,基质胶(matrigel)作为载细胞材料,使用双注射器挤出打印系统,将两种材料分别逐层挤出打印,制备出具有良好力学性能的载细胞骨支架。该复合支架的生物学活性玻璃成分在2周内可控释放,支架总质量减轻约23%,说明其具有良好的降解能力;在培养基中浸泡2周后,支架表面形成羟基磷灰石样晶体,表明其具有很强的生物学活性与骨修复潜力。

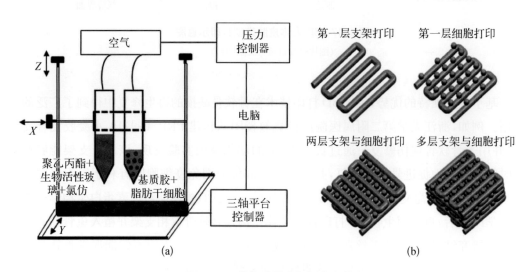

图5-18 载细胞骨支架打印工艺

(a) 挤出式生物3D打印装置原理图;(b) 支架打印过程

(图片修改自参考文献[53])

Nulty等[54]研究了生物3D打印支架的血管化与成骨能力,提出了一种可以提高支架血管化与成骨能力的制备策略。如图5-19所示,他们首先通过挤出打印的方式打印载细胞纤维蛋白基水凝胶支架,之后将复合支架包埋于小鼠背部进行预血管化,使用聚己内酯打印圆柱薄壁套筒作为纤维蛋白基水凝胶支架的支撑骨骼,将其移植到大鼠的股骨缺损中。研究结果表明,骨支架移植前的预血管化可以提高植入后的血管化水平,进而增强骨修复效果,临界缺损得到了良好修复。

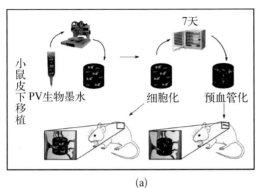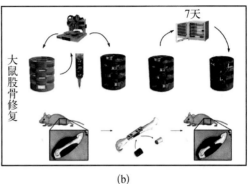

(a)　　　　　　　　　　　　　　　(b)

图 5-19　预血管化支架制备原理图

(a) 小鼠预血管化皮下模型;(b) 大鼠股骨缺损修复模型

(图片修改自参考文献[54])

生物打印骨关节的主要挑战之一是机械性能较弱。Cui 等[55]切除了动物股骨的一部分,在软骨部分制作了一个圆柱形间隙,在间隙中打印了聚乙二醇二甲基丙烯酸酯(PEGDMA)和人软骨细胞,如图 5-20 所示。采用同步光聚合技术,软骨细胞在 3D 结构中分布均匀,打印出来的 PEGDMA 压缩模量为(395.73±80.40)kPa,接近天然人体关节软骨的保持范围。目前,骨关节打印的主要挑战是关节内植入骨组织的稳定性以

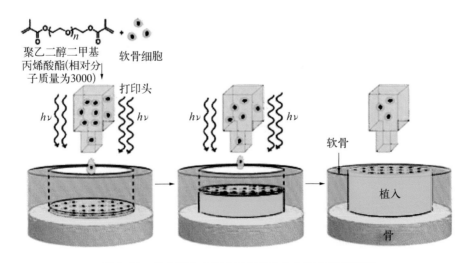

图 5-20　具有同步光聚合过程的生物打印软骨示意图

(图片修改自参考文献[55])

及植入物与周围天然组织的连接问题,这影响了骨关节的恢复,同时也促进了对骨关节结构、生物墨水的研究。

5.3.2.3　心脏

心脏是一个特殊的器官。一般来说,成年哺乳动物的心肌组织不具备再生和增殖能力。因此,由心肌梗死等疾病导致的心肌缺损难以自身修复[36]。生物3D打印为体外构建心肌组织提供了一种潜在的方案,并随着诱导多能干细胞的发展,可以逐渐向体外构建功能成熟的心肌组织乃至心脏发展。

目前,生物3D打印构建心肌组织的研究多集中在心脏补片的构建上。其中,打印技术的类别也繁多,包括传统的挤出式3D打印,也包括新兴的双光子3D打印。Zhang等采用同轴的挤出式3D打印技术,构建了一种具有内皮化管道结构的心肌组织[56]。如图5-21所示,通过对管道之间心肌细胞所处范围形状的调控,他们实现了对心肌细

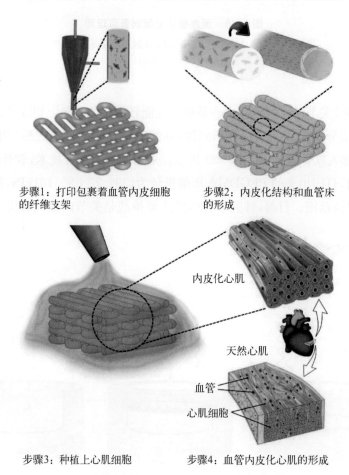

步骤1:打印包裹着血管内皮细胞的纤维支架　　　步骤2:内皮化结构和血管床的形成

步骤3:种植上心肌细胞　　　步骤4:血管内皮化心肌的形成

图5-21　3D打印心肌的过程

(图片修改自参考文献[56])

胞一定程度上的定向排布诱导。另外,他们通过药物测试,证明了内皮化管道系统对心肌细胞存活时间和存活率的促进作用,以及对心肌功能的提高作用。传统挤出式 3D 打印的缺点之一是分辨率不高,双光子 3D 打印克服了这一缺点。其激发原理决定了其分辨率可达到微米级。

Gao 等采用双光子 3D 打印技术构建了微观结构类似于大鼠天然心肌的微图案阵列[57]。如图 5-22 所示,他们将诱导多能干细胞分化而来的心肌细胞、内皮细胞和成纤维细胞等以一定比例混合并接种在该微图案补片上。在微图案的作用下,心肌细胞形成了一定程度的定向排列,并表现出优于随机排列的心肌细胞的成熟化程度和电生理学功能。心肌细胞在体外培养过程中产生了自主搏动,心脏补片移植入心肌梗死大鼠体内后也发挥了修复梗死心肌的作用。

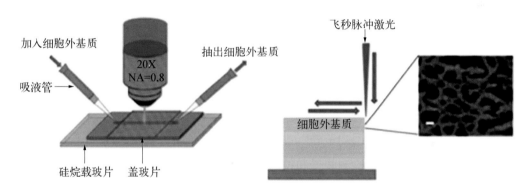

图 5-22　3D 打印人诱导多能干细胞衍生的心肌贴片(hCMP)

(图片修改自参考文献[57])

另外,Luna 和 Chen 等提出一种皱缩膜成型的方法[58]。该制造方法将聚苯乙烯(polystyrene,PS)或聚乙烯(polyethylene,PE)薄膜的两端固定,并通过加热使薄膜发生皱缩而形成周期性的微"褶皱"(见图 5-23)。随后,研究者或通过在微褶皱表面沉积一层金属,将其作为制备聚二甲基硅氧烷(polydimethylsiloxane,PDMS)模具的模板,或在微褶皱薄膜表面添加 Matrigel 涂层后直接用于细胞培养。由此方法获得的微褶皱的周期约为数百纳米至数微米,也达到了诱导细胞排列的效果。这种方法相对其他几种制造方法成本很低,且制造周期也较短。但是,该法只能用于制备单一的"微褶皱"图案,而不具备扩展到其他微图案的潜力。

生物 3D 打印在心脏的体外构建领域还有更广阔的发展前景。已经有研究者在开展利用生物 3D 打印技术在体外构建心脏腔体结构或者完整心脏模型的研究[24,59]。笔者认为,在不久的将来,在体外构建具有成熟功能的心脏将为万千心血管疾病患者带来曙光。

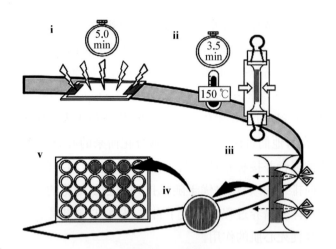

图 5-23　收缩膜褶皱形成的工艺流程

(图片修改自参考文献[58])

5.3.3　微流控芯片

5.3.3.1　概述

微全分析系统(miniaturized total analysis systems，MTAS)，也被称为"芯片实验室"，是由微流控控制装备、检测装置和控制检测电路板组成，类似一个生物或化学实

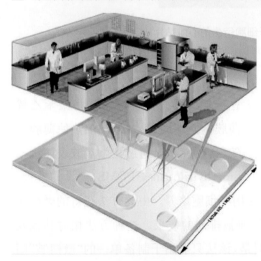

验室的功能聚焦于一块几平方厘米的芯片上。微流控芯片(microfluidic chip)是指一项在几微米到几百微米尺度下的流道里对微小剂量的流体进行各种实验操纵的先进技术，这一概念自 20 世纪 90 年代被提出以来已经取得了飞速的发展。微流控芯片最大的优势在于其高度的集成化能力，也是当前 MTAS 发展的热点领域(见图 5-24)[60,61]。经过 30 多年的发展，微流控技术已成为 21 世纪最热门的七大前沿技术之一，在医疗诊断、药物筛选、肿瘤研究和生命科学等多个领域广泛应用。

图 5-24　微流控芯片

(图片修改自参考文献[61])

5.3.3.2　微流控芯片制造工艺的进展

微流控芯片传统的制造工艺包括：① 刻蚀法，利用物理或化学手段直接在基底材料表面刻蚀微通道,得到预期的图案,但其对制备的环境要求很高[62]。② 模塑法,主要是基于聚二甲基硅氧烷(PDMS)材料的软光刻技术,目前是制作聚合物微流控芯片的常用方法,采用在带有微结构的模具上进行加热加压或者固化液体聚合物等工艺制备芯片基底。该法极大地推进了微流控技术的发展。其方法制备速度快,模具可重复使用,但精度有限[62]。③ 牺牲模板法,先将具有微通道结构的牺牲材料置于液体聚合物中,聚合物固化后通过加热或溶解的方法将牺牲模板材料除去[63-65]。该方法简单易学且成本低,但是无法个性化设计。然而,面对日益发展的微流控芯片的应用需求,现有微加工技术仍有较大局限性,包括:① 在生物医学应用中可选择的材料有限,且生物相容性较差,常见的加工材料局限于硅片、石英、玻璃以及有机聚合物等;② 微流控芯片制造成本与加工复杂程度和制造效率之间的矛盾限制了微流控芯片的广泛应用;③ 3D 结构的微流控芯片制造难度较大。传统微加工技术在 2D 平面结构的工艺已十分成熟,但是针对 3D 结构,尤其是高精度微流道加工和控制成为发展难点[64]。

不同于传统的微流控芯片加工技术,3D 打印在小批量、自动化及个性化生产方面具有极大的优势且经济环保。得益于数字化设计的优势,可以使用管理软件计算机辅助设计(management software computer aided design,MS-CAD)工具进行远程模块化设计和组装,且可在打印前使用有限元工具预测性能,精确计算打印成本等。这些都毫无疑问将对微流控芯片的制造工艺带来巨大影响和变革。近年来,基于 3D 打印制造的微流控芯片的各种应用正在大量涌现。常见的 3D 打印微流控芯片制造工艺方法如下。

1) 选择性激光烧结(selective laser sintering,SLS)

如图 5-25(a)所示,SLS 使用的"墨水"材料一般是聚合物粉末,通过激光烧结热处理而不是完全熔化粉末材料。通过聚焦的激光束沿一定路径对表面一层的粉末加热烧结成指定形状,每层烧结完成后,将平台下降一个层高,然后用辊将下一层粉末均匀地涂抹在烧结平台内以继续进行烧结。其优势是成本低,但精度较低,材料去除困难[65,66]。

2) 熔融沉积成型(fused deposition modeling,FDM)

如图 5-25(b)所示,FDM 通过气压或螺杆等形式推力,将喷头中的热塑性材料挤出在三维运动平台上,材料挤出后通过自然冷却等形式立即固化。这种方法可以使用具有较好生物相容性且廉价的聚合物,可打印材料广泛如丙烯腈丁二烯苯乙烯(ABS)、聚乳酸(PLA)、聚碳酸酯、聚酰胺和聚苯乙烯等。随着 FDM 技术的发展,已经可以使用无须加热的打印材料,且自动化程度高,如金属溶液、水凝胶和包含细胞的溶液等。但其精度较低,容易出现泄漏,工艺要求较高[65,66]。

3) 光聚合物喷墨打印(photopolymer inkjet printing,PIP)和基于喷墨的"黏合剂喷射"(binder jetting,BJ)

PIP 是一种简单的新型技术,也称为聚合物喷射(poly-jet)或多射流成型(multi-jet

modeling，MJM），其一般装载多个可独立控制的打印喷头，通过打印喷头三维运动控制，实现成型材料和支撑材料在不同位置处沉积，如图 5-25（c）所示。成型材料通常使用可快速紫外线光敏材料，支撑材料通常使用可去除的牺牲材料，例如可熔蜡。此方法精度较高，可打印材料广泛，且自动化程度高，但成本高昂，可打印流道结构有限。常见的光固化以及 FDM 打印中采用的材料为高分子聚合物，故难以满足热压印模具的 3D 打印要求。黏合剂喷射成型技术因其利用不同材料粉末成型，可填补金属模具成型的空白[65-67]，如图 5-25（d）所示。

4）分层实体制造（laminated object manufacturing，LOM）

如图 5-25（e）所示，叠层制造技术将单层的塑料、金属或陶瓷等材料激光切割并逐层组装来制造微流控芯片，其中会使用胶水或化学黏合剂来防止层之间分离。在纸基微流控芯片问世前，LOM 是低成本快速检测领域的一种不错选择，Yager 等在许多应用中就表示：聚酯薄膜叠层芯片在等电聚焦的基础上可以浓缩和分离蛋白质，进行快速免疫测定、电泳、裂解细胞并提取蛋白质，以及在无水储藏库中重构功能性蛋白质等。可制造具有高复杂度的三维流道结构，且成本较低，其劣势是自动化程度低，需要进行大量组装，在激光切割和黏合过程中容易积累碎屑，精度较低[65-67]。

5）立体光刻技术（stereolithography，SL）

SL 是 Chuck Hull 在 1986 年开发的第一种 3D 打印技术。在现在可用的所有 3D 打印技术中，SL 仍然是最成熟和最适合制造高分辨率和经济实惠的微流控芯片的技术之一。其原理是通过使用选择性曝光对料槽中的光敏树脂逐层聚合，将每一层投影为通过 3D 模型进行数字切片而获得的图像，逐层构建 3D 零件。基于数字微反射镜（DMD）是目前最常用的用于打印微流控芯片的系统，如图 5-25（f）所示。

SL 分为 2 种形式：自由表面和约束表面。在自由表面中，光敏树脂放置在储液器内。在储液器中，可移动平台逐层降低到液体光敏树脂中。每个单层的聚合发生在空气/光树脂界面。约束表面是当今实验室规模上用于制造微流控芯片的最常用配置，其中树脂在料槽的底部平面进行光聚合。树脂最常见的选择是丙烯酸酯或环氧基单体与光引发剂结合以触发光聚合过程[65-68]。

另外，现常用的高分辨率 3D 打印工艺是 2-光子直接激光写入（DLW），通常简称为 2-光子聚合（2-photon polymerization，2PP）。其原理是：用波长约为其吸收波长 2 倍的超短脉冲激光照射树脂，树脂必须是透明的，并且只有在激光的聚焦区域时强度才足够高，足以允许 2 个或多个光子吸收（这将诱导光聚合）。2PP 是一种广泛用于制造三维微米和亚微米分辨率结构的技术。其主要缺点是它的串行性，这使得这个处理过程相对较慢，并且大大地限制了打印量[68]。

可以预测，在未来的几年中，3D 打印将取代研究领域中大多数传统的微流控芯片

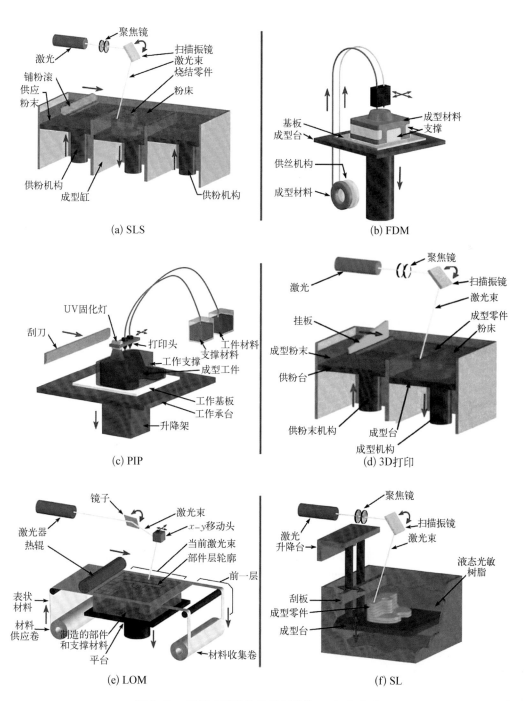

(a) SLS

(b) FDM

(c) PIP

(d) 3D打印

(e) LOM

(f) SL

图 5-25　适用于微流控芯片制造的 3D 打印方法

(图片修改自参考文献[8])

加工技术。3D 打印的优势在于：① 3D 打印具有数十微米范围内的高分辨率；② 有用于这些高分辨率打印的更广泛的可用材料。图 5-26 显示了通过多层层压和对齐的干膜快速成型方法制造的微流体结构[图 5-26(a)]和使用 SL 印刷制造的等效混合器结构[图 5-26(b)]的比较。使用商用 SL 打印机打印的结构比传统结构大一个数量级，通道尺寸为(1 000×500)μm^2。

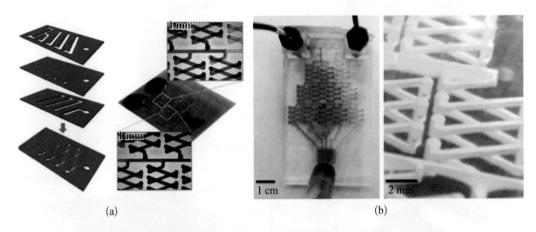

(a)   (b)

图 5-26　微流控快速成型和微流控 3D 打印

(a) 用于制造微流控梯度发生器的经典多步制造工艺(左图，多层手动组装工艺方案；
右图，组装好的微流控芯片)；(b) 使用立体平版印刷直接制造的相同设计

(图片修改自参考文献[9])

5.3.3.3　微流控芯片新型材料的兴起

传统的微流体装置是由玻璃和硅制成的，这不但需要复杂的刻蚀或光刻等工艺，而且这些材料本身的性质(如不具有透气性和弹性)更极大地限制了其应用。微流体领域的一个重大改变是更容易构造和组装的聚合物微流体的出现。一个重要的贡献是聚二甲基硅氧烷(PDMS)中微流控芯片的快速原型设计概念，它可使任何标准实验室都可以使用微流控设备，而无须任何专门的设备。

迄今为止，适用于高分辨率真正微流控芯片的快速原型制作和 3D 打印的材料选择相当有限。然而，在过去的 5 年中，已经引入了多种新型材料系统，这些系统允许对微流控芯片进行高分辨率 3D 结构化。以下概述这些新材料的最近发展，尤其是在生物技术微流体中应用较多的材料，包括生物相容性聚合物、透明玻璃、聚二甲基硅氧烷(PDMS)和聚甲基丙烯酸甲酯(PMMA)。

1) 生物相容性聚合物

微流控领域中，凝胶的研究引起了广泛的关注，其中用于微流控芯片的生物材料常

见有以下几类：① 海藻酸钠离子聚合后形成的海藻酸钙凝胶纤维是目前较为常见的一种。海藻酸钠具有一定的生物相容性，且与 Ca^{2+} 离子聚合速度极快，实现高通量印刷，常用于 PIP 打印。② 可光交联明胶甲基丙烯酰(GelMA)水凝胶，由明胶-纤维蛋白水凝胶组成，基质胶及明胶等凝胶材料多见于挤出式打印。其应用范围广，适合连续打印，凝胶的机械性能取决于材料本身[10]。③ 纤维素与硅胶纳米颗粒混合后自组装形成凝胶纤维网络，其含有大量水分，可长时间附着在燃烧物的表面。④ 其他类型，如纤维素类凝胶纤维、聚天冬氨酸凝胶纤维有较好的生物学降解性、壳聚糖类凝胶纤维可用于体外观察肿瘤细胞的生长转移[69,70]。

2）透明玻璃

透明硅酸盐玻璃是制造微流控芯片的最重要材料之一。出色的光学透明度、低自发荧光、高生物相容性以及高耐化学性和耐热性使玻璃对生物技术和生物分析应用非常有吸引力——尤其是在高分辨率分析和合成方面。但其在微尺度上蚀刻通常有危险，例如通过氢氟酸进行湿化学蚀刻[67-71]。

3）聚二甲基硅氧烷(PDMS)

PDMS 是实验室中微流控装置快速原型制作中最常用的材料之一。PDMS 在过去几年中塑造了生物技术和生命科学中的微流体领域，这是其他材料无法比拟的——结合了高光学透明度、生物相容性和透气性，也许最重要的是，易于处理和制造。其弹性特征适合于在微流体通道系统内结合膜、阀门和制动器以进行主动流体控制。PDMS 的缺点是其在有机溶剂中的溶胀倾向和吸收小疏水分子的倾向。光固化 PDMS 前体也已被广泛研究用于在基板上制造微流控芯片或微结构。未来可以用 PDMS 的高分辨率 2PP 与制造嵌入式微通道的方法相结合，利用快速原型材料之一来制造更复杂和高度集成的微流控系统[67-71]。

4）聚甲基丙烯酸甲酯(PMMA)

SL 打印的一个缺点是可用的材料都是交联的热固性材料。PMMA 是大规模生产中最常用的热塑性材料之一，可用于高分辨率直接打印。PMMA 是生物技术领域微流体的重要材料，已广泛用于蛋白质、DNA、氨基酸和肽的分析。它具有高度透明性和生物相容性，并具有低自发荧光。对于一次性微流体来说，它也是一种特别有趣的材料，因为它在高温下会分解成单体。为了实现这一点，已经开发了一种称为液态 PMMA 的 PMMA 预聚物，它是一种快速固化的黏性 PMMA 预聚物。液态 PMMA 已经用于基于 DMD 的光刻技术进行结构化，制造出具有数十微米分辨率的开放式微流体通道[67-71]。

5.3.3.4　微流控芯片技术的应用与发展

越来越多的微流体芯片用于在连续灌注的微米大小的腔室中进行活细胞培养，模拟组织器官的生理学功能。微流体设计的器官芯片具有巨大的潜力，它可以模拟组织器官的生理学及病理学参数（例如，氧分压、pH 值和间隙流量）、ECM 特征（例如，纤维密度、刚度和表面图案)和生化刺激(例如,化学引诱剂、趋化因子和生长因子)[71]。相比于传统常规生物实验室技术平台,微流控技术因其样品用量较少、分离检测具有高精度和高灵敏性、成本较低、分析时间短以及便捷移动式等优点。这些优势让其在疾病诊断、细胞筛选和肿瘤研究等领域具有极其广阔的发展应用前景[72]。

组织和器官的产生需要从胚胎发育的最初时刻就与脉管系统密切相互作用。当前的类器官血管化策略不能确保类似体内早期共同发育所需的时间同步和空间方向。类器官和脉管系统之间的空间相互作用是通过使用定制设计的 3D 打印微流控芯片实现的,以流体连接的微通道为特征的微流体装置实现组织细胞共培养,非常适合提供这种空间相互作用[73]。3D 打印和微流控技术已经在类器官芯片领域相互渗透。微流控技术在工程化人体组织,并最终涵盖所有器官,用于药物筛选、疾病建模和再生医学的天然功能,这是一项巨大的挑战。

考虑到 3D 打印技术的发展及微流控芯片的应用需求,微流控芯片 3D 打印具有以下几个发展趋势:① 扩展可打印芯片新型材料,提高打印效率和可行性,满足生物相容性,保证生物活性的医用需求材料。② 提高打印芯片的精度及成型质量。目前,3D 打印技术精度有待提高,研发更多复杂的流体结构,更加精准的控制系统,面向骨髓、角膜、肺、心脏、肝脏、肾脏、肠道、脂肪、骨骼、平滑肌、横纹肌、皮肤、血管、神经和血脑屏障等领域。③ 提升芯片制造的效率,实现自动化和批量打印,最大限度地节约成本。④ 提高个性化打印,模型面对复杂疾病的病理学环境,为寻求医疗帮助提供高通量、高特异性的微流控技术支持。微流控芯片技术蓬勃发展,为生物医学研究领域带来了新的机遇,但也伴随着巨大的挑战[74]。

5.4 生物反应器

诱导多功能干细胞(induced pluripotent stem cells, iPS cells)具有多向分化潜能,能分化成多种细胞和组织。干细胞的组织再生疗法是生物医学工程最热门领域之一,充分利用干细胞的潜能,修复受损的组织和器官。而干细胞培养的微环境是细胞生长分化的重要条件,能让组织中的干细胞保持长久的自我更新能力,对于干细胞执行正常的生理学功能发挥着关键的作用。通过三维培养系统,干细胞产生了类似于整个器官的结构,这类组织器官称为类器官[75]。类器官在结构、细胞类型组成和自我更新方面能够显示出原始组织的所有功能和特性[76]。例如,伤口愈合的最大难题之一是如何替代丢失和受损的组织或器官引起的缺陷。在再生医学中,已经提出组织工程技术通过体外生成组织来满足这一需求,但此类组织缺乏仿真复杂结构,且容易受到免疫排斥影响[77,78]。类器官的产生提供了一个与体内发育极为相似的复杂结构,与目前的器官移植治疗方法不同的是这种自体组织不会遭受免疫排斥反应的困扰,然而,形成这种复杂结构的类器官需要应用生物反应器的辅助[79]。生物反应器是利用酶或生物体所具有的生物学功能,在体外进行生化反应的装置系统。

在古欧洲,人们用牛胃盛牛奶,利用牛胃中的微生物把牛奶转化为奶酪,而这就是原始状态的人工生物反应器[80]。20 世纪 40 年代,用酶发酵来制备葡萄酒,开发了一种深层机械搅拌的生物反应器来生产青霉素,为生物制药领域开辟了新的篇章[80]。20 世纪 70 年代,随着基因工程和细胞工程的快速发展,生物反应器扩展到细菌和动植物细胞培养。生物反应器也向着新型、高效、多样化和大规模的方向发展。近几十年来,随着生物工程和组织工程的进步,生物反应器越来越接近于生物体内环境的培养条件,已经产生了不同用途、不同型号的生物反应器,并且性能日趋完善。

生物反应器在类器官治疗领域有巨大的应用前景。通过干细胞诱导形成的这些独特的组织具有对发育性疾病、退行性疾病和癌症进行建模的潜力[75,81]。此外,遗传障碍性疾病可以通过使用患者来源的诱导多功能干细胞引入疾病突变来建模[82]。使用类器官的疾病模型可以最优地模拟在人体内部环境中遇到的 3D 内环境变化[83]。模拟疾病的器官不仅可以应用于药物测试,同时可以更好地复制人类患者的疾病状况,而且还可以减少对动物的研究[84-87]。传统的培养模式中,干细胞以标准的二维(2D)模式培养,这种方法易受病原体污染,且不易操作,培养出的干细胞容易发生变异,细胞产量也受到一定的限制。生物反应器在一定程度上克服了这些问题,因为它们可以模拟身体的微环境,帮助系统地研究活组织的各种机械刺激和生物生化信号反应,并在受控环境中促进工业水平的细胞或组织培养[88]。生物反应器能够控制微环境条件,如 pH 值、温度、灌注方式、氧气张力、脉流速度和机械力等[89];也被广泛地应用于体外开发新组织,提供细胞增殖、分化以及产生细胞外基质所需的刺激和生化信号[90]。细胞可以对生物反应器提供的机械刺激作出反应,并在较短的时间内产生构建体最佳机械刚度的 ECM[91]。在组织中,ECM 为细胞提供功能和结构完整以及合适的生长条件,它具有相应的机械和生化特性,可以调节多种细胞功能,如细胞迁移和谱系分化[92]。不同的机械刺激可以引导干细胞沿着不同的谱系发育,并形成各种类型的细胞或组织[93]。因此,生物反应器在组织工程中起着关键的作用。

5.4.1　生物反应器的设计原理

生物反应器的设计原理秉承的原则是有可控的微环境和必要的机械刺激,这是最佳的细胞生长和生存所必需的。微环境的控制包括调节 pH 值、温度、氧气张力、灌注方式、脉流速度和无菌环境。机械刺激包括压力、重力、剪切力、离心力、静水压力和组织变形[93,94]。对生物反应器的这些参数和特性的控制不仅可以使研究可重复,而且有利于临床应用组织的常规生产[95]。

5.4.1.1 pH 值

在细胞培养过程中，严格控制 pH 值是至关重要的，因为细胞生长微环境中的 pH 值是相对稳定的，即使是很小的变化也会严重影响细胞的生存或导致细胞死亡。pH 值会影响细胞生长、单克隆抗体（mAb）的产生率和氨基酸吸收率。Trummer 等[96]证实了中国仓鼠卵巢（CHO）细胞在 pH 6.8 处具有最适宜的培养寿命，在 pH 6.9 处可得到最大的细胞密度。当碳源含量降低时，细胞活性显著降低，细胞代谢主要是乳酸消耗。在另一项研究中，灌注培养 CHO 在第 9 天 pH 值从 7.15 下降到 6.85，增加了细胞密度和寿命，提高了抗体的糖酵化和效力，同时维持了细胞活性[97]。总之，细胞培养过程中依赖于 pH 值。虽然一般认为 pH 值约为 7.0 是细胞生存的理想环境，但目前还没有相关的研究证实细胞凋亡过程中 pH 值的具体机制。

5.4.1.2 剪切力

三维机械刺激是细胞培养中的一个重要参数，在调节细胞和组织功能中发挥着关键作用。适当的剪切力会影响细胞生长过程中葡萄糖的消耗和乳酸的产生，并影响细胞的生长、形态和新陈代谢。适当的剪切力可以提高细胞的培养质量，但过度的剪切力可能会导致细胞破裂和细胞损伤。相关研究表明，不同的细胞对水动力应力耐限有不同的阈值。杂交瘤（Sp2/0）宿主细胞系的不影响其生长的最大剪应力为 25.2 Pa；而 CHO 宿主细胞株不影响其生长的最大剪应力为 32.4 Pa。但是，如果细胞系的培养过程中的剪切应力超过某个阈值，就可能会发生细胞凋亡[98,99]，适度的机械刺激可以促进细胞的生长。Liu 等[100]设计了一个可以机械地拉伸或压缩三维细胞水凝胶的膜平台，证明了机械刺激与胶原蛋白的合成和矿化有关，并可以促进骨骼的形成。机械刺激可以向组织或细胞提供机械力刺激信号，以改善和加速组织再生[101]。因此，在细胞培养过程中必须提供适度的机械刺激，但要避免超过细胞所能承受的阈值。

5.4.1.3 氧气张力

氧气对细胞的代谢至关重要，可以影响细胞的生理学状态和能量代谢。生物反应器中氧浓度是细胞培养中的重要参数，其可能会限制细胞生长速率。当氧水平太低时，会发生厌氧代谢，产生有毒代谢物，导致细胞生长停止或凋亡[102]。然而，缺氧诱导因子（HIF）在调节细胞的缺氧反应中起着关键作用。在缺氧应激下，丙酰羟化酶（PHD）活性降低，稳定的 HIFα 蛋白可诱导具有适应性功能的基因转录[102]。例如，在不同的氧浓度下，ECM 产生不同的软骨生成效果，并促进缺氧条件下的软骨的产生[103]。氧浓度过多会导致生物活性氧物质的病理性增加，对细胞蛋白质、脂质和核酸造成损伤，并影响细胞的生存能力[104]。然而，Shaegh 等[105]设计了一种恒定、高氧浓度培养人类皮肤成纤维细胞的生物反应器。3 天后，这些细胞表现出良好的活性。综上，氧气水平影响细胞的生理学状态。需要进一步的研究来充分阐明氧对细胞生理学状态的影响，从而确保生物反应器在开发过程中的设计质量。

5.4.1.4 温度

温度的变化会显著影响酶的活性。在细胞培养的生理学过程中，细胞的生长、蛋白质的产生和一系列的生化反应都需要酶来进行催化。因此，在细胞培养过程中，控制温度是至关重要的。生物反应器的应用可以稳定地控制细胞培养环境的温度，并且相关的研究已经证实了温度变化对细胞培养的影响。当温度高于最佳培养温度时，会促进细胞凋亡，影响细胞的生存能力。虽然热休克蛋白 70（HSP70）可以延迟半胱氨酸酶-3 的表达，增加细胞的寿命，并保护细胞，但它可以在不高于最佳细胞培养温度情况下阻止 G2/M 相细胞周期，同时，也有利于 mAbs 的产生[106,107]。当培养温度低于最佳温度时，也会影响细胞的生存能力和寿命。相关的研究表明，低温培养可以减缓细胞的生长和新陈代谢，延缓细胞的死亡，并延长 RNA 的半衰期[108]。当在 33 ℃ 的低温下培养时，单克隆抗体的聚集物将比在 37 ℃ 下培养时高出 2～5 倍，但当培养温度太低时，细胞周期将保持在 G2/M 阶段[109,110]。虽然在低温下培养可能会降低细胞代谢，并触发细胞凋亡，但目前还没有关于在低温下建立细胞网络的相关报道。

5.4.1.5 营养

在细胞培养中，营养物质的供应和代谢产物的去除会影响细胞的生理学状态。营养不足会导致细胞停止生长，加速细胞凋亡。此外，代谢物的积累会毒害细胞。细胞的主要营养物质包括葡萄糖、氨基酸、蛋白质和脂质。葡萄糖是主要的碳源，可直接向细胞提供腺苷三磷酸（ATP），并帮助防止或延迟细胞凋亡[111]。氨基酸可用于蛋白质合成，是三羧酸循环中中间体的前体[112]。胰岛素等蛋白质的存在可以延缓 CHO 细胞的凋亡[113]。当营养物质耗尽时，一些细胞可以通过合成三酰甘油并形成脂滴来维持细胞的活力。细胞代谢的副产物对细胞有毒，可导致细胞凋亡，主要的代谢和有毒产品包括乳酸和氨。在缺氧条件下，细胞通过乳酸发酵消耗葡萄糖，乳酸的积累导致细胞生长停滞，活性下降[114,115]。氨是一种谷氨酰胺的代谢物，氨的产生增加了细胞培养环境的 pH 值，从而影响细胞的活性[116]。因此，在细胞培养过程中，不仅需要为细胞提供足够的营养，而且需要随着时间的推移清理细胞不必要的代谢废物，以确保最佳的细胞活性。

5.4.2 生物反应器的类型

生物反应器根据设计原理的不同可分为 4 种类型，分别是剪切力诱导生物反应器、灌注生物反应器、静压诱导生物反应器和体内生物反应器。这 4 种生物反应器的设计简介如下。

5.4.2.1　剪切力诱导生物反应器

剪切力诱导生物反应器用于提供有效的物理刺激。这种生物反应器可以为软骨再生提供有效的机械刺激。最常用的是一款旋转瓶式生物反应器,其原型是旋转烧瓶,包括一个旋转容器、一个旋转烧瓶和一个搅拌室。研究表明,在羟基磷灰石、胶原质和硫酸软骨素支架上使用 6 周后,含有软骨源培养基的旋转瓶生物反应器中的软骨祖细胞可以分裂为成熟的软骨细胞[88]。研究还表明,在旋转生物反应器中培养 3 周后,骨髓衍生的间充质干细胞(MSC)可以被分化为软骨细胞。Takebe 等[88]研究结果表明,使用旋转生物反应器可以有效地形成软骨组织。在 6 周内,软骨祖细胞可分化为软骨细胞,在弹性纤维存在下产生大量聚蛋白多糖。

Chang 等[117]设计了一种基于剪切力诱导生物反应器的双腔生物反应器,它可在单个装置中使用双相支架生成骨软骨移植物。其所使用的设备包括 2 个管玻璃室,电磁搅拌器由穿孔硅橡胶隔膜分开,并连接到覆盖有双相复合支架的管。在注射 1 000 万猪软骨细胞之前,支架凝胶培养 4 周以获得软骨移植物。通过聚合酶链反应(PCR)和组织学检查进行的观察表明,在剪切力诱导生物反应器中的软骨再生效率很高。然而,这种方法有一些缺点,如由于搅动导致细胞损伤,死亡细胞数量会增加,同时也会破坏支架或破坏生物组织结构的完整性。此外,可能存在微载体粘连细胞或细胞团聚的现象。

5.4.2.2　灌注生物反应器

灌注生物反应器旨在通过液体灌注为细胞提供足够的营养物质和剪切力。在软骨组织工程中,灌注生物反应器可以为细胞或组织提供连续的机械刺激和营养物质,并通过新陈代谢清除废物。灌注生物反应器可以通过提高 ECM 的产生和软骨的质量以有利于软骨组织工程的过程,从而产生均匀的和具有与自然软骨相似的生物力学特性的软骨组织。大多数灌注生物反应器都是单向设计的,然而,Vukasovic 等[118]报道了一种新的双向生物反应器,用于双向灌注支架,以产生软骨移植物。与无细胞支架植入物相比,在生物反应器中产生的移植物已被证明可以加速急性骨软骨缺陷的修复。研究表明,在临床相关的慢性缺陷模型中生物反应器产生的移植物使缺陷组织修复得更快。灌注生物反应器可以有效地生成细胞分布极其均匀的结构,对多种支架和不同的间充质细胞类型有效,对细胞造成的损害较小,对支架的气体交换效果更好。然而,该系统需要复杂的设备、较高要求的实验条件、高度封闭的环境,且不易量化使用。

5.4.2.3　静压诱导生物反应器

静压诱导生物反应器对细胞伤害较小,可以产生稳定的生物组织或支架。这种生物反应器广泛应用于组织工程,主要用于软骨再生,并可以显著地增强软骨形成。静压诱导生物反应器通常由一个连接到单个电动泵的流体填充室组成,容器中充满水,表面放置注射器,注射器包括一个培养室和样品。通过电动泵压缩容器中的水,使注射器移动,并将静水压力传递到培养室。虽然有学者认为,动态静水压力对单层软骨细胞的生长比静态的静水压力更有效[119]。有趣的是,最近的研究表明,静态静水压力对 3D 培养中的软骨细胞更有效。Toyoda 等[120] 的研究进一步证实了这一发现,他们观察到 3D 胶原海绵上的未成熟牛软骨细胞暴露在 2.8 MPa 的静态静水压力下 15 天,在第 5 天和第 15 天显示产生了更高的糖胺聚糖。此外,三维培养中软骨细胞的动态静压负荷随着时间推移能够促进更好的组织形成和分化[120]。Correia 等[121] 证明在连续静水压力和 0.4 MPa 的静负载下,对冷凝胶包装的人鼻软骨细胞施加 0.4 MPa 的脉动静水压力 3 周后可促进组织形成。静压诱导生物反应器可以产生稳定的组织和支架,为高密度细胞培养和大体积组织培养提供了理想的条件。然而,由于剪切应力的降低,一些细胞失去了生存能力,这不利于研究流体剪切应力对细胞生物行为的影响。而且这种生物反应器中的培养物也容易出现废物积累和营养扩散减缓的问题。

5.4.2.4 体内生物反应器

体外生物反应器在一定程度上模拟了内部组织或器官的内部环境,但它们与实际的原生环境仍然有很大的不同。体内生物反应器的应用可以在靶材料内外形成血管,为支架内的细胞提供足够的氧气和营养,从而提高支架材料移植的成功率。体内生物反应器包括皮下植入、血管植入和肌肉植入[122,123]。如图 5-27 所示,Ding 等[84] 利用双相支架在裸小鼠皮肤下植入支架作为体内生物反应器来再生山羊股骨,并开发了一种再生组织和消除免疫排斥的新方法。软骨细胞与聚乙醇酸(PGA)纤维具有良好的生物相容性,并能观察到丰富的基质。软骨和骨质成分显示出精确的匹配,形成骨软骨结构。在裸体小鼠身上植入 10 周后,该结构形成股骨头状组织,具有光滑、连续的软骨表面。在横截面上能观察到均匀的、连续的和无血管的软骨状组织,在表面能观察到均匀的、完整的软骨状组织。如图 5-28 所示,Han 和 Dai 等[124] 开发了一种体内生物反应器,用磷酸三钙制造一种预制的血管骨移植物。在手术过程中,适当保存隐血管包和周

| (a) | (b) | (c) | (d) |

图 5-27 股骨头的构建和再生的准备

(a) 蓝色箭头指聚乙醇酸(PGA)纤维的生物相容性;(b) 蓝色箭头指聚-ε-己内酯∕羟基磷灰石(PCL∕HA)支架微通道中的细胞生长;(c) 骨软骨结构;(d) 黄色箭头指表层软骨样组织,红色箭头指骨样组织

(图片修改自参考文献[10])

围组织,制备自生肌肉膜,并将 β-TCP 颗粒和血管包包装到膜卷中。4 周后,微血管造影术和组织学方法证实了骨组织和血管网络的形成,同时组织学显示在 β-TCP 颗粒之间有新的软骨和骨组织生成。实验组观察到新生血管网络从血管束到新形成的骨组织的循环。Zhi 等[123]在腹部和背肌植入生物陶瓷支架以研究支架的骨生成和血管生成。6 个月后,与植入腹腔的支架相比,植入背部肌肉的支架骨化和血管生成更优。总的来说,体内生物反应器克服了体外生物反应器的缺陷,这保证了移植物的内外可以很好地为移植物提供氧气和营养,并为支架材料移植提供了一种新的技术手段和思维方式。然而,在体内,生物反应器需要更长的时间来培养,并可能对供体造成二次损害。

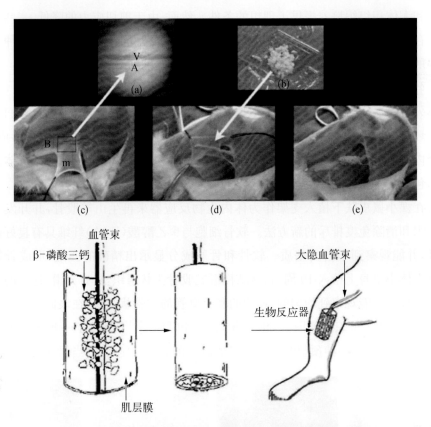

图 5-28 通过体内生物反应器预制血管化骨移植物的示意图

(a) 显微镜下的大隐动脉和大隐静脉;(b) β-TCP 颗粒;(c) 自体肌层膜的制备;
(d) 肌层膜上的血管束;(e) β-TCP 颗粒和血管束装在膜卷中

(图片修改自参考文献[50])

5.4.3 生物反应器在医学领域中的应用

生物反应器被广泛地应用于医学领域,如骨、软骨、心脏、血管、肝脏、肾脏、皮肤和神经的再生。随着生物工程和组织工程的发展,生物反应器的设计、研究和开发将得到极大的改进,使我们能够实现与自然体内环境相同的培养条件。目前,不同的生物反应器已经被开发并得到了广泛的应用。

5.4.3.1 骨组织工程中的生物反应器

生物反应器已应用于骨组织工程,并成功地形成了骨骼。旋转烧瓶生物反应器是用于成骨形成的经典生物反应器,它由一个容量瓶和一个磁性搅拌转子组成。电磁棒的旋转为细胞支架提供了持续的剪切力和营养灌注,并促进了气体交换。骨骼的特征之一类似于组织工程中的血管组织,它们都需要营养成分和氧气的灌注。在体内,施加在骨骼上的载荷会使流体流过骨骼,而切应力会影响成骨细胞和骨细胞分化并矿化[125]。如图5-29所示,Li等[126]开发了一种人类骨髓来源的间充质干细胞(hBMSC)的灌注生物反应器培养物,支架主体材料为磷酸三钙,通过该装置研究了流动剪切应力和质量运输对骨组织工程的影响。将细胞播种到支架上,并在具有不同流体流动剪切应力或不同质量运输的灌注生物反应器中培养,28天后,通过成骨分化和组织学评估支架的矿化能力。增加流动剪切应力增强了hBMSC的成骨分化,并促进了ECM的矿化。因此,连续的剪切应力和灌注在设计骨形成的生物反应器中是必不可少的。

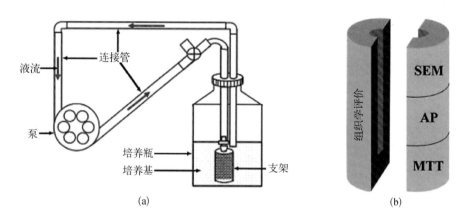

图5-29 灌注生物反应器系统和实验过程示意图

(a) 灌注生物反应器的基本结构;(b) 主要实验总结(SEM—扫描电子显微镜;
AP—碱性磷酸酶;MTT—3-(4,5-二甲基噻唑-2-基)-2,5-二苯基溴化四唑)

(图片修改自参考文献[52])

Mygind等[127]在珊瑚多孔支架上培养人的间充质干细胞,在旋转瓶上的增殖和分化比静态对照增强。Nokhbatolfoghahaei等[128]在旋转烧瓶生物反应器中培养明胶/β-磷酸三钙支架24天;他们的研究表明,在旋转生物反应器中,与静态生物反应器相比,骨钙素和矮小相关转录因子2的表达水平显著增加,碱性磷酸酶和胶原蛋白I也显著增加。此外，在扫描电子显微镜(SEM)下观察到，由于旋转和灌注，细胞能更好地分布于支架中。旋转瓶产生的剪切力可增强早期成骨细胞标志物碱性磷酸酶和晚期成骨细胞标志物骨钙素的形成。旋转瓶生物反应器能够提供持续不断的剪切力和营养灌注，且能更好地进行气体交换，但也会对细胞或支架造成机械伤害，从而影响细胞的活性和存活率。

5.4.3.2 血管移植物的生物反应器

生物反应器在血管组织工程中很重要，可以用于密切检查和控制物理、生物化学和力学反应。传统的血管生物反应器包括 4 个主要部件：培养室、电动泵、介质储罐和温度控制器，所有装配单元都有电路回路。这个循环包括 2 个独立的循环：一个孵化循环和一个培养基补充循环。电动泵产生一个脉动流，驱动介质通过孵化循环，以提供氧气和营养。单路泵将净化后的介质驱动进入培养室，使用的介质进入交换器，更新氧气，补充营养，清理培养基补充循环中的废物[129]。Song 等[129]开发了一个血管生物反应器系统，包括以下组件：pH 传感器、缓冲驱动的 pH 控制器、溶解氧(DO)传感器、泵驱动的 DO 控制器、臭氧发生器、位置检测器和贯穿整个系统的力检测器。该设备是为了模拟维持血液供应平衡。这在体外完全由计算机控制，并提供了类似于生理学条件的物理刺激和流体力学。血管样本在计算机控制的血管设备系统中培养，并为其提供 2 周的动态和静态条件培养。

5.4.3.3 心脏瓣膜的生物反应器

组织工程心脏瓣膜(TEHV)在瓣膜疾病的治疗中起重要作用。TEHV 生物反应器由 2 个单元组成：一个电动泵和一个培养室。培养室被分成 2 个隔间，由一个隔膜隔开。TEHV 支架被固定，其一侧是一个单向阀，与 TEHV 开口相反，隔膜在中间。当脉动泵启动时，它将驱动培养基通过 TEHV 固定装置进入远端腔室。这使得培养基通过单向阀进入外部隔室，回到近端隔室，在隔室和隔间之间形成一个流动回路[130,131]。Vedepo 等[132]开发了一种生物反应器来研究低氧和正/负循环压等参数对心脏瓣膜细胞学的影响，证明了非生理参数的调节可以增加组织工程心脏瓣膜小叶的体外再生细胞学。

5.4.3.4 组织工程皮肤移植物的生物反应器

为了获得更大的自体皮肤，外科医生通常会采用切割皮肤移植或使用分裂厚度的皮肤移植技术。Ladd 等[133]开发了一种皮肤生物反应器，以提供培养过程中连续的物理机械动力负荷，并获得更大面积的移植皮肤。该反应器携带一个伸缩器，可以固定皮肤组织或支架，并可以由培养箱内的线性电机驱动。卷收器被编程为使固定的培养组织或支架在一个方向拉伸原来长度的 20%，这将导致在 5 天内组织面积增加 1 倍。然而，皮肤移植的过程需要无菌条件，因此生物反应器需要加强维护。

5.4.3.5 神经组织的生物反应器

在周围神经损伤中，最常见的修复技术是直接行端端缝合。当神经末梢断开，不能在没有压力的情况下进行缝合时,需要间隙桥接和自主神经群移植来进行神经修复;然而,自体供体神经移植会导致损伤部位失去感觉和活动能力。因此,研究获得神经移植物的方法至关重要。神经组织移植是一种具有前瞻性的神经替代方法[134]。神经组织需要密集的培养条件,这对诱导分化和整合更加困难。Sun 等[135]开发了一套用于神经导管的生物反应器设备,包括一个 Petri 盘、一个电动泵和一个培养基容器。荧光显微镜证实,在该生物反应器中培养的施万细胞可以沿着垂直轴黏附和排列[135]。Suhar 等[136]在神经损伤模型中开发了弹性蛋白(ELP)作为腔填充物,证明了 ELP 增强了神经树桩之间的组织连接,为神经修复提供了一种新的方法。该反应器是神经移植的一种新工具,可以为未来神经再生研究提供进一步的思路。

生物反应器已被用于有机样组织工程的几个方面,并在该领域取得了相当大的进展。各种器官样组织工程应用的生物反应器总结见表 5-1。

表 5-1　不同类型组织工程的生物反应器

研究内容	组织类型	生物反应器的特性/零部件	已使用的支架	所使用的单元格类型	试 验 结 果
Takebe 等[116]	软骨	剪切力	多孔材料由胶原蛋白、羟基磷灰石和硫酸软骨素支架组成	软骨祖细胞	增强型蛋白聚糖
Chang 等[117]	软骨	剪切力	明胶和一种由钙化的牛骨制成的磷酸钙嵌块	猪类软骨细胞	支持软骨的形成
Vukasovic 等[118]	软骨	灌注	Ⅰ型胶原蛋白和 MgHA	鼻部软骨细胞	增强的软骨形成
Toyoda 等[120]	软骨	静液压力	琼脂糖凝胶	人类软骨细胞	高骨物和胶原Ⅱ mRNA 的表达
Correia 等[121]	软骨	静液压力	盖兰凝胶水凝胶	人的鼻部软骨细胞	增强的软骨形成
Candiani 等[122]	软骨	静液压力	脱波	牛属软骨细胞	增强的差异化功能
Mygind 等[127]	骨	剪切力	珊瑚状羟基磷灰石	人类 MSC	增强的成骨细胞标记物-碱性磷酸酶和成骨钙素

续　表

研究内容	组织类型	生物反应器的特性/零部件	已使用的支架	所使用的单元格类型	试 验 结 果
Nokhbatolfoghahaei 等[128]	骨	剪切力	明胶/β 磷酸三钙	人类 MSC	增强成骨基因和碱性磷酸酶的表达
Song 等[129]	血管	① 计算机控制的生物反应器设备；② 两个独立的循环：孵化循环和介质补充循环	兔脱细胞化主动脉组织	大鼠主动脉内皮细胞（EC）和平滑肌细胞	细胞增殖率的提高与小直径血管结构的成功收获
Wolf 等[137]	血管	① 离心式控制单元；② 压力传感器；③ 流量传感器	纤维蛋白支架和聚氟网	人脐动脉平滑肌细胞	沉积了胶原蛋白Ⅰ和胶原蛋白Ⅲ
Gökçinar-Yagci 等[138]	血管	液体流体培养物	聚氨酯	间充质干细胞	再生的功能小直径容器
König 等[131]	心脏瓣膜	① 单向流动室；② 脉冲流量模型	聚氨酯脚手架	人胚胎干细胞和成纤维细胞	黏附细胞的高密度
Vedepo 等[132]	心脏瓣膜	氧气控制系统和压力控制系统	牛型主动脉瓣膜和心脏瓣膜	间充质干细胞	心脏瓣膜小叶的再细胞化的增加
Converse 等[139]	心脏瓣膜	机械调节系统	脱细胞化的牛主动脉瓣	人的间充质干细胞	机械刺激并不影响心脏瓣膜的再生
Ladd 等[133]	皮肤	① 传统的孵化器；② 可编程的线性电机驱动装置	无	人的包皮	收集较大的皮肤移植物，同时保持细胞的生存能力，增殖的潜力
Huh 等[140]	皮肤	① 培养单元；② 环境控制单元；③ 监控单元	无	猪皮	快速和成功地获得大尺寸的完整的皮肤
Sun 等[135]	神经导管	硅酮管作为管腔	聚合黏胶、人造丝纤维和聚苯乙烯超细纤维	施万细胞	细胞黏附

续　表

研究内容	组织类型	生物反应器的特性/零部件	已使用的支架	所使用的单元格类型	试 验 结 果
Vadivelu 等[141]	神经导管	微通道阵列	液大理石	OEC、神经碎片和脑膜成纤维细胞	提高了移植细胞的存活率和黏附性
Suhar 等[136]	神经导管	ELP 作为内质网填充料	硅胶管，类弹性蛋白蛋白水凝胶	神经祖细胞	增强的神经修复功能

注：MgHA—镁羟基磷灰石；MSC—间充质干细胞；EC—内皮细胞；OEC—嗅鞘细胞。

5.4.4　生物反应器的应用前景

在骨和软骨组织工程中，生物反应器已被广泛使用，可有效促进细胞产生细胞外基质。由生物反应器提供的适当的机械刺激可以有效地促进骨骼和软骨的形成。旋转型生物反应器可以改善骨形成相关基因的表达[142]。对灌注生物反应器中骨细胞的刺激增加了骨形成标志物和样品矿化的水平[143]。虽然从先前的研究中得到了令人鼓舞的结果，但骨和软骨工程所需的最佳生物化学和生物力学的独特影响因素需要在体外进一步研究。虽然生物反应器在血管组织形成中的作用尚未得到全面的评估，但灌注和液体流动证明了促进血管组织形成的潜力[144]。随着皮肤移植物组织工程的迅速发展，几种生物反应器在体外被用于皮肤生成。用于神经组织工程的生物反应器还处于起步阶段，目前仅有的研究表明在体外是有神经组织形成的。

生物反应器已被证明在类有机组织再生方面非常有效，适用于临床应用的大规模三维组织构造或替代物生产也取得了巨大的进展。但是，大多数生物反应器仍然存在一些缺点，如低效、耗时和操作复杂。因此，生物反应器需要进行优化来满足临床需求。除了大量生产组织替代品外，生物反应器在类器官生产设计的另一个发展趋势是协助开发个性化的人造器官。未来，我们希望能在类器官药物筛选离体实验、个性化人造器官的开发和大规模快速生产人造器官等方面对生物反应器进行更进一步的研究。

5.5　生物 3D 打印机器人

5.5.1　原位生物 3D 打印简介

生物 3D 打印是一种新型的生物制造技术，是传统 3D 打印行业与生物医学结合的新兴领域，在组织工程修复和解决器官短缺方面具有广阔的应用前景。可以通过使用医学成像数据为植入物的设计提供信息，根据缺损部位量身定制植入物。但是由于生物 3D 打印设备较大,操作复杂,难以直接在手术中打印。而术前预制,在体外打印培养后再进行移植,又有诸多限制,存在一定风险[145]。因此,原位生物 3D 打印技术也就应运而生。原位生物 3D 打印即在体内缺损部位直接进行生物打印,使其在体内生长增殖,修复缺损部位。其按照执行模式一般可分为机器人模式和手持模式[146]。机器人模式即使用机器人配合打印设备进行打印。打印的模型提前由计算机建模,再由切片软件切片规划路径,可使打印精度更高,打印过程更可靠。手持模式则是由人控制,无须提前建立模型、规划路径,打印的形状完全人为控制。这两种模式各有优缺点,机器人模式效率更高,但是造价高昂。手持模式临床应用方便,可操作性更强。

5.5.2 生物 3D 打印机器人概述

生物 3D 打印机器人是实现原位生物 3D 打印的方式之一,是将计算机技术、机器人技术同生物 3D 打印技术结合起来的新兴产物。这种打印方式可以实现在临床中直接原位打印组织,从而进行组织修复。无须在体外打印培养后再进行移植。因此,简化了手术步骤,降低了手术风险。生物 3D 打印机器人的出现可以使医生针对不同类型的疾病,制订符合患者实际情况的治疗方案,在组织工程再生领域具有广阔的应用前景。

5.5.3 生物 3D 打印机器人在医学领域应用的研究进展

将机器人技术和计算机辅助干预技术同生物 3D 打印技术结合起来,可以使生物 3D 打印更加精准、稳定和高效。这些进展将使研究人员开发出更具创新性的手术方案和治疗方法。可直接在手术中应用的生物 3D 打印技术可以更精准地进行组织缺损修复,实现更快、更有效的组织缺损愈合[147]。东南大学王兴松教授团队在 2016 年设计了一种六自由度的机器人辅助原位生物 3D 打印,如图 5-30 所示。该机器人打印表面误差小于 30 μm,骨软骨缺损在 60 s 左右即可修补,且利用这种方法打印的再生软骨的生物力学性能与体外培养植入的软骨基本相同。因此,由机器人辅助的原位生物 3D 打印的再生软骨能够促进软骨再生[146]。英国思克莱德大学生物医学工程系的 Dr Wei Yao 团队开发了一种基于远程变化管理(remote change management,RCM)机构的机器人系统,如图 5-31 所示,用于治疗膝骨局灶性软骨缺损。这种方法最大限度地降低了再生医学中支架污染的风险,并且省略了体外支架准备步骤,降低了感染风险[148]。清华大学的徐弢教授团队开发了一种可安装到内镜上的微型原位生物打印机器人,可以进入人体内进行原位打印,并使用这种微型机器人进行胃壁损伤的治疗[149]。生物 3D 打印机器人在再生医学方面具有广阔的应用前景,可以有效地简化手术步骤,降低手术过程的感染概率,未来有可能实现其他器官的原位修复。

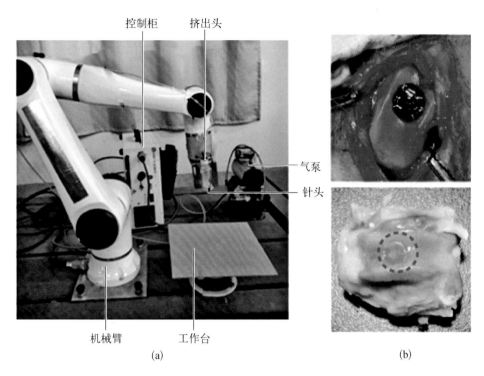

图 5-30　原位生物 3D 打印机器人及其修复效果

(a) 打印机器人结构;(b) 组织打印修复效果

(图片修改自参考文献[146])

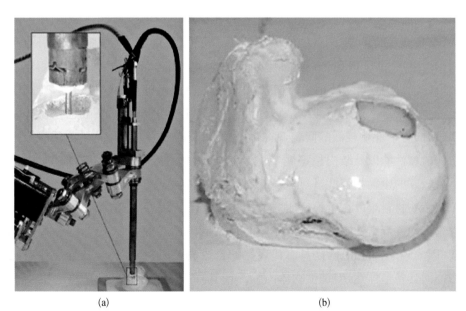

图 5-31　基于 RCM 机构的原位生物 3D 打印机器人及其打印效果

(a) 打印机器人结构;(b) 组织打印修复效果

(图片修改自参考文献[148])

5.6　生物 3D 打印关节

关节的解剖结构包括关节软骨、软骨下骨、滑液以及周围韧带。关节的这一结构组成及特点保证机体具备良好的活动度及应力承载特性。关节结构发生损伤时，若治疗不当，会最终导致关节退行性改变，引起骨关节炎发生。骨关节炎会导致患者持续性的关节疼痛，严重限制生活能力，导致生活质量下降。据相关报道，2019 年骨关节炎影响了世界上 7% 的人口[150]。然而，目前还没有能有效修复关节软骨的损伤、阻止关节结构的退化，或者完全逆转这种关节退化的方法。生物 3D 打印是生物制造领域的一种新兴技术。生物 3D 打印有助于以逐层堆积的方式精确定位生物材料、细胞和生物信号，因此，可以应用于个性化关节再生植入物的生成，促进关节结构的修复与再生。近几年发展的生物打印技术，有望成为治疗关节损伤的替代疗法。

5.6.1　生物 3D 打印材料

在关节结构的生物打印过程中，采用的生物墨水通常可分为天然的生物材料以及合成的高分子材料。理想的关节结构打印材料需要具备良好的生物相容性、力学强度以及可打印性。选用合适的生物材料对关节结构的精确构建至关重要。天然的生物材料具备较好的生物相容性，然而其力学强度较差。常用的天然生物材料有海藻酸盐、胶原蛋白、透明质酸和琼脂糖等。海藻酸盐是一种带负电荷的多糖，可以和阳离子溶液瞬时交联，具备交联简单、易制备的优势，但是海藻酸盐水凝胶缺乏细胞黏附的位点，细胞在上面难以铺展[151]。胶原蛋白是细胞外基质的主要成分，具备很好的生物相容性。胶原蛋白可以通过温度和 pH 值进行交联，然而其在室温下的交联时间过长，在打印成型中具备一些局限性。透明质酸也是一种天然的细胞外基质，透明质酸也存在交联速度慢、交联后的力学性能较低的问题，通常会采用双交联或者化学修饰的方法来增强生物打印后的机械性能以及结构稳定性[152]。天然生物材料因与真实细胞外基质成分更接近而具备较好的生物相容性，但是这种天然生物材料往往有力学性能较低的缺陷。单独的天然生物材料难以在生物打印关节结构中广泛应用，往往需要添加合成高分子材料。生物打印关节结构的合成高分子材料通常有聚乙二醇（PEG）、聚己内酯（PCL）和聚乳酸（PLA）等。聚乙二醇是具有代表性的合成高分子材料之一，其容易被功能化官能团修饰而具备多样性，但是生物体内缺乏使其降解的酶而在某种程度上限制了其应用[153,154]。聚己内酯由于其具有良好的热塑性、力学性和可降解性而通常和具备良好生物相容性的天然生物材料一起用来构建关节结构。在以前的一项报道中，有研究人员将聚己内酯和海藻酸盐两种材料的特点取长补短，生物打印出具备较好的力学性能、高软骨存活率和高分辨率的关节软骨支架[155]。

5.6.2　生物 3D 打印方法

目前,用于生物 3D 打印关节结构的方法主要有喷墨式生物打印、挤压式生物打印、激光辅助式生物打印以及光固化式生物打印。喷墨式生物打印具有较快的打印速度、较高的分辨率($75~\mu m$)以及可以同时配备多个喷嘴,实现在不同的关节区域打印沉积不同的成分[156]。然而喷墨式生物打印由于驱动力低,不能打印高黏度材料。挤压式生物打印是目前应用最广的打印方法,可打印高黏度材料以及其他被广泛应用的生物相容性材料,但是其分辨率相对较低($200\sim500~\mu m$),细胞的存活率也相对较低[157]。激光辅助式生物打印利用激光直写和激光诱导转移技术,为无喷嘴的打印方法,因此可以实现高黏度材料的打印以及高细胞活性的打印,同时具有较好的分辨率($10\sim100~\mu m$)。然而由于其成本较高,目前适用的水凝胶材料较少,且打印效率相对较低,在一定程度上限制了该技术的应用。光固化式生物打印是一种基于表面投影的生物 3D 打印方法,通常分为立体光固化(SLA)和数字光处理(DLP)两种。SLA 是通过点到线,线到面进行光固化,而 DLP 是直接逐层进行光固化[158]。因为是无喷嘴的打印方式,所以打印的细胞活性高。光固化打印设备相对简单易控制,且支持复杂结构的打印,未来有望取代挤压式生物打印,成为应用最广的生物打印方法。除此之外,目前也涌现出其他的生物打印方法来构建关节结构。例如,有研究人员设计微流控和生物打印系统的结合制备出细胞和材料梯度渐变的仿生骨软骨支架[159];有研究人员将器官芯片技术和生物 3D 打印技术集合制备出了骨关节炎模型[160];也有研究人员研制了一种手持式原位生物打印装置,该装置能够以手动或直写打印适用于软骨修复的水凝胶[161]。随着生物打印技术的创新与发展,将构建出与天然相似甚至相同的关节结构。

5.6.3　生物 3D 打印关节的细胞来源

生物 3D 打印能精确控制软骨细胞、骨髓间充质干细胞等细胞支架的结构,并能使所有的元素在特定的空间上组合在一起,以接近关节结构的方式重组。研究人员用于生物打印关节结构的生物墨水的细胞成分通常包括软骨细胞、骨髓间充质干细胞、胚胎干细胞/诱导多功能干细胞和滑膜细胞等。软骨细胞和骨髓间充质干细胞是目前用来生物打印关节软骨的主要细胞之一。骨髓间充质干细胞可以从间充质组织中分离出来,具备很好的增殖分化能力,甚至在几代内都不会丧失其多向分化能力,是关节组织工程理想的细胞来源之一[162]。胚胎干细胞也常用于关节结构的构建,可在特定的条件下诱导分化为软骨细胞和间充质干细胞。有研究证明,在软骨细胞和胚胎干细胞共培养过程中,软骨细胞分泌的细胞因子可诱导胚胎干细胞向软骨细胞分化[163]。

5.6.4　生物 3D 打印关节的研究现状

关节软骨的损伤是引发骨关节炎的最主要原因。软骨主要含有Ⅱ型胶原、糖胺聚糖、水分和少量的软骨细胞。由于关节软骨的细胞数量少,且没有血管化,因此关节软骨组织的再生能力非常有限。一旦发生关节软骨损伤,如不采取干预措施,大多数都将进展为骨关节炎。生物 3D 打印具备制造组织工程关节软骨的能力,可以控制不同区域的细胞和细胞外基质的分布。在一项研究中,研究人员利用挤出式和吸取式的复合 3D 打印方法,构建出软骨上层组织束沿水平方向排布,软骨下骨层沿垂直方向排布的一种区域分层的关节软骨,与真实的关节软骨有类似的机械性能与解剖学结构[164]。人们普遍认为,为了稳定的长期重建、功能修复甚至再生,治疗不仅要针对软骨,而且要着眼于重建底层的骨和重建关节的动态平衡。因此,生物打印的、个性化的和可再生的结构可能为关节软骨损伤修复重建提供一种解决方案。在最近的一些研究中,通过生物 3D 打印已经构建出孔径呈梯度分布、成分梯度特异性分布等一系列的骨软骨一体化修复支架[165]。此外,半月板是一种楔形的纤维软骨组织,承载着复杂的应力,特别是在膝关节的运动中起重要的作用。因为其独特的形状(高边缘和低中心),生物 3D 打印仿生半月板在修复半月板的缺损、延缓骨关节炎的进展中显示出一定的优势。在最近的一项研究报告中,研究人员使用双挤出头+控温系统以及含聚己内酯的混合生物墨水制备出了具有良好生物相容性、优异的力学性能和生物学性能的仿生半月板支架。初步实现了在形态、力学、成分和微环境方面与天然半月板相似的仿生支架制备[166]。

5.6.5　总结与展望

在最近的 10 年里,生物 3D 打印关节结构的研究日益广泛,制备出来的关节结构也愈加成熟,然而目前也存在一些挑战亟待克服。首先,该如何维持软骨细胞的表型,确保不让其肥大化。其次,如何更好地构建钙化软骨层,确保软骨下骨的血管不会延伸到软骨层。同时,生物墨水也应该进一步优化。在选择生物墨水时,应考虑其力学性能、生物相容性和细胞活性等因素,但现在较多采用折中方法,可能会牺牲一些我们想要的成分,导致最后构建出来的结构不是最优的。除此之外,我们也应该进一步探索关节软骨发育的机制,确保最后构建出来关节结构需要的软骨细胞、生化物理信号以及组织类型。未来,生物 3D 打印关节结构将涵盖多学科的前沿技术,随着材料科学、细胞生物学、发育生物学和组织工程再生医学等学科的协同发展,生物 3D 打印将逐步克服在构建关节结构中所遇到的困难,以构建出真正成熟的关节结构,促进从实验室向临床的转化。

参考文献

［1］LI Y，HUANG G，ZHANG X，et al. Magnetic hydrogels and their potential biomedical applications[J]. Advanced Functional Materials，2013，23(6)：660-672.

［2］ZHANG L，LI K，XIAO W，et al. Preparation of collagen-chondroitin sulfate-hyaluronic acid hybrid hydrogel scaffolds and cell compatibility in vitro[J]. Carbohydrate Polymers，2011，84(1)：118-125.

［3］WILLIAMS D F. Chapter 36 — hydrogels in regenerative medicine[M]//ATALA A，LANZA R，MIKOS A G，et al. Principles of Regenerative Medicine (3rd ed). Boston：Academic Press，2019：627-650.

［4］SIKAREEPAISAN P，RUKTANONCHAI U，SUPAPHOL P. Preparation and characterization of asiaticoside-loaded alginate films and their potential for use as effectual wound dressings[J]. Carbohydrate Polymers，2011，83(4)：1457-1469.

［5］PLUNKETT K N，MOORE J S. Patterned dual pH-responsive core-shell hydrogels with controllable swelling kinetics and volumes[J]. Langmuir：the ACS journal of surfaces and colloids，2004，20(16)：6535-6537.

［6］CORKHILL P H，HAMILTON C J，TIGHE B J. Synthetic hydrogels VI. Hydrogel composites as wound dressings and implant materials[J]. Biomaterials，1989，10(1)：3-10.

［7］WANG F，LI Z，KHAN M，et al. Injectable，rapid gelling and highly flexible hydrogel composites as growth factor and cell carriers[J]. Acta Biomaterialia，2010，6(6)：1978-1991.

［8］AHMED E M，AGGOR F S，AWAD A M，et al. An innovative method for preparation of nanometal hydroxide superabsorbent hydrogel [J]. Carbohydrate Polymers，2013，91(2)：693-698.

［9］PARK J H，KIM D. Preparation and characterization of water-swellable natural rubbers[J]. Journal of Applied Polymer Science，2001，80(1)：115-121.

［10］CHEN X，MARTIN B D，NEUBAUER T K，et al. Enzymatic and chemoenzymatic approaches to synthesis of sugar-based polymer and hydrogels[J]. Carbohydrate Polymers，1995，28(1)：15-21.

［11］SAXENA A K. Synthetic biodegradable hydrogel (pleura seal) sealant for sealing of lung tissue after thoracoscopic resection[J]. The Journal of Thoracic and Cardiovascular Surgery，2010，139(2)：496-497.

［12］PEPPAS N A，BURES P，LEOBANDUNG W，et al. Hydrogels in pharmaceutical formulations[J]. European Journal of Pharmaceutics and Biopharmaceutics，2000，50(1)：27-46.

［13］HOFFMAN A S. Hydrogels for biomedical applications[J]. Advanced Drug Delivery Reviews，2012，64：18-23.

［14］MATHUR A，MOORJANI S，SCRANTON A. Methods for synthesis of hydrogel networks：a review[J]. Journal of Macromolecular Science-polymer Reviews — J MACROMOL SCI-POLYM REV，1996，36：405-430.

［15］AHMED E M. Hydrogel：preparation，characterization，and applications：a review[J]. Journal of Advanced Research，2015，6(2)：105-121.

［16］MONTORO S R，MEDEIROS S de F，ALVES G M. Chapter 10 — Nanostructured hydrogels [G]//THOMAS S，SHANKS R，CHANDRASEKHARAKURUP S. Nanostructured Polymer

Blends. Oxford：William Andrew Publishing，2014：325-355.

[17] LOUF J F，LU N B，O'CONNELL M G，et al. Under pressure：hydrogel swelling in a granular medium[J]. Science Advances，American Association for the Advancement of Science，2021，7 (7)：eabd2711.

[18] KRSKO P，MCCANN T E，THACH T T，et al. Length-scale mediated adhesion and directed growth of neural cells by surface-patterned poly (ethylene glycol) hydrogels[J]. Biomaterials，2009，30(5)：721-729.

[19] WICHTERLE O，LÍM D. Hydrophilic gels for biological use[J]. Nature，1960，185(4706)：117-118.

[20] TABATA Y. Biomaterial technology for tissue engineering applications[J]. Journal of the Royal Society，Interface/the Royal Society，2009，6 Suppl 3：S311-24.

[21] 张楠楠. 乙/丙交酯及其共聚物的合成与结构性能研究[D]. 西北工业大学，2007.

[22] 朱雪峰，徐淑浩，李国智，等. 一种烟用聚乙烯醇(PVA17-88)水溶胶及其制备方法[M]. 2019.

[23] KANG H W，LEE S J，KO I K，et al. A 3D bioprinting system to produce human-scale tissue constructs with structural integrity[J]. Nature Biotechnology，2016，34(3)：312-319.

[24] NOOR N，SHAPIRA A，EDRI R，et al. 3D printing of personalized thick and perfusable cardiac patches and hearts[J]. Advanced Science，2019，6：1900344.

[25] CUI X F，BREITENKAMP K，FINN MG，et al. Direct human cartilage repair using three-dimensional bioprinting technology[J]. Tissue Eng Part A，2012，18(11-12)：1304-1312.

[26] WEISS L E，AMON C H，FINGER S，et al. Bayesian computeraided experimental design of heterogeneous scaffolds for tissue engineering[J]. Comput Aided Des，2005，37(11)：1127-1139.

[27] FISHER J P，DEAN D，MIKOS A G. Photocrosslinking characteristics and mechanical properties of diethyl fumarate/poly (propylene fumarate) biomaterials[J]. Biomaterials，2002，23 (22)：4333-4343.

[28] HAN L H，SURI S，SCHMIDT C E，et al. Fabrication of three-dimensional scaffolds for heterogeneous tissue engineering[J]. Biomedical Microdevices，2010，12(4)：721-725.

[29] LU Y，MAPILI G，SUHALI G，et al. A digital micro-mirror device-based system for the microfabrication of complex，spatially patterned tissue engineering scaffolds [J]. Journal of Biomedical Materials Research Part A，2006，77A(2)：396-405.

[30] LIM K S，LEVATO R，COSTA P F，et al. Bio-resin for high resolution lithography-based biofabrication of complex cell-laden constructs[J]. Biofabrication，2018，10(3)：034101.

[31] RAMAN R，BHADURI B，MIR M，et al. High-resolution projection microstereolithography for patterning of neovasculature[J]. Advanced Healthcare Materials，2016，5(5)：610-619.

[32] LEE V K，SINGH G，TRASATTI J P，et al. Design and fabrication of human skin by three-dimensional bioprinting[J]. Tissue Engineering Part C：Methods，2013，20(6)：473-484.

[33] NG W L，QI J T Z，YEONG W Y，et al. Proof-of-concept：3D bioprinting of pigmented human skin constructs[J]. Biofabrication，2018，10(2)：025005.

[34] KIM B S，LEE J S，GAO G，et al. Direct 3D cell-printing of human skin with functional transwell system[J]. Biofabrication，2017，9(2)：025034.

[35] RICHTER D L，SCHENCK R J，WASCHER D C，et al. Knee articular cartilage repair and restoration techniques：a review of the literature[J]. Sports Health，2016，8(2)：153-160.

[36] MAKRIS E A，GOMOLL A H，MALIZOS K N，et al. Repair and tissue engineering techniques for articular cartilage[J]. Nat Rev Rheumatol，2015，11(1)：21-34.

［37］NESIC D，WHITESIDE R，BRITTBERG M，et al. Cartilage tissue engineering for degenerative joint disease［J］. Adv Drug Deliv Rev，2006，58(2)：300-322.

［38］JOHNSON V L，HUNTER D J. The epidemiology of osteoarthritis［J］. Best Pract Res Clin Rheumatol，2014，28(1)：5-15.

［39］BARNETT R. Osteoarthritis［J］. Lancet，2018，391(10134)：1985.

［40］JOHNSON V L，HUNTER D J. The epidemiology of osteoarthritis［J］. Best Pract Res Clin Rheumatol，2014，28(1)：5-15.

［41］SUN X，ZHEN X，HU X，et al. Osteoarthritis in the middle-aged and elderly in China：prevalence and influencing factors［J］. Int J Environ Res Public Health，2019，16(23).

［42］DORÉ D，QUINN S，DING C，et al. Subchondral bone and cartilage damage：a prospective study in older adults［J］. Arthritis Rheum，2010，62(7)：1967-1973.

［43］PRAKASH D，LEARMONTH D. Natural progression of osteo-chondral defect in the femoral condyle［J］. Knee，2002，9(1)：7-10.

［44］CARBALLO C B，NAKAGAWA Y，SEKIYA I，et al. Basic science of articular cartilage［J］. Clin Sports Med，2017，36(3)：413-425.

［45］GUNGOR-OZKERIM P S，INCI I，ZHANG Y S，et al. Bioinks for 3D bioprinting：an overview［J］. Biomater Sci，2018,6(5)：915-946.

［46］XIA Z，JIN S，YE K. Tissue and organ 3D bioprinting［J］. SLAS Technol，2018，23(4)：301-314.

［47］JIANG G，LI S，YU K，et al. A 3D-printed PRP-GelMA hydrogel promotes osteochondral regeneration through M2 macrophage polarization in a rabbit model［J］. Acta Biomater，2021，128：150-162.

［48］DENG C，YANG J，HE H，et al. 3D bio-printed biphasic scaffolds with dual modification of silk fibroin for the integrated repair of osteochondral defects［J］. Biomater Sci，2012，9(14)：4891-4903.

［49］HUA Y，XIA H，JIA L，et al. Ultrafast，tough，and adhesive hydrogel based on hybrid photocrosslinking for articular cartilage repair in water-filled arthroscopy［J］. Sci Adv，2021，7(35)：eabgo628.

［50］KIM H D，HONG X，AN Y H，et al. A biphasic osteovascular biomimetic scaffold for rapid and self-sustained endochondral ossification［J］. Adv Healthc Mater，2021，10(13)：e2100070.

［51］DE MELO B A G，JODAT Y A，MEHROTRA S，et al. 3D printed cartilage-like tissue constructs with spatially controlled mechanical properties［J］. Adv Funct Mater，2019，29(51)：1906330.

［52］KOONS G L，DIBA M，MIKOS A G. Materials design for bone-tissue engineering［J］. Nat Rev Mater，2020，5(8)：584-603.

［53］MURPHY C，KOLAN K，LI W，et al. 3D bioprinting of stem cells and polymer/bioactive glass composite scaffolds for tissue engineering［J］. Int J Bioprint，2017，3(1)：5.

［54］NULTY J，FREEMAN F E，BROWE D C，et al. 3D bioprinting of prevascularised implants for the repair of critically-sized bone defects［J］. Acta Biomater，2021，126：154-169.

［55］GUO Y，PU W T. Cardiomyocyte maturation：new phase in development［J］. Circ Res，2020，126(8)：1086-1106.

［56］ZHANG Y S，ARNERI A，BERSINI S，et al. Bioprinting 3D microfibrous scaffolds for engineering endothelialized myocardium and heart-on-a-chip［J］. Biomaterials，2016，110：45-59.

[57] GAO L，KUPFER M，JUNG J，et al. Myocardial tissue engineering with cells derived from human induced-pluripotent stem cells and a native-like，high-resolution，3-dimensionally printed scaffold[J]. Circ Res，2017，120：1318-1325.

[58] CHEN A，LIEU D K，FRESCHAUF L，et al. Shrink-film configurable multiscale wrinkles for functional alignment of human embryonic stem cells and their cardiac derivatives[J]. Adv Mater，2011，23(48)：5785-5791.

[59] LEE A，HUDSON A R，SHIWARSKI D J，et al. 3D bioprinting of collagen to rebuild components of the human heart[J]. Science，2019，365(6452)：482-487.

[60] XU X，ZHANG S，CHEN H，et al. Integration of electrochemistry in micro-total analysis systems for biochemical assays：recent developments[J]. Talanta，2009，80(1)：8-18.

[61] SACKMANN E K，FULTON A L，BEEBE D J. The present and future role of microfluidics in biomedical research[J]. Nature，2014，507(7491)：181-189.

[62] UNGER M A，CHOU H P，THORSEN T，et al. Monolithic microfabricated valves and pumps by multilayer soft lithography[J]. Science，2000，288(5463)：113-116.

[63] ASTHANA A，HO LEE K，KIM K O，et al. Rapid and cost-effective fabrication of selectively permeable calcium-alginate microfluidic device using "modified" embedded template method[J]. Biomicrofluidics，2012，6(1)：12821-128219.

[64] 邱京江. 基于增材制造的个性化微流控芯片定制方法及关键技术研究[D]. 杭州：浙江大学，2018.

[65] ZHAN S，GUO A X Y，CAO S C，et al. 3D printing soft matters and applications：a review[J]. Int J Mol Sci，2022，23(7)：3790.

[66] ZHOU L Y，FU J Z，HE Y. A review of 3D printing technologies for soft polymer materials[J]. Adv Funct Mater，2020，30：2000187.

[67] 田佳陇. 变截面微流控芯片牺牲层 3D 打印工艺研究[D]. 杭州：浙江大学，2020.

[68] KOTZ F，HELMER D，RAPP B E. Emerging technologies and materials for high-resolution 3D printing of microfluidic chips[J]. Adv Biochem Eng Biotechnol，2022，179：37-66.

[69] KNOWLTON S，YU C H，ERSOY F，et al. 3D-printed microfluidic chips with patterned, cell-laden hydrogel constructs[J]. Biofabrication，2016，8(2)：025019.

[70] 周玲童. 基于层流与 3D 打印技术的凝胶纤维制备[D]. 咸阳：西北农林科技大学，2019.

[71] MI S，DU Z，XU Y，et al. The crossing and integration between microfluidic technology and 3D printing for organ-on-chips[J]. J Mater Chem B，2018，6(39)：6191-6206.

[72] RADHAKRISHNAN J，VARADARAJ S，DASH S K，et al. Organotypic cancer tissue models for drug screening：3D constructs, bioprinting and microfluidic chips[J]. Drug Discov Today，2020，25(5)：879-890.

[73] SALMON I，GREBENYUK S，ABDEL FATTAH A R，et al. Engineering neurovascular organoids with 3D printed microfluidic chips[J]. Lab Chip，2022，22(8)：1615-1629.

[74] LEE B E，KIM D K，LEE H，et al. Recapitulation of first pass metabolism using 3D printed microfluidic chip and organoid[J]. Cells，2021，10(12)：3301.

[75] LANCASTER M A，KNOBLICH J A. Organogenesis in a dish：modeling development and disease using organoid technologies[J]. Science，2014，345(6194)：1247125.

[76] VAN D E WETERING M，FRANCIES H E，FRANCIS J M，et al. Prospective derivation of a living organoid biobank of colorectal cancer patients[J]. Cell，2015，161(4)：933-945.

[77] ZHAO J J，GRIFFIN M，CAI J，et al. Bioreactors for tissue engineering：an update[J]. Biochem Engin J，2016，109：268-281.

［78］ PEARCE D，FISCHER S，HUDA F，et al. Applications of computer modeling and simulation in cartilage tissue engineering［J］. Tissue Eng Regen Med，2020，17(1)：1-13.

［79］ MANDENIUS C F. Advances in micro-bioreactor design for organ cell studies［J］. Bioengineering，2018，5(3)：64.

［80］ CHEN H Z，LI Z H. Bioreactor engineering［J］. Progr Biotechnol，1998，18(4)：46-49.

［81］ PURNELL B A，LAVINE M. Approximating organs［J］. Science，2019，364(6444)：946-947.

［82］ TUVESON D，CLEVERS H. Cancer modeling meets human organoid technology［J］. Science，2019，364(6444)：952-955.

［83］ LI D Q，DAI K R. Application progress of the bioreactor in tissue engineering［J］. Int J Orthop，2008，29(1)：8-10.

［84］ DING C M，QIAO Z G，JIANG W B，et al. Regeneration of a goat femoral head using a tissue-specific，biphasic scaffold fabricated with CAD/CAM technology［J］. Biomaterials，2013，34(28)：6706-6716.

［85］ WEISS P，TAYLOR A C. Reconstitution of complete organs from single-cell suspensions of chick embryos in advanced stages of differentiation［J］. Proc Nat Acad Sci U S A，1960，46(9)：1177-1185.

［86］ MONTESANO R，SCHALLER G，ORCI L. Induction of epithelial tubular morphogenesis in vitro by fibroblast-derived soluble factors［J］. Cell，1991，66(4)：697-711.

［87］ CHOI H，SONG J，PARK G，et al. Modeling of autism using organoid technology［J］. Mol Neurobiol，2017，54(10)：7789-7795.

［88］ TAKEBE T，KOBAYASHI S，KAN H，et al. Human elastic cartilage engineering from cartilage progenitor cells using rotating wall vessel bioreactor［J］. Transpl P，2012，44(4)：1158-1161.

［89］ YOON H H，BHANG S H，SHIN J Y，et al. Enhanced cartilage formation via three-dimensional cell engineering of human adipose-derived stem cells［J］. Tissue Eng Part A，2012，18(19/20)：1949-1956.

［90］ LIU L Q，WU W，TUO X Y，et al. Novel strategy to engineer trachea cartilage graft with marrow mesenchymal stem cell macroaggregate and hydrolyzable scaffold［J］. Artif Organs，2010，34(5)：426-433.

［91］ SONG K D，YAN X Y，ZHANG Y，et al. Numberical simulation of fluid flow and three-dimensional expansion of tissue engineering seed cells in large scale inside a novel rotating wall hollow fiber membrane bioreactor［J］. Bioprocess Biosyst Eng，2015，38(8)：1527-1540.

［92］ XING H，LEE H，LUO L J，et al. Extracellular matrix-derived biomaterials in engineering cell function［J］. Biotechnol Adv，2020，42：107421.

［93］ LI K，ZHANG C，QIU L，et al. Advances in application of mechanical stimuli in bioreactors for cartilage tissue engineering［J］. Tissue Eng Part B：Rev，2017，23(4)：399-411.

［94］ PÖRTNER R，NAGEL-HEYER S，GOEPFERT C，et al. Bioreactor design for tissue engineering［J］. J Biosci Bioeng，2005，100(3)：235-245.

［95］ AHMED S，CHAUHAN V M，GHAEMMAGHAMI A M，et al. New generation of bioreactors that advance extracellular matrix modelling and tissue engineering［J］. Biotechnol Lett，2019，41(1)：1-25.

［96］ BRUNNER M，FRICKE J，KROLL P，et al. Investigation of the interactions of critical scale-up parameters (pH，pO_2 and pCO_2) on CHO batch performance and critical quality attributes［J］. Bioprocess Biosyst Eng，2017，40(2)：251-263.

[97] ZHENG C, ZHUANG C, CHEN Y T, et al. Improved process robustness, product quality and biological efficacy of an anti-CD52 monoclonal antibody upon pH shift in Chinese hamster ovary cell perfusion culture[J]. Proc Biochem, 2018, 65: 123-129.

[98] GRILO A L, MANTALARIS A. Apoptosis: a mammalian cell bioprocessing perspective[J]. Biotechnol Adv, 2019, 37(3): 459-475.

[99] NIENOW A W, SCOTT W H, HEWITT C J, et al. Scale-down studies for assessing the impact of different stress parameters on growth and product quality during animal cell culture[J]. Chemical Eng Res Design, 2013, 91(11): 2265-2274.

[100] LIU H J, MACQUEEN L A, USPRECH J F, et al. Microdevice arrays with strain sensors for 3D mechanical stimulation and monitoring of engineered tissues[J]. Biomaterials, 2018, 172: 30-40.

[101] LYNCH M E, FISCHBACH C. Biomechanical forces in the skeleton and their relevance to bone metastasis: biology and engineering considerations[J]. Adv Drug Deliv Rev, 2014, 79/80: 119-134.

[102] MAJMUNDAR A J, WONG W J, SIMON M C. Hypoxia-inducible factors and the response to hypoxic stress[J]. Mol Cell, 2010, 40(2): 294-309.

[103] SIEBER S, MICHAELIS M, GÜHRING H, et al. Importance of osmolarity and oxygen tension for cartilage tissue engineering[J]. Biores Open Access, 2020, 9(1): 106-115.

[104] LUSHCHAK V I, BAGNYUKOVA T V, HUSAK V V, et al. Hyperoxia results in transient oxidative stress and an adaptive response by antioxidant enzymes in goldfish tissues[J]. Int J Biochem Cell Biol, 2005, 37(8): 1670-1680.

[105] MOUSAVI SHAEGH S A, DE FERRARI F, ZHANG Y S, et al. A microfluidic optical platform for real-time monitoring of pH and oxygen in microfluidic bioreactors and organ-on-chip devices[J]. Biomicrofluidics, 2016, 10(4): 044111.

[106] GOMEZ N, WIECZOREK A, LU F, et al. Culture temperature modulates half antibody and aggregate formation in a Chinese hamster ovary cell line expressing a bispecific antibody[J]. Biotechnol Bioeng, 2018, 115(12): 2930-2940.

[107] LEE Y Y, WONG K T K, TAN J, et al. Overexpression of heat shock proteins (HSPs) in CHO cells for extended culture viability and improved recombinant protein production[J]. J Biotechnol, 2009, 143(1): 34-43.

[108] BEDOYA-LÓPEZ A, ESTRADA K, SANCHEZ-FLORES A, et al. Effect of temperature downshift on the transcriptomic responses of Chinese hamster ovary cells using recombinant human tissue plasminogen activator production culture[J]. PLoS One, 2016, 11(3): e0151529.

[109] GOMEZ N, SUBRAMANIAN J, JUN O Y, et al. Culture temperature modulates aggregation of recombinant antibody in CHO cells[J]. Biotechnol Bioeng, 2012, 109(1): 125-136.

[110] SWIDEREK H, AL-RUBEAI M. Functional genome-wide analysis of antibody producing NS0 cell line cultivated at different temperatures[J]. Biotechnol Bioeng, 2007, 98(3): 616-630.

[111] MULUKUTLA B C, YONGKY A, LE T, et al. Regulation of glucose metabolism — a perspective from cell bioprocessing[J]. Trends Biotechnol, 2016, 34(8): 638-651.

[112] YUAN H X, XIONG Y, GUAN K L. Nutrient sensing, metabolism, and cell growth control [J]. Mol Cell, 2013, 49(3): 379-387.

[113] GOSWAMI J, SINSKEY A J, STELLER H, et al. Apoptosis in batch cultures of Chinese hamster ovary cells[J]. Biotechnol Bioeng, 1999, 62(6): 632-640.

[114] ZAGARI F, JORDAN M, STETTLER M, et al. Lactate metabolism shift in CHO cell culture: the role of mitochondrial oxidative activity[J]. N Biotechnol, 2013, 30(2): 238-245.

[115] REINHART D, DAMJANOVIC L, KAISERMAYER C, et al. Benchmarking of commercially available CHO cell culture media for antibody production[J]. Appl Microbiol Biotechnol, 2015, 99(11): 4645-4657.

[116] KISHISHITA S, KATAYAMA S, KODAIRA K, et al. Optimization of chemically defined feed media for monoclonal antibody production in Chinese hamster ovary cells[J]. J Biosci Bioeng, 2015, 120(1): 78-84.

[117] CHANG C H, LIN F H, LIN C C, et al. Cartilage tissue engineering on the surface of a novel gelatin-calcium-phosphate biphasic scaffold in a double-chamber bioreactor[J]. J Biomed Mater Res Part B: Appl Biomater, 2004, 71B(2): 313-321.

[118] VUKASOVIC A, ASNAGHI M A, KOSTESIC P, et al. Bioreactor-manufactured cartilage grafts repair acute and chronic osteochondral defects in large animal studies[J]. Cell Prolifer, 2019, 52(6): e12653.

[119] DURAINE G D, ATHANASIOU K A. ERK activation is required for hydrostatic pressure-induced tensile changes in engineered articular cartilage[J]. J Tissue Eng Regen Med, 2015, 9 (4): 368-374.

[120] TOYODA T, SEEDHOM B B, YAO J Q, et al. Hydrostatic pressure modulates proteoglycan metabolism in chondrocytes seeded in agarose[J]. Arthritis Rheum, 2003, 48(10): 2865-2872.

[121] CORREIA C, PEREIRA A L, DUARTE A R, et al. Dynamic culturing of cartilage tissue: The significance of hydrostatic pressure[J]. Tissue Eng Part A, 2012, 18(19-20): 1979-1991.

[122] CANDIANI G, RAIMONDI M T, AURORA R, et al. Chondrocyte response to high regimens of cyclic hydrostatic pressure in 3-dimensional engineered constructs[J]. Int J Artif Organs, 2008, 31(6): 490-499.

[123] ZHI W, ZHANG C, DUAN K, et al. A novel porous bioceramics scaffold by accumulating hydroxyapatite spherulites for large bone tissue engineering in vivo. II. Construct large volume of bone grafts[J]. J Biomed Mater Res Part A, 2014, 102(8): 2491-2501.

[124] HAN D, DAI K R. Prefabrication of a vascularized bone graft with beta tricalcium phosphate using an in vivo bioreactor[J]. Artif Organs, 2013, 37(10): 884-893.

[125] REN L, YANG P F, WANG Z, et al. Biomechanical and biophysical environment of bone from the macroscopic to the pericellular and molecular level[J]. J Mechan Behav Biomed Mater, 2015, 50: 104-122.

[126] LI D Q, TANG T T, LU J X, et al. Effects of flow shear stress and mass transport on the construction of a large-scale tissue-engineered bone in a perfusion bioreactor[J]. Tissue Eng Part A, 2009, 15(10): 2773-2783.

[127] MYGIND T, STIEHLER M, BAATRUP A, et al. Mesenchymal stem cell ingrowth and differentiation on coralline hydroxyapatite scaffolds[J]. Biomaterials, 2007, 28 (6): 1036-1047.

[128] NOKHBATOLFOGHAHAEI H, BOHLOULI M, PAKNEJAD Z, et al. Bioreactor cultivation condition for engineered bone tissue: effect of various bioreactor designs on extra cellular matrix synthesis[J]. J Biomed Mater Res Part A, 2020, 108(8): 1662-1672.

[129] SONG L, ZHOU Q, DUAN P, et al. Successful development of small diameter tissue-engineering vascular vessels by our novel integrally designed pulsatile perfusion-based bioreactor

[J]. PLoS One, 2012, 7(8): e42569.

[130] ALEKSIEVA G, HOLLWECK T, THIERFELDER N, et al. Use of a special bioreactor for the cultivation of a new flexible polyurethane scaffold for aortic valve tissue engineering[J]. Biomed Eng Online, 2012, 11: 92.

[131] KÖNIG F, HOLLWECK T, PFEIFER S, et al. A pulsatile bioreactor for conditioning of tissue-engineered cardiovascular constructs under endoscopic visualization[J]. J Funct Biomater, 2012, 3(3): 480-496.

[132] VEDEPO M C, BUSE E E, PAUL A, et al. Non-physiologic bioreactor processing conditions for heart valve tissue engineering[J]. Cardiov Eng Technol, 2019, 10(4): 628-637.

[133] LADD M R, LEE S J, ATALA A, et al. Bioreactor maintained living skin matrix[J]. Tissue Eng Part A, 2009, 15(4): 861-868.

[134] KAPPOS E A, ENGELS P E, TREMP M, et al. Peripheral nerve repair: multimodal comparison of the long-term regenerative potential of adipose tissue-derived cells in a biodegradable conduit[J]. Stem Cells Dev, 2015, 24(18): 2127-2141.

[135] SUN T, NORTON D, VICKERS N, et al. Development of a bioreactor for evaluating novel nerve conduits[J]. Biotechnol Bioeng, 2008, 99(5): 1250-1260.

[136] SUHAR R A, MARQUARDT L M, SONG S, et al. Elastin-like proteins to support peripheral nerve regeneration in guidance conduits[J]. ACS Biomater Sci Eng, 2021, 7(9): 4209-4220.

[137] WOLF F, ROJAS GONZÁLEZ D M, STEINSEIFER U, et al. Vascu trainer: a mobile and disposable bioreactor system for the conditioning of tissue-engineered vascular grafts[J]. Ann Biomed Eng, 2018, 46(4): 616-626.

[138] ÇELEBI-SALTIK B, ÖTEYAKA M Ö, GÖKÇINAR-YAGCI B. Stem cell-based small-diameter vascular grafts in dynamic culture[J]. Connect Tissue Res, 2021, 62(2): 151-163.

[139] CONVERSE G L, BUSE E E, NEILL K R, et al. Design and efficacy of a single-use bioreactor for heart valve tissue engineering[J]. J Biomed Mater Res Part B: Appl Biomater, 2017, 105 (2): 249-259.

[140] HUH M I, AN S H, KIM H G, et al. Rapid expansion and auto-grafting efficiency of porcine full skin expanded by a skin bioreactor ex vivo[J]. Tissue Eng Regen Med, 2016, 13(1): 31-38.

[141] VADIVELU R K, KAMBLE H, MUNAZ A, et al. Liquid marbles as bioreactors for the study of three-dimensional cell interactions[J]. Biomed Microdevices, 2017, 19(2): 31.

[142] WANG T W, WU H C, WANG H Y, et al. Regulation of adult human mesenchymal stem cells into osteogenic and chondrogenic lineages by different bioreactor systems[J]. J Biomed Mater Res Part A, 2009, 88A(4): 935-946.

[143] BANCROFT G N, SIKAVITSAS V I, VAN DEN DOLDER J, et al. Fluid flow increases mineralized matrix deposition in 3D perfusion culture of marrow stromal osteoblasts in a dose-dependent manner[J]. PNAS, 2002, 99(20): 12600-12605.

[144] COUET F, MANTOVANI D. A new bioreactor adapts to materials state and builds a growth model for vascular tissue engineering[J]. Artif Organs, 2012, 36(4): 438-445.

[145] CONNELL C O, BELLA C D, THOMPSON F, et al. Development of the biopen: a handheld device for surgical printing of adipose stem cells at a chondral wound site[J]. Biofabrication, 2016,8(1): 15019.

[146] MA K, ZHAO T, YANG L, et al. Application of robotic-assisted in situ 3D printing in cartilage regeneration with HAMA hydrogel: an in vivo study[J]. J Adv Res, 2020, 23: 123-132.

［147］ASHAMMAKHI N, AHADIAN S, POUNTOS I, et al. In situ three-dimensional printing for reparative and regenerative therapy［J］. Biomed Microdevices, 2019, 21(2): 42.

［148］LIPSKAS J, DEEP K, YAO W. Robotic-assisted 3D bio-printing for repairing bone and cartilage defects through a minimally invasive approach［J］. Sci Rep, 2019, 9(1): 3746.

［149］ZHAO W, XU T. Preliminary engineering for in situ in vivo bioprinting: a novel micro bioprinting platform for in situ in vivo bioprinting at a gastric wound site［J］. Biofabrication, 2020, 12(4): 45012-45020.

［150］HUNTER D J, MARCH LAND CHEW M. Osteoarthritis in 2020 and beyond: a Lancet Commission［J］. Lancet, 2020, 396(10264): 1711-1712.

［151］LAURENCIN N. Biodegradable polymers as biomaterials［J］. Prog Polym Sci, 2007, 32: 762-798.

［152］HIGHLEY C B, PRESTWICH G D, BURDICK J A. Recent advances in hyaluronic acid hydrogels for biomedical applications［J］. Curr Opin Biotechnol, 2016, 40: 35-40.

［153］HOSPODIUK M, DEY M, SOSNDSKI D, et al. The bioink: A comprehensive review on bioprintable materials［J］. Biotechnol Adv, 2017, 35(2): 217-239.

［154］KAWAI F. Microbial degradation of polyethers［J］. Appl Microbiol Biotechnol, 2002, 58(1): 30.

［155］RUIZ-CANTU L, GLEADALL A, FARIS C, et al. Multi-material 3D bioprinting of porous constructs for cartilage regeneration［J］. Mater Sci Eng C, 2019, 109: 110578.

［156］LI X, LIU B, PEI B, et al. Bioprinting of Biomaterials［J］. Chem Rev, 2020, 120(19): 10596-10636.

［157］LI J, CHEN M, FAN X, et al. Recent advances in bioprinting techniques: approaches, applications and future prospects［J］. J Transl Med, 2016, 14(1): 271.

［158］DALY A C, PRENDERGAST M E, HUGHES A J, et al. Bioprinting for the biologist［J］. Cell, 2021, 184(1): 18-32.

［159］IDASZEK J, COSTANTINI M, KARLSEN T A, et al. 3D bioprinting of hydrogel constructs with cell and material gradients for the regeneration of full-thickness chondral defect using a microfluidic printing head［J］. Biofabrication, 2019, 11(4): 044101.

［160］JORGENSEN CAND SIMON M. In vitro human joint models combining advanced 3D cell culture and cutting-edge 3D bioprinting technologies［J］. Cells, 2021, 10(3): 596.

［161］O'CONNELL C, BELLA C D, THOMPSON F, et al. Development of the biopen: a handheld device for surgical printing of adipose stem cells at a chondral wound site［J］. Biofabrication, 2016, 8(1): 015019.

［162］KOGA H, ENGEBRETSEN L, BRINCHMANN J E, et al. Mesenchymal stem cell-based therapy for cartilage repair: a review［J］. Knee Surg Sports Traumatol Arthrosc, 2009, 17(11): 1289-1297.

［163］HWANG N S, VARGHESE S, ZHANG Z, et al. Chondrogenic differentiation of human embryonic stem cell-derived cells in arginine-glycine-aspartate-modified hydrogels［J］. Tissue Eng, 2006, 12(9): 2695.

［164］Wu Y, Ayan B, Moncal K K, et al. Hybrid bioprinting of zonally stratified human articular cartilage using scaffold-free tissue strands as building blocks［J］. Adv Healthc Mater, 2020, 9 (22): 2001657.

［165］SUN Y, YOU Y, JIANG W, et al. 3D bioprinting dual-factor releasing and gradient-structured constructs ready to implant for anisotropic cartilage regeneration[J]. Science Advances，2020，6 (37)：1422.

[166] ZHOU J，TIAN Z，TIAN Q，et al. 3D bioprinting of a biomimetic meniscal scaffold for application in tissue engineering[J]. Bioact Mater，2021，6(6)：1711-1726.

6 3D 打印产品生产质量管理规范

    3D 打印能够根据患者病损部位和临床需求制造出个性化的产品,能够精准地控制打印物的微观结构。因此,在医疗器械制造领域具有极大的应用价值和发展前景。近年来,不断有 3D 打印的植入性和非植入性医疗器械获批上市,如骨植入物、齿科修复体、手术导板和矫形器等。

    在医疗器械全生命周期质量的管理中,质量管理是至关重要的一环。3D 打印医疗器械的生产企业,应建立完善的生产质量管理体系,使整个生产和质量控制过程始终在受控条件下完成。3D 打印作为特殊工艺,打印结果的有效性不能完全通过后续的产品检验和测试来验证,而是强调过程控制。

    根据医疗器械监管和相关法律法规要求,本章介绍 3D 打印工艺的"人-机-料-法-环"各个环节的风险点,同时结合《医疗器械生产质量管理规范》[1](简称《规范》)及其附录,对人员、设备、环境、原材料、生产过程、检验和上市后跟踪等方面进行解读,包括三维建模软件的特殊要求,塑料类 3D 打印、金属 3D 打印和生物 3D 打印等不同 3D 打印工艺的特殊要求,分析了 3D 打印特定产品如定制式义齿、手术导板的特点和特殊要求,汇总分析了生产企业质量管理体系运行中的缺陷项。本章节还结合近年来广泛受到关注的"医疗器械注册人制度",分析了 3D 打印产品注册人和受托方质量管理体系的各个环节要求。这将有助于相关企业理解《规范》及其附录的要求,落实企业主体责任,确保 3D 打印产品上市后的安全、有效。

6.1　概述

    3D 打印工艺,经过近 10 年的迅猛发展,已成为医疗器械领域一个重要的工艺应用分支。3D 打印与其他制造工艺相比,有诸多优势,如:可以制造各种复杂结构形式,具有孔隙率结构,节约制造时间和制造成本、大幅减少人力成本等,在医疗器械生产制造领域形成了一股新的潮流。

6.1.1 3D 打印工艺的分类

目前,在医疗器械领域,按照原材料可划分为三大类 3D 打印工艺。

6.1.1.1 塑料类 3D 打印工艺

塑料类 3D 打印工艺以熔融沉积成型工艺、立体光固化成型工艺、数字光处理工艺为主。

这些工艺中 FDM 工艺把丝材熔化成熔化状态,沉积在指定位置。经过逐层打印,进而形成相应的模型。SLA 工艺以激光束照射光敏树脂,使被照射的光敏树脂固化,逐层打印形成相应的产品。DLP 工艺投影进行面曝光,使曝光区域内的光敏树脂固化,进而形成最终的产品。三种工艺均采用了塑料类原材料,在生产过程中,一旦有相应的数字模型提供,均可完成 3D 打印。

6.1.1.2 金属 3D 打印工艺

目前,主要有选择性激光熔化和电子束选区熔化工艺两种。选择性激光熔化工艺采用高功率激光熔化金属粉末,使金属粉末液化形成互相之间的连接,然后逐点逐层打印最终形成模型。电子束选区熔化 3D 打印工艺发射源为电子束。在电子束扫描金属粉末后,使金属粉末融化,逐层逐面结合形成相应的产品。

6.1.1.3 生物 3D 打印

目前,主要以挤出式工艺为主。通过精密马达控制挤出速率,将凝胶和细胞混合液逐点逐层的打印形成孔隙结构,最终完成主要的生产产品。

6.1.2 3D 打印工艺在医疗领域的应用

目前,上述三类打印工艺均在医疗器械领域有实际的应用。

塑料类 3D 打印工艺应用的医疗器械有手术导板、手术模型和矫形器等。首先,通过扫描形体组织获得三维模型,然后将相应的三维模型进行重新设置,形成所需要的手术导板和矫形器。在骨植入领域中,由于金属 3D 打印的产品可以精准匹配患者病损组织结构,能打印复杂的骨小梁结构。所以,在骨科领域有大规模的推广应用。在义齿修复领域,由于金属 3D 打印技术简洁高效,省略了手工蜡型、车工等诸多工序,使义齿结构形态更加匹配患者的病灶,防止应力屏蔽现象的产生,得到了推广和应用。在器官移植领域,目前由于供体奇缺,大部分的患者无法得到相应的供体。3D 生物打印可以通过自体细胞的培育,进行人工皮肤血管类产品的打印,同时避免了排异反应的产生。

本章从"人、机、料、法、环"5 个方面,针对不同的 3D 打印工艺进行规范要求。① 人的方面,要求人员需要具备相应的素质和能力,能进行 3D 打印的扫描、设计和生产工作。

② 机器设备方面,针对目前机器设备操作、运行要求不规范的特点,从医疗器械领域的专业出发,形成了3Q要求,即安装确认(installation qualification,IQ),运行确认(operation qualification,OQ),性能确认(performance qualification,PQ)。从三个确认层面去完成对机器设备的验证,保证打印过程规范有效。③ 原料方面,不同的生产制造工艺使用的原材料是不一样的,对原材料的要求也不一致。对于塑料类的光敏树脂,温湿度和光照条件保存具有严格的要求。对于金属粉末类产品,粉末具有氧含量的要求,过高的氧含量导致打印件物理学性能下降甚至不合格。对于生物类原材料,凝胶是一种特殊的液-固转化物质。对于凝胶的储存有对应的温湿度要求。同时,由于含有细胞,对这类原材料还应该有无菌控制方面的要求。④ 工艺验证方面,对整个3D打印过程的验证、不同生产环节的验证、3D成型软件的验证、产品开发的医工交互、工艺的确认等诸多方面加以规范和要求。⑤ 生产环境方面,不同的3D打印工艺,其环境要求也各不相同。如,激光光固化成型打印工艺,对生产环境的温度和环境的光照有极其特殊的要求。对于金属粉末类3D打印产品的生产环境,空气净化有严格的要求,一旦超过含量就容易发生粉尘爆炸。对于生物3D打印类产品,必须有一个无菌生产环境,要求达到规定的洁净度级别才能进行生产。

本章针对不同类型的3D打印工艺的控制要求、不同环节的验证确认要求、不同原料的生产制造要求提出相应的生产质量管理规范。如针对义齿类3D打印产品,结合义齿生产质量管理规范阐述应该注意的质量控制要求。针对手术导板类产品结合生产质量规范明确质控点,以保证整个产品的安全、有效。最后根据目前较多出现的问题,提出了相关实际案例。

6.2 3D打印医疗器械注册人委托生产的实施要点

医疗器械注册人是我国近年来推出的一项立足于促进科研转化等方面的新政策,因而受到3D打印医疗器械生产企业的关注。本章依从《规范》的框架结构,对3D打印医疗器械企业申报委托生产,对注册人及受托企业双方在建立、运行、改进医疗器械生产质量管理体系方面进行了规范解读及要点提示。本章节主要参考《上海市医疗器械注册人委托生产质量管理体系实施指南(试行)》[2]的相关要求进行描述。

6.2.1 总则

注册人、备案人及受托生产企业在医疗器械设计开发、生产、销售和售后服务等过程中应当遵守医疗器械生产质量规范及附录的要求。

注册人、备案人和受托生产企业应当结合产品特点,建立健全与所生产3D打印医疗器械相适应的质量管理体系,并保证其有效运行。

注册人、备案人均应当将风险管理贯穿于设计开发、生产、销售和售后服务等全过程,所采取的措施应当与产品存在的风险相适应,并应与受托生产企业签订 3D 打印医疗器械委托生产质量协议,明确规定双方在委托生产中采购、生产管理、质量控制等方面的权利和职责。

6.2.1.1　对医疗器械注册人的总体要求

对批准上市的 3D 打印医疗器械的安全、有效依法承担全部责任。应履行医疗器械相关法律法规以及医疗器械委托生产质量协议规定的义务,办理医疗器械注册证并承担相应的法律责任。负责建立医疗器械追溯体系,确保医疗器械产品全生命周期内可实现有效追溯。

能够独立开展质量评审。委托生产前应对受托生产企业的质量管理、综合生产能力进行评估,并提供综合评估报告。委托生产期间每年应对受托生产企业开展至少一次全面质量管理评审,定期对受托生产企业进行审核,并按时向所在地监管机构提交年度质量管理体系自查报告。

负责与受托生产企业签订医疗器械委托生产质量协议,明确规定双方在委托生产中的技术要求、生产管理、质量保证、责任划分、产品放行等方面的权利和义务。委托生产变更或终止时,应当向原注册部门申请医疗器械注册证变更,同时应告知原受托生产企业办理许可证登载产品变更、减少或注销许可证。

负责将医疗器械委托生产质量协议中规定的技术要求、生产工艺、质量标准、说明书和包装标识等技术文件形成清单及附件,并有效转移给受托生产企业,双方确认并保留相关记录。以上文件发生的任何变化应及时告知并有效转移给受托生产企业,双方确认并保留相关记录。发现受托生产企业的生产条件发生变化,不再符合医疗器械质量管理体系要求的,应当立即要求受托生产企业采取整改措施;可能影响医疗器械安全、治疗的,应当立即要求受托生产企业停止生产活动,并向所在地监管机构报告。

负责产品上市放行,应明确规定放行责任人、放行程序和放行要求;负责售后服务,建立售后服务制度,指定售后服务责任部门,落实售后服务相关责任;负责建立不良事件监测与再评价制度,指定责任部门和人员,主动收集不良事件信息并按法规要求向相应的医疗器械不良事件监测技术机构报告,根据科学进步情况和不良事件评估结果,主动对已上市医疗器械开展再评价。

6.2.1.2　对受托生产企业的总体要求

应履行医疗器械相关法律法规以及委托生产质量协议规定的义务,办理受托生产许可证并承担相应的法律责任。

负责按医疗器械委托生产质量协议、《规范》及其附录的要求组织生产,对医疗器械注册人及受托生产的医疗器械产品负相应的质量责任。负责产品生产放行,应按照医疗器械委托生产质量协议履行生产放行程序。委托生产变更或终止时,应向原许可发证部门申请办理许可证登载产品变更、减少或注销许可证。

6.2.2　机构与人员

6.2.2.1　对医疗器械注册人在机构与人员方面的要求

应当建立健全与所生产医疗器械相适应的质量管理体系并保证其有效运行,建立与质量管理体系过程相适应的管理机构,并有组织机构图,明确各部门的职责和权限,明确质量管理职能。

应当确定并任命管理者代表,管理者代表负责建立、实施并保持覆盖医疗器械全生命周期的质量管理体系,报告质量管理体系的运行情况和改进需求,提高员工满足法规、规章和顾客要求的意识。

应当配备专门的研发技术人员,熟悉所注册医疗器械产品的研发和技术,具有 3D 打印医疗器械产品相关的理论知识和实践经验,如熔融沉积成型技术、数字光处理技术、选择性激光烧结技术、电子束选区熔化技术[3]等同其研发生产产品相关的 3D 打印知识。具有相应的专业背景和工作经验,确保提交的研究资料和临床试验数据真实、完整和可追溯。其中涉及植入性3D打印器械、采用生物3D打印技术的,还应注意配备相关医学背景的技术人员。

应当配备专门的质量管理人员,应具有工作经验,熟悉所注册医疗器械产品的生产质量管理要求,能够对医疗器械注册人和受托生产企业的质量管理体系进行评估、审核和监督。

应当配备专门的法规事务人员,应具有工作经验,熟悉所注册医疗器械产品法规要求,能够处理相关法规事务。

应当配备专门的上市后事务人员,应具有工作经验,熟悉 3D 打印医疗器械产品不良事件监测、产品召回和售后服务等要求,能够处理相关上市后事务。

6.2.2.2　对受托生产企业在机构与人员方面的要求

应当建立与医疗器械受托生产过程相适应的质量管理体系并保证其有效运行,建立与质量管理体系过程相适应的管理机构,并有组织机构图,明确各部门的职责和权限,明确质量管理职能。

应当确定并任命管理者代表。管理者代表负责建立、实施并保持与受托生产过程相适应的质量管理体系,报告质量管理体系的运行情况和改进需求,提高员工满足法规、规章和顾客要求的意识。

配备与受托生产产品相适应的技术人员、生产人员和质量管理人员。以上人员应当熟悉医疗器械相关法律、法规,具有 3D 打印医疗器械产品相关的理论知识和实践经验,如 FDM、DLP、SLS、EBSM 和生物 3D 打印技术等研发生产产品相关的 3D 打印知识。其中涉及植入性 3D 打印器械、采用生物 3D 打印技术的,还应注意配备相关医学背景的技术人员。

应当有能力对生产管理和质量管理中实际问题作出正确判断和处理。在医疗器械注册人的指导下,对直接影响受托生产产品质量的人员进行培训,符合要求后上岗。

指定专人与医疗器械注册人进行对接、联络和协调。

6.2.3 场地、设施和设备

6.2.3.1 对医疗器械注册人在场地、设施和设备方面的要求

如为自行研发医疗器械产品的,应具备与 3D 打印医疗器械相适应的研发场所和设施设备,如 FDM、DLP、SLS、EBSM 和生物 3D 打印技术等研发、生产设备;委托开发医疗器械产品的,应确保被委托机构具备与 3D 打印医疗器械相适应的研发场所和设施设备。

医疗器械注册人应明确受托生产企业场地、设施和设备的要求,委托生产前应查验受托生产企业的生产条件,并定期进行评估。

FDM、DLP、SLS、EBSM 等设备均为高值设备,维护保养要求较高。可委托厂家维护保养或具备能力时自行实施维护保养,但均应建立设备管理控制文件,并保持其有效运行。制造设备宜设置在相对独立的区域,明确环境温湿度、清洁和通风的要求,能对环境进行控制和监测。

6.2.3.2 对受托生产企业在场地、设施和设备方面的要求

应配备与受托生产医疗器械相适应的场地、设施和设备。

应采用适宜的方法,对医疗器械注册人财产(包括受托生产相关且属于医疗器械注册人所有的各类物料、半成品及成品、留样品、包装、标签、工装夹具以及其他设备或辅助器具等)进行标识、储存、流转和追溯。

对受托生产过程中涉及的场地、设施和设备应按照《规范》及其附录的要求进行管理。其中 FDM、DLP、SLS、EBSM 等 3D 打印设备均为高值设备,维护保养要求较高,可委托厂家维护保养或具备能力时自行实施维护保养,但均应建立设备管理控制文件并保持有效运行。制造设备宜设置在相对独立的区域,明确环境温湿度、清洁和通风的要求,能对环境进行控制和监测。

对于光敏树脂、金属粉末等 3D 打印原料的储存应按照原料性状,根据供应商提供的环境条件要求执行。应采取必要的措施防止原料在使用、储存、运输和清理等过程中

被污染，或发生化学危害。

6.2.4　文件管理

6.2.4.1　对医疗器械注册人在文件管理方面的要求

应当建立与质量管理体系过程相适应的质量管理体系档案，对《规范》及其附录有任何删减或不适用的均应详细说明，并且任何删减或不适用不得影响医疗器械产品的安全、疗效。

对 3D 打印医疗器械产品委托生产质量协议进行管理，包括委托生产质量协议评审、变更、终止、延续和执行情况的年度评价，并保留相关记录。

对 3D 打印医疗器械的全部研发资料和技术文档进行管理，包括清单编制、保存、归档、检索、查阅、变更、移交和使用权限，并保留相关记录。

对医疗器械相关法律法规、技术标准、指南性文件和质量公告等外来文件进行管理，包括收集、更新、检索、汇总和分析，并保留相关记录。其中，考虑 3D 打印类产品涉及较多前沿科学领域，尤其应注意产品相关科学文献、论文和标准等的收集及管理。

对受托方生产质量管理体系评估、审核和监督的文件进行管理，包括保存、变更、检索、汇总和分析，并保留相关记录。

6.2.4.2　对受托生产企业在文件管理方面的要求

应当建立与质量管理体系过程相适应的质量管理体系文件，并在质量管理体系文件中增加受托生产相关内容，对《规范》及其附录有任何删减或不适用均应予以详细说明，且任何删减或不适用不得影响产品的安全、有效。

应对医疗器械委托生产质量协议进行管理，包括协议评审、变更、终止、延续和执行情况的年度评价，并保留相关记录。

对医疗器械注册人转移的受托生产 3D 打印医疗器械的全部研发资料和技术文档进行管理，包括清单编制、保存、归档、检索、查阅、变更、移交和使用权限，并保留相关记录。

对受托生产质量管理体系自查相关文件进行管理，包括保存、变更、检索、汇总和分析，并保留相关记录。

3D 打印类医疗器械产品涉及 FDM、DLP、SLS、EBSM 等高值生产设备，相关生产设备状态对产品质量影响显著，应注意保留相关关键设备的维护保养记录。

文件和记录的保存期限应符合法规要求和双方协议约定，在保存期限内，医疗器械注册人可向受托生产企业获取委托产品生产相关文件及记录，以满足产品质量追溯、产品调查及法规要求等的需要。

6.2.5 设计开发

6.2.5.1 对医疗器械注册人在设计开发方面的要求

应按照《规范》及其附录要求进行设计开发。保留自行研发或委托研发 3D 打印医疗器械产品的设计研发资料,确保设计开发资料和数据的真实、完整和可追溯。在委托外部机构进行设计开发时,应当与受托设计方签订协议,确保设计开发过程满足法规要求;医疗器械注册人对整个医疗器械产品的设计开发负主体责任。3D 打印技术往往涉及医工交互定制化生产,应注意将前道数据来源环节纳入设计开发控制范围。

应按照医疗器械委托生产质量协议要求,将需要转移的设计输出文件进行汇总,并编制技术文件清单。

应确保变更过程满足法规要求。任何设计变更均应及时通知受托生产企业,并监督受托生产企业的变更执行情况。

应当在包括设计开发在内的产品实现全过程中,结合受托生产产品的特点,制订风险管理的要求,并形成文件,保留相关记录。对生产和生产后信息显示产品的风险不可接受时,医疗器械注册人应及时通知受托生产企业并采取必要的措施。

6.2.5.2 对受托生产企业在设计开发方面的要求

医疗器械注册人在受托生产企业完成工艺建立、验证、转换和输出的,受托生产企业应具备相应的能力,配合注册人实施相关工艺验证。

应按照医疗器械委托生产质量协议要求,对医疗器械注册人转移的技术文件进行管理,并按照医疗器械委托生产质量协议要求,执行受托生产产品知识产权保护的相关约定。

落实医疗器械注册人的设计变更要求,并结合生产质量管理情况向医疗器械注册人反馈设计变更的需求。

6.2.6 采购

6.2.6.1 对医疗器械注册人在采购方面的要求

应明确委托生产产品物料的采购方式、采购途径、质量标准和检验要求,按照医疗器械委托生产质量协议要求实施采购。按照法规要求实施采购变更,所有的变更应书面通知受托生产企业,并留存相关记录。

必要时与受托生产企业一起对物料合格供应商进行筛选、审核、签订质量协议和定期复评;自行采购时应当对采购物品进行检验或验证,对需要进行生物学评价的材料,采购物品应当与经生物学评价的材料相同。动物源性医疗器械的病毒控制参见 ISO 22442《医疗器械生产用动物组织及其衍生物》。诸如激光选区熔化纯钛粉/部分钛粉、树脂等 3D 打印医疗器械原料已纳入医疗器械管理,采购验收时应注意查核注册证信息。

监控并确保受托生产企业使用合格供应商提供的合格物料。

定期按照《规范》及其附录的要求,对委托生产采购控制进行自查,确保满足《规范》的要求。

6.2.6.2 对受托生产企业在采购方面的要求

应按照医疗器械委托生产质量协议、《规范》及其附录的要求,执行医疗器械注册人的采购要求;由医疗器械注册人采购并提供给受托生产企业的物料,由受托生产企业按照医疗器械注册人要求进行仓储、防护和管理。

如代为实施采购,应将相关供应商纳入合格供应商进行管理;应保留物料采购凭证,满足可追溯要求。

实施采购物料验证时,应符合医疗器械注册人的要求。诸如激光选区熔化纯钛粉/部分钛粉、树脂等 3D 打印医疗器械原料已纳入医疗器械管理,采购验收时应注意查核注册证信息。采购中发现异常情况时,应采取措施暂停,并向医疗器械注册人及时报告处理。

6.2.7 生产管理

6.2.7.1 对医疗器械注册人在生产管理方面的要求

明确委托生产的品种及范围、工艺流程、工艺参数、必要外协加工过程(例如,辐照灭菌)、物料流转、批号和标识管理、批生产记录和可追溯性等具体要求。

对于自行研发确定 3D 打印工艺的,其采用不同的 3D 打印技术,如熔融沉积成型技术(FDM)、数字光处理技术(DLP)、选择性激光烧结(SLS)、电子束选区熔化(EBSM)等,工艺技术路线差异较大,针对所采用 3D 打印技术实施相应的过程确认具有较大难度,但为保证产品质量的稳定受控,应基于产品制造技术原理及关键工艺参数,制订 IQ、OQ、PQ 确认方案,并实施相关过程确认。

将与生产有关的技术文件以协议附件的形式转移给受托生产企业,双方确认并保留确认的记录。

明确在委托生产过程中需要定期监控的环节和过程以及监控方式和标准,指定授权监控的人员,并保留监控记录,其中因 3D 打印技术往往涉及医工交互定制化生产,应关注临床来源数据及处理记录的溯源性;定期对受托生产企业的受托生产管理情况和相关记录进行审核,并保存审核记录。

6.2.7.2 对受托生产企业在生产管理方面的要求

应按照《规范》及其附录和医疗器械委托生产质量协议执行。当生产条件发生变化,不再符合医疗器械质量管理体系要求的,应当立即采取整改措施,可能影响医疗器械安全、有效的,应当立即停止生产活动,并向注册人报告。

由受托企业确定 3D 打印技术路线的,应基于产品制造技术原理及关键工艺参数,制订 IQ、OQ、PQ 确认方案,并实施相关过程确认。

受托企业所采取的 3D 打印技术路线同注册人不同的,应视作发生实质性重大工艺变更,已获证产品应由注册人先行完成注册变更,申请新产品注册时应重新实施产品设计验证。

如果受托生产企业有相同产品在产,相关产品应有显著区别的编号、批号和标识管理系统,避免混淆。

应保留受托生产相关的全部生产记录,并随时可提供给医疗器械注册人备查,其中涉及医工交互定制化生产时,应保证临床来源数据及处理记录的溯源性。受托生产过程中出现的可能影响产品质量的偏差、变更、异常情况应及时向医疗器械注册人报告,保留处理记录。

6.2.8　质量控制

6.2.8.1　对医疗器械注册人在质量控制方面的要求

制订生产放行要求和产品上市放行程序、条件和放行批准要求,并将生产放行要求转移给受托生产企业,审核并授权生产放行人。

负责产品上市放行,指定上市放行授权人,按放行程序进行上市放行,并保留放行记录。明确委托生产产品的质量标准,检验职责、留样及观察(如涉及)等质量控制过程的职责分工,需要常规控制的进货检验、过程检验和成品检验项目可由医疗器械注册人完成,也可由受托生产企业完成。对于检验条件和设备要求较高,确需委托检验的项目,可委托具有资质的机构进行检验。涉及产品留样的,应制定留样规程,定期查验受托企业的留样工作。

由受托生产企业实施质量检验的,医疗器械注册人应对受托生产企业的质量检测设备、质量控制能力、质量检测人员能力和质量检测数据进行定期监控和评价,并保留相关记录。

6.2.8.2　对受托生产企业在质量控制方面的要求

按照医疗器械委托生产质量协议约定的委托生产产品的质量标准、检验职责、留样及观察(如涉及)等质量控制过程的职责分工实施质量控制活动。涉及产品留样的,应执行医疗器械注册人的留样规程,实施留样。

在产品质量监测过程中应当采用持续的过程检验或过程参数监视(监控)和测量的方法,确保 3D 打印制造过程处于受控状态。过程参数的监视和测量相关要求既可以包含在过程的作业指导文件中,也可以包含在过程的检验规程中。当趋势出现渐进性变化时,应当进行评估,必要时可采取相应的措施。对产品的性能要求和检验方法进行规定,可以由供需双方协商确定检测项目及技术指标作为交付及验收条件。应记录并保存每一打印过程数据,形成标准化的程序文件或作业指导书或操作手册,以证明打印过程规范。

负责生产放行,应保证受托产品符合医疗器械注册人的验收标准并保留放行记录。

6.2.9　销售

6.2.9.1　对医疗器械注册人在销售方面的要求

可以自行销售医疗器械,也可以委托具备相应条件的医疗器械经营企业销售医疗器械。

医疗器械注册人自行销售医疗器械的,无须办理医疗器械经营许可或者备案,但应具备《医疗器械监督管理条例》规定的医疗器械经营能力和条件。其中当代理商负责相关 3D 打印医疗器械前道模型数据收集时,应同其就数据的完整性、可追溯性等方面约定控制要求。

委托销售医疗器械的,医疗器械注册人应当对所委托销售的 3D 打印医疗器械质量负责,并加强对受托方经营行为的管理,保证其按照法定要求进行销售。医疗器械注册人应当与受托方签订委托协议,明确双方权利、义务和责任。

6.2.9.2　对受托生产企业在销售方面的要求

受医疗器械注册人委托代为销售时,必须具备相应的医疗器械经营条件,符合经营相关法规要求,办理医疗器械经营许可或者备案。

6.2.10　对不合格品的控制

6.2.10.1　对医疗器械注册人在不合格品控制方面的要求

应当明确不合格品控制要求,防止非预期的使用或交付。产品销售后发现产品不合格时,医疗器械注册人应及时采取相应措施,如召回、销毁等。

6.2.10.2　对受托生产企业在不合格品控制方面的要求

应当建立不合格品控制程序,对不合格品进行标识、记录、隔离和评审。不合格品的评审包括是否需要调查、通知医疗器械注册人或对不合格品负责的所有外部方。

6.2.11　对不良事件监测、分析和改进

6.2.11.1　对医疗器械注册人在不良事件监测、分析和改进方面的要求

应当建立医疗器械不良事件监测体系,配备与其产品相适应的不良事件监测机构和人员,对其产品主动开展不良事件监测,发现医疗器械不良事件或者可疑不良事件

的,应当按照规定直接向医疗器械不良事件监测技术机构报告,及时开展调查、分析和评价,主动控制产品风险,并报告评价结果。

应当主动开展已上市医疗器械再评价,根据再评价结果,采取相应控制措施,对已上市的医疗器械进行持续改进,并按规定进行注册变更。对再评价结果表明已注册的医疗器械不能保证安全、有效的,医疗器械注册人应当主动申请注销医疗器械注册证。

6.2.11.2 对受托生产企业在不良事件监测、分析和改进方面的要求

应向医疗器械注册人提供受托生产过程中必要的质量数据和所发现的医疗器械不良事件或者可疑不良事件。配合医疗器械注册人进行不良事件监测、分析和改进。

6.3 增材制造个性化医疗器械用三维建模软件的特殊要求和解读

6.3.1 前言

6.3.1.1 医疗器械软件监管概述

随着数字技术和医疗技术各方面的不断进步,软件已逐渐成为许多医疗器械产品的重要组成部分,并被广泛地整合到服务于医疗和非医疗目的的数字平台中。近年来,医疗器械软件发展迅猛,种类越来越多,功能越来越强,在医疗中发挥的作用也越来越大,在以往的医疗器械软件类产品的注册核查、生产许可及日常监管中往往套用《规范》(总则)[1]的内容条款要求进行规范、检查,但有别于其他医疗器械存在物理实体,软件是无形产品,在实际操作中存在《规范》条款无法有效落实等情况。为此,国家药品监督管理局在 2019 年 7 月 12 日发布了《医疗器械生产质量管理规范附录独立软件》[3],针对医疗器械软件类产品设计研发、生产、质控和售后等全生命周期的管理提出了要求,对医疗器械软件类产品产业的发展起了很好的规范和促进作用。

6.3.1.2 增材制造个性化医疗器械用三维建模软件特殊要求制订的目的和意义

在医疗领域的增材制造技术(3D 打印)应用中,主要是通过 3D 打印机和相应的计算机软件使患者的 CT、MRI、X 线片、超声影像学及其他扫描数据等信息进行三维数据重建并实体化。为此,三维建模软件的优劣对影像数据的转化、重建及打印部件的最终输出起了至关重要的作用。如果三维建模软件存在缺陷,可能引起打印部件外部或内部尺寸不准,无法应用于临床,或者部件打印结构、性能偏离预期设定,如植入物在患者体内造成破损、断裂,造成患者严重伤害。

目前,国内外使用的三维建模软件、产品设计软件均不相同,使用的三维建模算法也各不相同,对软件设计研发、测试和质控程度也不尽相同,这带来后期数据模型经过三维重建成型、设计后产生的尺寸和结构误差存在超出规定的风险。

虽然《医疗器械生产质量管理规范附录独立软件》已正式实施,但该附录还是对医疗器械软件类产品生产质量管理规范做了一个整体要求,缺乏对医疗器械用三维建模软件的指引、规范的内容。统一三维建模软件的质量标准,统一设计规范,有利于增材制造技术(3D 打印)在医学领域中的良性发展和监管,是一个很好的补充。

6.3.2 对 3D 打印个性化医疗器械用三维建模软件的特殊要求和解读

6.3.2.1 适用范围

本要求适用于指导、规范三维建模软件用于 3D 打印个性化医疗器械设计开发、生产过程的要求。

解读: 该要求不适用于具有打印功能的软件开发和生产使用。

6.3.2.2 术语解释[4]

● 个性化医疗器械(personalized medical devices):是指医疗器械生产企业根据医疗机构经授权的医务人员提出的临床需求设计和制造的、满足患者个性化要求的医疗器械,分为定制式医疗器械和患者匹配医疗器械。

● 三维建模软件(3D modeling software):用于生成三维模型的软件。

● 算法(algorithm):解决给定问题的确定的计算机指令序列,用以系统地描述解决问题的步骤。

● 确认(validation):通过提供客观证据对特定的预期用途或应用要求已得到满足的认定。

6.3.2.3 特殊要求

1) 功能性[5]

三维建模软件应能满足个性化临床和工程设计输入要求,主要包括处理对象、三维模型重建、医工交互和输出对象方面的要求。

(1) 处理对象。

三维建模软件应当明确处理对象,即对数据输入的格式、模态和采集参数要有明确的规定。3D 打印个性化医疗器械的采集方式可采用,但不限于以下数据采集方式:

(a) 医学影像采集,例如,电子计算机断层扫描(CT)、磁共振成像(MRI)和三维超声成像等[6];

(b) 光学成像采集,例如,摄像、红外线运动捕捉、三维激光扫描和三维光学扫描等;

(c) 物理学模型采集,例如,体外诊疗模型、牙齿和牙列模型等。

解读: 三维建模软件对信息/数据源的输入有一定的要求,以上列出了常见的 3 种信息/数据采集方式及具体的实例,主要涉及医学影像、光学成像和物理学模型 3 个方面,但随着科技水平的不断发展,今后可能还有更多的数据/信息采集方式。

（2）三维模型重建。

三维建模软件的建模功能宜包含患者数据三维重建,重建的结果通常是个性化医疗器械匹配患者的依据。

对于患者医学影像数据的三维重建,软件宜采用公认成熟的三维重建算法,如移动立方体算法提取等值面。软件应包括前处理（如降噪等）、后处理（如掩膜/遮罩等）。软件应向用户明示算法的输入信息,包括具有医学解剖意义的图像强度、窗宽窗位、标记区域和前处理结果等,以保证医工交互信息的精准性。算法的输出通常是表示实体的数据集,宜采用三角形面网格表示有界空间,或直接采用四面体、六面体等单元表示实体。

解读： 软件最主要的核心内容是算法,算法的优劣最终会导致软件终产品性能的优劣。目前,各个企业软件产品的算法也各不相同,在此主要对算法提出了最基本的要求,满足一些基本条件,不做过细化的约束,还是取决于每个企业实际的情况。

（3）医工交互。

由于 3D 打印个性化医疗器械的特殊要求,最终产品需要由临床医师与设计工程师通过医工交互的方式共同参与。因此,三维建模软件需要支持医工交互的功能,支持临床医师根据临床实际需求对重建结果进行修改。

为了能够定量分析三维几何模型的参数是否符合临床的需要,三维建模软件需要包含测量的功能。建议三维建模软件能够包括以下：

（a）测量距离、角度、体积、面积和直方图的功能;

（b）基础图形的绘制功能,建议包括三维点、直线、平面、几何球、网格球、立方体、圆柱和网格圆柱的功能;

（c）一些基础功能,建立包括模型隐藏、显示、透明、不透明、着色和空间变换功能。

解读： 在 3D 打印个性化医疗器械生产过程中,医工交互是一个很重要的环节。因为此类医疗器械为非标准医疗器械,最终产品很大程度上需要结合患者实际情况、医生临床经验等进行设计研发、生产,医生、工程技术人员的沟通交流、临床上的反馈都是非常重要的。为此,增加医工交互功能,软件增加一些简单而且必要的测量功能,更有利于对重建结果的确认,保证对后续医疗器械产品的成型符合预期设计。

（4）输出对象。

三维建模软件需要能够将生成的几何模型输出,输出格式需要能够支持增材制造。目前 3D 打印支持的主流几何模型文件格式为 STL、AMF、3MF、OBJ、VRML、3DS 等[7],三维建模软件至少需要支持一种输出文件类型。

解读： 三维建模软件几何模式输出格式有一定要求,以上列出了目前几种主流的输出软件格式,建模软件应能支持至少 1 种以上的格式。当然,今后可能出现新的建模格式,软件也可以扩展支持。

2）性能效率

三维建模软件的性能效率应适合不同的应用场景,结合不同的影像学模态、影像学质量和部位,规定相应的性能指标。三维建模软件配置环境直接影响用户的使用情况,软件运行应配备适宜的硬件资源。

三维建模软件的性能指标直接影响建模时间,基于医学影像学的复杂性,不同应用的建模时间和医工交互时间是不同的,制造商应规定并验证在特定环境中的建模时间。

三维建模软件的建模精准度直接影响增材制造个性化医疗器械最终产品的精度。为保证 3D 打印个性化医疗器械安全有效,三维建模软件的制造商应对输出对象的精度进行验证和确认。验证的方法可以包括但不限于仿真验证和实体验证。三维建模软件重建的模型精度应满足临床需求。

解读: 三维建模软件对运行性能效率有一定要求,如建模时间、建模准确度(精度)等。对于建模时间,考虑到不同生产厂家开发时使用的硬件平台不同、用户端使用的硬件基础有差异,均会影响软件建模时间。开发商需根据自己的实际情况,在特定硬件环境中对建模时间进行验证,并予以明确,也给使用者一个参考。对于建模精准度(精度),这是一个非常重要的指标,是对原始采集信息还原能力的一种体现,也直接反映了三维建模软件的优劣。由于建模精准度(精度)很大程度上取决于企业开发软件时的算法,不同的算法会直接影响软件产品的质量,企业应对最终开发的软件终产品进行相应的验证工作,以保证输出满足设计输入的要求,满足临床使用的要求。

3）易用性

三维建模软件功能设计应该能够符合用户使用习惯,建模过程显示效果清晰、直观和明确。

三维建模软件操作界面易采用图形界面样式,可显示冠状面位图、横断面位图、矢状面位图、曲面重建和 3D 视图等,用户可以用人机交互工具对图像和网格数据进行交互。如适用,可具备与原始图像进行对比验证的功能。

三维建模软件应使用中文或额外的语言设置(如英语等)以满足不同语言差异的用户。

解读: 三维建模软件设计界面应该设计友好,简单易用。有必要的界面显示样式便于操作,符合用户使用习惯,建模过程显示一目了然。此外,三维建模软件在语言上也可以有不同的选择,以满足不同语言差异的客户群操作使用。

4）可靠性

三维建模软件应当经过严格的测试和验证,确保在软件发行时不存在不可接受的风险及缺陷,软件已经发现且未解决的剩余缺陷应在软件发行时明确,确保软件运行结果一致,软件运行状态稳定有效。

在软件的研发过程中需要建立可追溯性分析机制,确保软件出现问题时能够追溯到问题的源头。

建模是 3D 打印个性化医疗器械生产过程中的重要环节。三维建模软件应具备在硬件故障或软件失效等情况下数据保存和恢复能力,建立可靠的数据容错备份工作机制,保证数据在停电、死机和软件非正常退出等情况下数据不丢失。

解读:三维建模软件的可靠性也是重要的一环。任何医疗器械产品在设计开发、生产和上市后使用等全生命周期过程中都会存在各种风险,轻则导致产品暂时失灵,重则可能危及患者生命安全。有别于其他医疗器械,作为无形产品的软件产品,缺陷可能引起的风险更不易被设计者、使用者察觉。为此,在产品设计研发过程中要进行全面风险管理,对可能产生的缺陷要进行充分考虑分析,对将来软件运行过程中预期可能出现的极端情况要做好充足预案,制订相应的测试方法及接受准则,对测试出现的缺陷及问题予以解决,确保在软件正式发布前把风险控制到最小限度。同时还应保留设计开发各阶段相关的设计文档、测试验证记录和评审文件等,保证将来在软件产品上市后遇到问题时能够进行追溯分析,并予以改进、完善。

5) 信息安全性

三维建模软件需要保护患者的隐私信息(如健康数据),保证患者隐私信息不被泄露。

三维建模软件应该明确数据来源、影像数据格式及增材制造数据格式,明确数据访问权限的分级管理。对数据的查看、传输、复制和销毁等环节进行严格管理,建立严格的数据访问控制机制,确保数据在使用过程中的痕迹可被追溯。

建议建立用户访问限制机制,包括但不限于用户身份鉴别方法(如用户名、密码等)、用户类型及权限(如系统管理员、普通用户和设备维护人员等)、密码强度设置和软件更新授权等。

对于可网络远程操作的三维建模软件,需要在软件开发过程中制订网络安全测试计划,并对网络安全的可追溯性进行分析。数据在网络传输或数据交换过程中应当保证其保密性和完整性,同时平衡可得性的要求,特别是具有远程控制功能时,可采用加密等技术来保证软件的网络安全。

解读:作为软件产品,信息安全性也是十分重要的。在处理对象的数据采集中,可能包括病患各种个人信息,部分涉及个人隐私。对于这些数据的存储、访问、使用和追溯应该在三维建模软件中予以明确,并全程留痕追溯。在软件的访问过程中也应使用身份识别系统,如账号、密码等,以保证使用人得到相应的授权。随着互联网技术的飞速发展,网络安全也是软件应用绕不开的话题。在软件开发过程中应对网络安全风险进行分析、评估和验证,运用加密等手段,保证网络传输过程中的安全性和数据完整性。

6.4 对金属3D打印医疗器械生产质量管理的特殊要求和解读

6.4.1 前言

金属3D打印医疗器械在临床领域应用广泛。例如,骨科植入物、齿科植入物、康复类器械和各类复杂手术器械等。定制式和患者匹配金属3D打印医疗器械对于精准医疗、个性化医疗的发展具有重要的推动作用。金属3D打印医疗器械由于原料特性和加工工艺的特殊要求,其质量体系和过程控制尤为重要,本节将依据《规范》详述对金属3D打印医疗器械生产质量管理体系的特殊要求。

6.4.2 术语解释

● 选择性激光熔化(selective laser melting,SLM)技术:采用选择性激光熔化工艺的3D打印技术。

● 电子束选区熔化(electron beam selective melting,EBSM)技术:采用电子束选区熔化工艺的3D打印技术。

● 验证:通过提供客观证据对规定要求已得到满足的认定。

● 确认:通过提供客观证据对特定的预期用途或应用要求已得到满足的认定。

● 医工交互:指临床信息与工程设计,生产信息按照 YY/T0287(ISO 13485)和YY/T0316(ISO 14971)的基本原则与要求进行语言转换、信息交汇、数据处理和风险决策,通过医疗卫生机构与生产企业的相互合作与制衡,完成产品设计、开发、交付和应用的过程。

● 个性化医疗器械:指医疗器械生产企业根据医疗机构经授权的医务人员提出的临床需求设计和制造的、满足患者个性化要求的医疗器械,分为定制式医疗器械和患者匹配医疗器械。

● 定制式医疗器械:指为满足指定患者的罕见或独特功能情况,在我国已上市产品难以满足临床需求的情况下,由医疗器械生产企业基于医疗机构特殊临床需求而设计和生产,用于指定患者的、预期能提高诊疗效果的个性化医疗器械。

● 患者匹配医疗器械:指医疗器械生产企业在标准化医疗器械产品制造基础上,基于临床需求,按照验证确认的工艺设计和制造,用于指定患者的个性化医疗器械。

6.4.3 机构与人员

6.4.3.1 各部门负责人的职责和职能要求

《规范》第八条 技术、生产和质量管理部门的负责人应当熟悉医疗器械相关法律法规,具有质量管理的实践经验,有能力对生产管理和质量管理中的实际问题作出正确的判断和处理。

解读:技术、生产和质量管理部门的负责人,应具有金属材料学、3D 打印等相关培训经历、专业背景或实践经验,接受有资质的机构组织的金属 3D 打印医疗器械相关知识的培训,并具备良好的质量管理能力,能充分对生产管理和质量管理中的实际问题作出正确的判断和处理。

6.4.3.2 专业技术人员及其他影响产品质量的工作人员的职责和职能

《规范》第九条 企业应当配备与生产产品相适应的专业技术人员、管理人员和操作人员,具有相应的质量检验机构或者专职检验人员。

《规范》第十条 从事影响产品质量工作的人员,应当经过与其岗位要求相适应的培训,具有相关理论知识和实际操作技能。

解读:① 从事金属 3D 打印的主要生产人员,应接受金属 3D 打印工艺、金属材料共性知识和相关产品专业知识的培训,掌握本岗位相关的技术和要求,对设备使用有正确操作能力和故障辨识、纠正能力。② 从事金属 3D 打印的检验人员,应接受金属 3D 打印相关检验规程的培训,掌握本岗位相关的技术和要求,对产品实现过程中的质量控制点能够进行判定。③ 从事金属 3D 打印设备管理和维护的人员应接受金属 3D 打印设备的结构、原理、使用、维护、保养和校准等专业知识培训,掌握本岗位相关的技术和要求,对设备的维护和保养有正确操作能力和纠正能力。④ 针对定制式金属 3D 打印医疗器械,临床机构应制订对参与临床设计的医师的能力和资质要求,制订相关技术准入、风险控制及技术实施流程。植入类医疗器械的设计模型及使用方案应经过具备高级职称医师的签字确认,按照医疗机构的相关规定以及法定的程序履行相关职责。⑤ 针对定制式金属 3D 打印医疗器械,临床机构参与产品设计的临床医师应具有进行相应产品临床使用的从业资质,接受有资质的机构组织的定制 3D 打印医疗器械相关知识的培训,不仅能提供正确的设计需求,同时还能判定最终器械能否满足临床需要,具备临床认知的能力。⑥ 针对定制式金属 3D 打印医疗器械,从事医工交互的设计工程师,应具备相关的工程设计与临床医学知识,接受有资质的机构组织的金属 3D 打印医疗器械相关知识的培训,获得足够的医工交互能力。应当熟悉金属材料的特性,掌握金属 3D 打印的工艺要求,具备产品设计、建模、生产和临床使用等过程的理论知识和实际操作能力,对影像学数据采集和处理、三维建模过程中软件的兼容性、数据转换正确性和完整性有一定的掌控能力。⑦ 操作 3D 打印机或者进行后处理的人员,可能会接触到大量的金属粉末,这些粉末的粒径都 $<100\ \mu m$,容易通过呼吸道进入肺部或黏膜,造成呼吸道或者神经方面损伤。为避免人员安全事故的发生,应严格规定工作人员的操作规范,必要时采取穿防护服、戴防毒面具等防护措施。

6.4.4 厂房与设施

《规范》第十三条 厂房与设施应当根据所生产产品的特性、工艺流程及相应的洁净级别要求合理设计、布局和使用。生产环境应当整洁、符合产品质量需要及相关技术标准的要求。产品有特殊要求的,应当确保厂房的外部环境不能对产品质量产生影响,必要时应当进行验证。

解读: ① 金属 3D 打印厂房应配备防尘、防火、防爆设备和器具。生产车间应配备通风系统,保证空气循环,安装氧气气体监控报警装置,在发生气体泄漏时能及时报警。② 最终以无菌状态交付的植入性金属 3D 打印医疗器械的厂房与设施,可按《医疗器械生产质量管理规范附录植入性医疗器械》(以下简称《附录植入性医疗器械》)相关要求执行。

6.4.4.1 厂房

《规范》第十四条 厂房应当确保生产和贮存产品质量以及相关设备性能不会直接或者间接受到影响,厂房应当有适当的照明、温度、湿度和通风控制条件。

解读: 应关注金属 3D 打印设备所处的生产环境,应确定环境参数,如温度、相对湿度、照明和磁场条件等,配有温湿度监测、控制仪器。

6.4.4.2 生产区

《规范》第十六条 生产区应当有足够的空间,并与其产品生产规模、品种相适应。

解读: 根据实际工艺需求设置相互独立的打印间、热处理间、抛光喷砂间、清洗间。易产尘、易污染等区域应当单独设置,并定期清理。

6.4.4.3 仓储仓

《规范》第十七条 仓储区应当能够满足原材料、包装材料、中间品、产品等的储存条件和要求,按照待验、合格、不合格、退货或者召回等情形进行分区存放,便于检查和监控。

解读: 配备满足金属原材料储存要求的环境和设施。

6.4.5 设备

《规范》第十九条 企业应当配备与所生产产品和规模相匹配的生产设备、工艺装备等,并确保有效运行。

《规范》第二十条 生产设备的设计、选型、安装、维修和维护必须符合预定用途,便于操作、清洁和维护。生产设备应当有明显的状态标识,防止非预期使用。企业应当建立生产设备使用、清洁、维护和维修的操作规程,并保存相应的操作记录。

《规范》第二十一条 企业应当配备与产品检验要求相适应的检验仪器和设备,主要检验仪器和设备应当具有明确的操作规程。

解读: ① 应进行金属 3D 打印设备的防爆风险评价,采取防爆措施。② 应对成型腔体(如打印设备、烧结设备)的密封性能进行确认。③ 应当配备相应的生产和检验设备,必要时配备计算机辅助数据处理系统。主要有 3D 打印设备、后处理设备、粉末回收设备、清洁设备及必要的检验设备,数据传输软件、建模软件、设计软件、切片软件及控制软件等软件。④ 3D 打印设备、后处理设备、粉末回收设备、清洁设备以及检验设备等应制订设备维护保养规程,并选定责任人定期保养维护。

6.4.6 文件管理

《规范》第二十七条 企业应当建立记录控制程序,包括记录的标识、保管、检索、保存期限和处置要求等,并满足以下要求:记录应当保证产品生产、质量控制等活动的可追溯性;记录应当清晰、完整,易于识别和检索,防止破损和丢失;记录不得随意涂改或者销毁,更改记录应当签注姓名和日期,并使原有信息仍清晰可辨,必要时,应当说明更改的理由;记录的保存期限应当至少相当于企业所规定的医疗器械的寿命期,但从放行产品的日期起不少于 2 年,或者符合相关法规要求,并可追溯。

解读: ① 金属 3D 打印医疗器械除传统的记录控制要求外,还应对 3D 打印医疗器械实现过程中的电子数据制订管理要求,包括数据档案的建立、保存路径、保存时间和保存介质等。② 针对个性化金属 3D 打印医疗器械应该使用可以实现全流程追溯的方式,例如电子签名。③ 记录的保存期限应当至少相当于企业所规定的医疗器械的寿命期,但从放行产品的日期起不少于 2 年,或者符合相关法规要求,并可追溯。植入性金属 3D 打印医疗器械的记录应永久保存。④ 企业应关注数据的保密和数据的安全。应制订设计方案和医学影像学数据的接收标准,数据传输和保管的要求,并对患者信息的保密要求进行规定。

6.4.7 设计开发

6.4.7.1 设计开发的策划和控制

《规范》第二十八条 企业应当建立设计控制程序并形成文件,对医疗器械的设计和开发过程实施策划和控制。

解读： ① 设计控制程序文件,应当清晰、可操作,能控制设计开发过程,金属 3D 打印医疗器械应根据定制式、患者匹配式等实际情况明确各阶段人员和部门的职责、权限和沟通,特别是医工交互的双方(医生、工程师)职责、权限。② 风险管理应充分考虑金属原材料、金属 3D 打印设备和加工过程的风险控制。

1) 设计开发的策划

《规范》第二十九条 在进行设计和开发策划时,应当确定设计和开发的阶段及对各阶段的评审、验证、确认和设计转换等活动,应当识别和确定各个部门设计和开发的活动和接口,明确职责和分工。

解读： 设计和开发策划资料,应当根据金属 3D 打印的产品的特点,对设计开发活动进行策划,并将策划结果形成文件。① 根据产品特点如定制式、患者匹配式、无菌和植入等,详述设计和开发项目的目标、意义和技术指标分析。② 确定设计和开发各阶段,以及适合于每个设计和开发阶段的评审、验证、确认和设计转换活动。③ 应当识别和确定各个部门设计和开发的活动和接口,明确各阶段人员或组织的职责、评审人员的组成,以及各阶段预期的输出结果。④ 主要任务和阶段性任务的策划安排与整个项目相一致。⑤ 确定产品技术要求的制定、验证、确认和生产活动所需的测量装置。⑥ 开展医疗器械设计开发全过程的风险管理。

2) 设计开发的控制

《规范》第三十条 设计和开发输入应当包括预期用途规定的功能、性能和安全要求、法规要求、风险管理控制措施和其他要求。对设计和开发输入应当进行评审并得到批准,保持相关记录。

解读： ① 根据金属的物理化学特性和产品的预期用途,设计适宜的 3D 打印工艺与后处理工艺。② 针对定制式金属 3D 打印医疗器械,金属种类的选择由医疗机构提出需求和设计方案,企业根据金属原材料的适用范围和工艺要求与医疗机构共同确认。③ 设计输入时要充分考虑材料的选择。④ 在保证功能和用途的前提下尽量减少零件数量和机械连接,通过设计优化尽可能地利用金属 3D 打印的方法实现一体化的结构成型。⑤ 若为金属 3D 打印植入性医疗器械,要充分考虑装配特征。比如,考虑手术体位、入路及具体软组织及骨性结构的状态以保证其顺利有效地植入。⑥ 设计过程中应考虑金属 3D 打印医疗器械的使用环境,包括使用中的外在环境和工作条件等。如,热环境、弱酸碱环境、电解质环境、摩擦界面。应考虑金属 3D 打印医疗器械使用中所能承担的温度与人体体内温度的工作环境。同时,应考虑产品使用期间的周期性温度变化导致的材料老化、热疲劳和热膨胀等因素。应考虑金属原材料容易遭受腐蚀的特点,设计时应考虑相关腐蚀形式,尽可能地避免腐蚀。⑦ 应充分考虑金属 3D 打印医疗器械的几何因素,包括产品的精度、精密度、表面粗糙度和最小特殊尺寸。

6.4.7.2 设计开发的输出

《规范》第三十一条　设计和开发输出应当满足输入要求,包括采购、生产和服务所需的相关信息、产品技术要求等。设计和开发输出应当得到批准,保持相关记录。

解读: ① 输出的原料采购信息应包括金属的牌号、化学性能等质量标准。② 输出的设计图纸应包含所有的电子数据,形成作业指导书,并制订金属 3D 打印环境要求、获得扫描影像学的具体要求等。

6.4.7.3 设计开发的验证及记录

《规范》第三十二条　企业应当在设计和开发过程中开展设计和开发到生产的转换活动,以使设计和开发的输出在成为最终产品规范前得以验证,确保设计和开发输出适用于生产。

《规范》第三十四条　企业应当对设计和开发进行验证,以确保设计和开发输出满足输入的要求,并保持验证结果和任何必要措施的记录。

解读: 金属 3D 打印医疗器械可尝试通过模拟和仿真来验证产品性能。模拟设计网格模型,通常使用 STL 格式文件。该文件是将 CAD 表面离散为三角形面片网格。设计者在设计时应检验零件的网格模型,以保证其符合以下条件: ① 设计者应采用合适数量的三角形面片来表达 CAD 模型;② 网格应是封闭的,网格应完全包含零件体积,没有零厚度且内边界没有空隙、缝隙或裂缝;③ 模拟分析时,应对上述的网格分析加以控制,以保证模拟分析的准确性;④ 通过数据模型的建立,对金属打印医疗器械进行力学性能的模拟,包括但不限于应力分布、拉伸强度、拉伸模量、拉伸伸长率、弯曲强度、弯曲模量、抗压强度、压缩模量、疲劳强度、疲劳极限以及其他物理学性能指标的模拟;⑤ 对金属 3D 打印医疗器械进行力学性能的模拟,应以具体患者模型为例进行个性化的模拟分析,考虑真实骨和重要肌肉、肌腱的结构特点,遵循真实的水泥固定或解剖学固定模式,利用步态分析等方法对多个工况下的人体运动模式特点进行力学赋值,从而获得尽量精准的模拟结果。

6.4.8 采购

6.4.8.1 供应商

《规范》第四十一条　企业应当建立供应商审核制度,并应当对供应商进行审核评价。必要时,应当进行现场审核。

《规范》第四十二条　企业应当与主要原材料供应商签订质量协议,明确双方所承担的质量责任。

解读: 签订的质量协议应明确金属 3D 打印原材料的质量要求,包括但不限于化学成分、颗粒形状、粒度及粒度分布、流动性和循环使用性等几个方面。同时对原料的储运要求也应进行规定。

6.4.8.2 原材料的要求

《规范》第四十三条 采购时应当明确采购信息,清晰表述采购要求,包括采购物品类别、验收准则、规格型号、规程、图样等内容。应当建立采购记录,包括采购合同、原材料清单、供应商资质证明文件、质量标准、检验报告及验收标准等。采购记录应当满足可追溯要求。

《规范》第四十四条 企业应当对采购物品进行检验或者验证,确保满足生产要求。

解读:核对采购原料(金属粉末)的出厂检验报告,应符合规定的质量标准;应对原材料进行检验,并保存检验记录。

6.4.9 生产管理

6.4.9.1 生产流程、关键工序和特殊过程

《规范》第四十六条 企业应当编制生产工艺规程、作业指导书等,明确关键工序和特殊过程。

《规范》第四十九条 企业应当对生产的特殊过程进行确认,并保存记录,包括确认方案、确认方法、操作人员、结果评价、再确认等内容。生产过程中采用的计算机软件对产品质量有影响的,应当进行验证或确认。

企业应当编制生产工艺规程、作业指导书等,明确关键工序和特殊过程。针对定制式3D打印医疗器械,企业对医工交互的过程应制订规范性操作文件。

解读:应对关键工序和特殊过程进行验证和确认:① 企业应对金属3D打印过程和后处理过程进行充分的确认与验证,形成验证报告,编制作业指导书。② 对SLM和EBSM过程,应规定过程参数,如功率、光斑大小、层厚、扫描速度、扫描路径和有效加工区域等。③ 企业应对打印旧粉的回收利用进行管控,如对新旧粉末的比例作出规定,提供相应的物理、化学和生物学验证。④ 应对后处理过程进行数据分析,并保持相关记录。⑤ 与传统机加工不同,金属3D打印医疗器械从设计、建模到打印、后处理等都需要软件(如数据传输软件、建模软件、设计软件、切片软件和控制软件等)。因此,要对3D打印相关软件进行验证或确认。当使用的原材料、工艺和计算机软件发生变化时,应进行重新验证。

6.4.9.2 生产记录

《规范》第五十条 每批(台)产品均应当有生产记录,并满足可追溯的要求。生产记录包括产品名称、规格型号、原材料批号、生产批号或者产品编号、生产日期、数量、主要设备、工艺参数、操作人员等内容。

解读:应保留产品的批生产记录,金属3D打印过程中会生成数据记录,企业应对

生产过程的数据进行保存,并确保数据的可追溯。金属 3D 打印植入医疗器械应有唯一编码,符合《医疗器械唯一标识系统规则》的要求,具体参照《附录植入性医疗器械》。

6.4.9.3 产品清洗

《医疗器械生产质量管理规范附录无菌医疗器械》(以下简称《附录无菌医疗器械》)、《附录植入性医疗器械》的清洗要求。

解读: 根据产品实际需求,若需要清洗的,应当对清洗过程进行确认,并形成清洗作业指导书,可参考《附录无菌医疗器械》《附录植入性医疗器械》的要求。

6.4.9.4 产品灭菌

《附录无菌医疗器械》《附录植入性医疗器械》的灭菌要求。

解读: 根据产品实际需求,若需要灭菌的,应当对灭菌过程进行确认,并形成灭菌作业指导书。根据《附录无菌医疗器械》《附录植入性医疗器械》的要求,以非无菌状态提供的产品,企业应至少规定一种合适的灭菌方法,若产品不允许多次灭菌,应予以说明。

6.4.10 质量管理

6.4.10.1 产品检验规程和检验报告

《规范》第五十八条 企业应当根据强制性标准以及经注册或者备案的产品技术要求制定产品的检验规程,并出具相应的检验报告或者证书。需要常规控制的进货检验、过程检验和成品检验项目原则上不得进行委托检验。对于检验条件和设备要求较高,确需委托检验的项目,可委托具有资质的机构进行检验,以证明产品符合强制性标准和经注册或者备案的产品技术要求。

解读: ① 企业应对产品的性能要求和检验方法进行规定,如探伤检测、孔隙率检测、力学性能、金相组织、粗糙度、硬度和金属元素组成。② 应充分考虑个性化产品的特点,宜采用以下方法进行产品质量的验证和确认,认定其满足标准要求。

(a) 采用标准规定的、经过方法学考察可以合理替代的无损检验技术,或采用经过验证和确认的类型化样块,替代样品进行检验和测试。

(b) 制定详细的参数放行制度。通过生产工艺验证和确认,并提供相关证据,证明产品符合标准要求。

6.4.10.2 产品留样和留样记录

《规范》第六十一条 企业应当根据产品和工艺特点制定留样管理规定,按规定进行留样,并保持留样观察记录。

解读: 应根据金属 3D 打印产品特点制定留样规程,对于定制式金属 3D 打印医疗器械,应规定特殊留样数量和方式,如制备随炉样块、粉末留样、测试样块留样。

6.4.11　上市后管理

金属 3D 打印医疗器械包含无菌和非无菌、植入和非植入、定制式和非定制式等,销售和售后服务、不合格品控制、不良事件监测等可具体参照《医疗器械生产质量管理规范》《附录无菌医疗器械》《附录植入性医疗器械》执行。

6.5　对医用 3D 打印光固化成型工艺的控制和确认要求

6.5.1　前言

3D 打印的基本原理是以 CAD 的数字模型为基础,对物体进行数字化分层,得到每层的二维加工路径等信息,利用合适的材料和工艺,通过自动化控制技术,沿着设定路径,采用逐层打印和层层叠加的方式制备成品。

在医疗领域,3D 打印对于实现精准医疗具有广阔的应用前景,从影像学诊断、三维数据设计、骨骼等结构打印到临床手术,3D 打印能够实现个性化组织再生和修复。目前,3D 打印在医疗器械制造和专业医疗辅助器械方面的应用发展较为成熟。3D 打印技术较为典型的医疗应用包括构建手术规划模型、医疗培训教学、手术导板、3D 打印植入物以及假肢、助听器等康复医疗器械。

根据打印方式和打印材料的不同,目前主流的 3D 打印技术有 FDM、SLA、SLS 等。其中,光固化快速成型是以液态光敏树脂为原料,通过控制紫外光束扫描液态光敏树脂,使其有序固化并逐层叠加成型。在光固化成型技术体系中,DLP 是一种使用在投影仪和背投电视中的显像技术。该技术使用一种较高分辨率的数字光处理器来固化液态光聚合物,一层层对液态聚合物进行固化,以此循环往复,直到最终模型的完成。SLA 和 DLP 同属于光固化成型,其中 SLA 采用激光点聚焦到液态光聚合物,而 DLP 成型技术是采用数字光处理器来照射固化光聚合物。SLA 在成型时一般都是点到线、线到面,而 DLP 则是以面叠加的方式成型。因此,DLP 成型速度远高于 SLA 成型速度。DLP 技术与 SLA 技术所采用的光敏树脂一致,主要成型紫外光波段为 365 nm 及 405 nm。

立体光固化成型工艺是一个特殊过程,过程的有效性不能完全通过后续的产品检验和测试来验证,需要通过控制过程工艺参数来保证打印件质量。根据医疗器械监管和相关法律法规要求,本文针对立体光固化成型工艺过程中的"人、机、料、法、环"各个环节,对人员、设备、原材料、工艺和环境过程提出明确要求,特别对安装确认、运行确认和性能确认等方面提出了详细要求。立体光固化成型设备商、工艺技术的提供方以及运用该成型工艺开展医疗器械研发和生产的机构均可通过满足以下要求来提高过程的规范性。

6.5.2 术语解释

● 3D 打印：以三维模型数据为基础，通过材料堆积的方式制造零件或实物的工艺。

● 光固化：通过光致聚合作用选择性地固化液态光敏聚合物的增材制造工艺[8]。

● 安装确认（IQ）：有客观证据支持，正确地考虑到所有符合厂商规格的过程设备和辅助安装系统的主要布置和设备供应商的说明。

● 运行确认（OQ）：有客观证据支持，使产品符合所有预定要求的过程控制范围和作用程度。

● 性能确认（PQ）：有客观证据支持，在预期条件下，过程连续地产出符合所有预定要求的产品[9]。

● 立体光固化技术（stereolithography apparatus，SLA）：光固化成型技术的一种，是利用紫外激光作为光源，通过旋转反射镜精确控制激光光斑扫描截面轮廓，完成一层固化后再固化下一层，这样层层叠加构成一个三维实体。

● 数字光处理技术（digital light processing，DLP）：光固化成型技术的一种，是直接使用紫外投影仪作为光源，通过数字振镜器件（digital micromirror device，DMD）控制投射的光来工作。每次投影一层并固化一层光敏树脂，层层叠加构成一个三维实体。

● 数字振镜器件：是一种整合的微机电上层结构电路单元，利用 COMS SRAM 记忆晶胞所制成。DMD 上层结构的制造是从完整 CMOS 内存电路开始，再透过光罩层的使用，制造出铝金属层和硬化光阻层交替的上层结构。DMD 是 DLP 技术中的核心部件。

● 液晶显示光固化成型（liquid crystal display stereo lithography，LCD-SL）：光固化成型技术的一种，是使用液晶显示面板将光源发射出的光线选择性地通过透明离型结构投射到光敏树脂上完成一层固化，层层叠加构成一个三维实体。

6.5.3 通则要求

6.5.3.1 人员

应规定实施和满足本部分要求的职责和权限，职责应按照 GB/T 42061 的适用条款分配给有能力的人员。人员包括但不限于技术、生产和质量管理部门的负责人和操作人员、3D 打印设备操作和维护人员、参与产品设计和医工交互的临床医师、参与医工交互的设计工程师、设备制造商和原料供应商等。

人员通常由具有独立质量管理体系的多个组织组成，各组织的职责和权限应加以规定。一般包括设备制造商、临床机构、3D 打印产品生产商。

各组织宜制定相关人员的培训要求,如:

(1)从事光固化成型的生产人员,应接受光固化成型技术和材料相关专业知识的培训。培训内容包括但不限于光固化成型设备及辅助设备的操作、维护、校准、软件使用、安全防护、原材料处理、数据处理和异常情况处理等,掌握本岗位相关的技能,具备相关设备操作能力和故障辨识、纠正能力。

(2)从事光固化成型的检验人员,应按照检验人员上岗要求接受相关培训,对产品实施过程中的质量控制点能够进行检验,并判定检验结果;同时应当经单位授权部门考核认可。

(3)针对定制式光固化成型医疗器械,临床机构参与产品设计的临床医师,应具有进行相应产品临床使用的从业资质,接受定制式光固化成型医疗器械相关知识的培训,培训后不仅能提供正确的设计需求,同时还能判定最终器械能否满足临床需要,具备临床认知的能力。

6.5.3.2 设备

设备的验收应按照设备厂家提供的验收标准或供需双方协定的相关标准验收,合格后方能使用。

操作者应根据光固化设备的使用说明书制定维护保养计划,维护保养内容按设备厂商使用说明书或相关标准要求执行。应定期对设备进行校准。维护或校准结果应如实记录,记录的保存时间按设备厂商使用说明书要求。

6.5.3.3 环境

安装设备的场地应具备良好的温湿度、通风、照明条件。

有特殊要求的光固化成型医疗器械(如最终以无菌状态交付的产品)的厂房与设施,可按《规范》及相关附录的要求执行。

6.5.3.4 原材料

光敏树脂原料的牌号和化学成分应符合相关标准要求。应该对原材料光敏树脂建立质控标准,明确性能指标的要求及检验方法。

应明确光敏树脂原料安全标准(如提供原料安全数据表),原料应能保证最终成品能够满足生物相容性要求,可参照 GB/T 16886 系列标准进行评价。

光敏树脂原料的储存应按照粉末、液体等性状,根据供应商提供的环境条件要求执行。应采取必要措施防止树脂在使用、储存、运输和清理等过程中被污染,或发生化学危害。需重复使用的树脂,应符合相关质量要求。

6.5.3.5 工艺过程

如图 6-1 所示,光固化成型工艺过程包括以下 4 步。

(1)三维数模设计:通过三维 CAD 软件或三维扫描等方式构建三维模型。

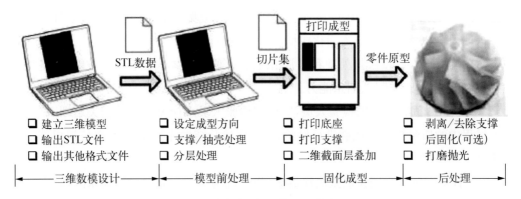

图 6-1 光固化成型工艺过程

（2）模型前处理：获得切片轮廓数据模型和制造工艺文件。

（3）固化成型：利用增材制造设备通过光致聚合作用选择性地固化液态光敏聚合物，得到三维实体。

（4）后处理：去除支撑、二次固化等。

6.5.3.6　文件和记录

应制定光固化成型工艺过程确认、常规控制和产品放行程序。

所形成的文件和记录应由指定人员进行审核和批准。文件和记录应按照 GB/T 42061 的适用条款进行控制。

6.5.4　确认

6.5.4.1　安装确认

光固化成型增材制造设备的安装环境需满足以下要求：装备应设置在相对独立的区域，明确环境温湿度、清洁和通风的要求，能对环境进行控制和监测。

光固化成型设备对环境有很高的要求，推荐的环境要求指标如下。

（1）环境温度：22～26 ℃。

（2）相对湿度：不大于 40%。

（3）防尘。

（4）环境光照无波长小于 450 nm 的紫外光。

确认系统的硬件已正确安装并可正常运行，确定各装置的安装与图纸的一致性，设备可按照设定参数正常运行。

（1）机械模块：结构组件按照图纸要求安装，升降和涂覆结构运行平稳，无异响。

（2）光学模块：光学器件按照图纸要求安装，通电后光学器件启动和参数修改正常。

（3）控制模块：运动轴、投光系统和报警系统在设定的参数或在参数阈值下正常运行。

应进行公用工程的确认，如备用电源、气泵和水处理设备等。

安装确认的支持文件应包括光固化成型增材制造设备及其附属设备或系统的描述、原始采购订单、装箱清单、安装图纸、使用说明书、电气图纸和维护保养规程等。

6.5.4.2　运行确认

根据实际使用用途，应对设备的基本功能进行确认。

设备基本功能可包括但不限于以下内容。

（1）自动功率校正：确保做件功率的自动校正。

（2）光源控制：确保光源的通断正常。

（3）急停保护：确保设备遇异常时有紧急保护。

（4）故障清除：确保设备异常报警快速处理。

（5）开门检测：确保设备打印符合安全规范。

（6）树脂加热：确保树脂处于良好的流变状态，明确黏度范围。

（7）做件监测：确保实时了解设备做件状态。

（8）一键启动：确保快速开启设备。

（9）一键打印：确保打印文件导入后直接点击打印。

（10）断电续打：确保断电后再通电能继续打印。

（11）设备状态显示：通过状态灯快速识别设备状态。

应对设备的自保护功能进行以下确认。

（1）光源安全：非工作或工作状态，光源长时间照射达到设定时长会自动关闭。

（2）加热保护：树脂加热到设定温度后自动停止加热（如适用）。

（3）限位保护：设备误操作或到达极限位置会自动报警。

（4）断电保护：设备断电自动防止重要器件烧坏。

应使用适当的粉末材料、成型控制软件搭载的针对该粉末材料的标准工艺参数设置来实施运行确认，以证明该设备能够达到设备规范中规定的性能参数和运行极限的能力。

应分析光固化成型3D打印设备每次记录的传感器数据，形成报告。做件记录中记录功率值、液位位置、刮刀位置、做件时间等。

6.5.4.3　性能确认

首先利用光固化成型3D打印设备打印成型的试样，并评估其性能是否满足设计要求。

1）打印尺寸精度建议要求（精度测试样件）

SLA：$L \leqslant 100$ mm 时，X、Y 方向尺寸误差均在 ± 0.1 mm 以内；$L > 100$ mm 时，X、Y 方向尺寸误差均在 $\pm 0.1\% \times L$ 内；

DLP：80% 以上的扫描点在 X、Y 方向尺寸误差均在 ± 0.05 mm 范围内；

LCD-SL：误差在 ± 0.1 mm 范围内的表面占比 $\geqslant 96\%$（正畸代型和修复体模型）。

2）打印质量（表面质量样件）

成型样件表面光滑，无明显纹路，无缺损、分层和错层。

3）幅面一致性（置信度测试样件）

在 X、Y、Z 三个方向的置信度均应不小于 80%。

对试样应进行性能评估以证明光固化成型 3D 打印过程的有效性和再现性。一般选择的试样包括表面质量样件（见图 6-2）及精度、标准和置信度样件（见图 6-3）。表面质量样件优点为易观察，其中方圆件竖直摆放，能呈现最佳的表面打印效果；规则平板件和曲面件倾斜 45°夹角摆放，打印表面效果均需满足检测指标，如表 6-1 所示。精度、标准和置信度样件的具体检测指标如表 6-2 所示。

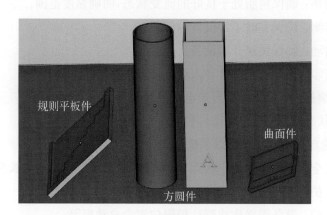

图 6-2　表面质量样件

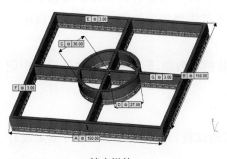
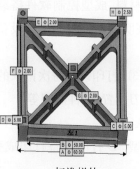
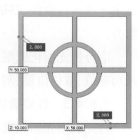

精度样件　　　　　　　　　标准样件　　　　　　　　　置信度样件

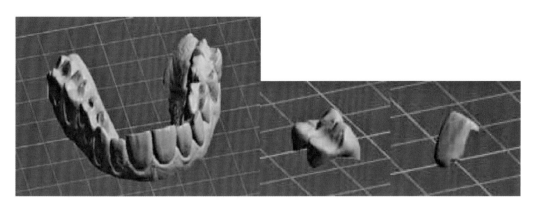

图 6-3　精度、标准和置信度样件

表 6-1　表面质量样件的检测指标要求

指　标	要　求
横纹质量	无明显横纹或横纹均匀细腻视为合格
竖纹质量	无竖纹或无明显粗竖纹视为合格
粗糙度	零件表面光滑、无明显麻点视为合格

表 6-2　精度、标准和置信度样件的检测内容与指标

检测项目	指　标	检测内容
50/150 测试件	X/Y 方向	SLA：X 或 Y 方向尺寸精度在(150 ± 0.1)mm内视为合格； DLP：X 或 Y 方向尺寸精度在(50 ± 0.05)mm内视为合格
正畸代型和修复体模型	三维扫描结果与样件模型文件对比	LCD-SL：误差在±0.1mm 范围内的表面占比≥96%视为合格
置信度件	X/Y 方向	单个 X/Y 方向尺寸精度在±0.1mm 内，整体尺寸精度在 80%以上视为合格

应考虑光固化成型增材制造设备和工艺参数的最差情况，对试样性能进行再评估。以下为典型技术的主要参数介绍。

（1）SLA 成型关键工艺参数：主要包括激光功率、扫描间距和分层厚度变化。

（2）DLP 成型关键工艺参数：主要包括配置分层厚度、首层曝光时间、单层曝光时间和单层冷却时间等,其余参数可由 DMD 自动配置。

（3）LCD-SL 成型关键工艺参数：主要包括配置分层厚度、首层曝光时间、单层曝光时间和单层冷却时间等。

（4）后处理：包括清洗、去除支撑、后固化以及表面处理等。

应在医疗器械产品的正常生产过程中添加随炉试样,对试样性能进行再评估。

最终确定打印过程的工艺参数及相关操作规程。

6.5.4.4　应形成的文件和记录

应审核确认数据并形成报告,与批准的打印过程方案相对比,以确定其可接受性,并批准过程规范。应形成的文件和记录包括但不限于：

（1）经批准的确认方案；

（2）用于确认的原始设计输入文件（STL 等格式）、工艺模型文件；

（3）确认过程中应当保留的记录（含打印环境监测、设备状态监测的记录）；

（4）确认过程中要求获取或保留的制度、说明书等；

（5）经批准的确认报告；

（6）根据确认结果形成的打印操作规程。

6.5.5　常规监测和控制

在产品质量监测过程中应当采用持续的过程检验或过程参数监视和测量的方法支持 3D 打印过程处于受控状态。过程参数的监视和测量相关要求既可以包含在过程的作业指导文件中,也可以包含在过程的检验规程中。当趋势出现渐进性变化时,应当进行评估,必要时可采取相应的措施确保 3D 打印过程处于受控状态。对产品的性能要求和检验方法进行规定,可以由供需双方协商确定检测项目及技术指标作为交付及验收条件。

应记录并保存每一打印过程的数据,形成标准化的程序文件或作业指导书或操作手册,以证明打印过程规范。

6.5.6　过程放行

3D 打印过程的合格准则应形成文件,这些准则应包括以下：

（1）确定常规处理过程记录的数据符合 3D 打印过程规范要求；

（2）确定 3D 打印后应检测的随炉试样性能符合接收标准。

由被授权的人员对形成的文件及过程记录的数据进行审核,确认各个环节符合所有规范。若上述规定的一条或多条合格准则未满足,则认为产品不合格,并进行处理。

6.5.7　保持过程有效性

6.5.7.1　设备维护

应对光固化成型设备进行定期校准并制定计划。

应制定根据连续工作时间进行分级的维护保养计划,维护保养等级越高,检查、维护或更换部件的范围越大。

6.5.7.2　再确认和变更评估

再确认指一项生产过程、一个系统(设备)或者一种原材料经过验证并在使用一个阶段以后,为证实其验证状态没有发生漂移而进行的确认。企业应对是否需要再确认、再确认的范围(是否需要重复初次确认的所有方面)及变更情况进行评估。一般应当在以下情况时进行再确认:

(1) 连续生产经过一定周期后,企业应规定再确认频次,建议再确认间隔不超过1年;

(2) 停产一定周期后;

(3) 发生影响产品质量的重大变更,如打印方法发生变更、原材料发生变更(如树脂的材质/牌号和性能、供应商的变更)、打印机及附属关键设备发生变更、软件变更(模型设计软件、模型数据处理软件、3D打印设备控制软件)和场地(环境)发生变更等;

(4) 发生影响产品质量的一般变更,企业应对变化情况进行评价并记录;同时,还应根据变更部分对整体系统运行质量和稳定性的影响进行评价并形成文件,必要时应进一步开展再确认工作;

(5) 产品有新型号规格出现,经评价不能被原有的型号规格覆盖。

6.6　对生物打印医疗器械生产质量管理的特殊要求

6.6.1　前言

生物打印是3D打印技术在生物医学领域的延伸。广义的生物打印是指服务于生物医学领域的3D打印技术。狭义的生物打印是指基于3D打印工艺,以生物墨水或其他生物材料为原料,制造有生物相容性并能在临床使用中引导生物学活性过程的3D打印医疗器械的技术。本节所述"生物打印"为狭义的概念。

生物打印技术在临床上对组织修复和器官再生提供了新的实现路径。尽管生物打印技术在组织器官重建方面已取得多项成绩,但含有"活细胞"的产品在国际上仍无法形成统一的评价标准及规则,目前尚未有取得医疗器械注册证的生物打印产品上市。生物打印医疗器械,尤其是植入人体的生物打印医疗器械,如何保障产品临床应用的安全、有效是首要考虑的。

在医疗器械的全生命周期质量管理中，生产质量管理尤为重要。为加强医疗器械生产监督管理，规范医疗器械生产质量管理。国务院药品监督管理部门根据《医疗器械监督管理条例》[10]和《医疗器械生产监督管理办法》[11]制定了《医疗器械生产质量管理规范》[1]及附录文件。从事生物打印医疗器械的生产企业，应该取得相关产品的注册证和生产许可证，并严格按照《医疗器械监督管理条例》《医疗器械生产监督管理办法》和《规范》进行质量管理和生产活动。若生物打印医疗器械为无菌医疗器械或植入性医疗器械，其质量管理体系还应满足《附录无菌医疗器械》[12]和（或）《附录植入性医疗器械》[13]的要求。若生物打印医疗器械为个性化医疗器械时，还应满足《无源植入性骨、关节及口腔硬组织个性化增材制造医疗器械注册技术审查指导原则》[14]《定制式增材制造医疗器械注册技术审查指导原则》[15]《定制式医疗器械监督管理规定（试行）》[16]中的相应要求。

由于生物打印的原料、加工过程和质量控制等方面的特殊性，现已发布的上述法规文件并不能完全涵盖其特殊要求。本节重点分析了生物打印医疗器械设计开发、生产、销售和售后服务等全过程适用《规范》的特殊要求[6,17]。

6.6.2　术语解释

● 生物墨水：用于 3D 打印的生物材料，包括但不限于生物因子、负载细胞的基质以及细胞等，或者它们的混合物[17]。

● 生物打印医疗器械：使用 3D 打印设备并利用生物打印技术制造的医疗器械，包括但不限于组织工程支架、类组织器官等[17]。

● 患者匹配医疗器械：指医疗器械生产企业在标准化医疗器械产品生产制造基础上，基于临床需求，按照验证确认的工艺设计和制造的、用于指定患者的个性化医疗器械[16]。

● 定制式医疗器械：指为满足指定患者的罕见特殊病损情况，在我国已上市产品难以满足临床需求的情况下，由医疗器械生产企业基于医疗机构特殊临床需求而设计和生产的、用于指定患者的、预期能提高诊疗效果的个性化医疗器械[16]。

6.6.3　特殊要求

6.6.3.1　机构与人员

1）机构与人员的职责和职能

《规范》第五条　企业应当建立与医疗器械生产相适应的管理机构，并有组织机构图，明确各部门的职责和权限，明确质量管理职能。生产管理部门和质量管理部门负责人不得互相兼任。

《规范》第九条 企业应当配备与生产产品相适应的专业技术人员、管理人员和操作人员,具有相应的质量检验机构或者专职检验人员。

解读:不同于大规模工业化生产的医疗器械,生物打印医疗器械属于3D打印的个性化医疗器械,包括患者匹配医疗器械和定制式医疗器械,这类医疗器械的生产离不开医工交互。参与产品设计制造的医护人员和工程设计人员应有明确的分工和清晰的职责界限,能够进行充分的沟通和交流。

生物打印生产企业的关键人员应至少包括质量管理负责人和生产负责人,关键人员应为全职人员,并具有与职责相关的专业知识,应能够履行职责要求。质量管理负责人不得兼任生产负责人。

从事生物打印医疗器械的设计开发技术负责人和质量管理负责人,应有5年以上的医疗器械设计开发或相关工作经验,应能够履行职责要求,并能熟练运用GB/T 42062—2022《医疗器械 风险管理对医疗器械的应用》[18]对产品进行风险分析与管理。

2) 各部门负责人的职责和职能

《规范》第八条 技术、生产和质量管理部门的负责人应当熟悉医疗器械相关法律法规,具有质量管理的实践经验,有能力对生产管理和质量管理中的实际问题作出正确的判断和处理。

解读:生物打印的医疗器械因含有细胞、生长因子等活性成分,属于动物源和(或)同种异体医疗器械,若在临床上用于人体组织缺损的修复或替代,还属于植入性医疗器械。其生产、技术和质量负责人应接受过由相关权威性医师培训机构或行业组织开展的专业培训,或具有相应的细胞生物学、微生物学、生物化学、材料学、机械和计算机等专业知识以及医疗器械研发、生产和质量管理的相关经历。相关人员应能对研发、生产和(或)质量管理中的实际问题做出正确的判断和处理,确保在生产、质量管理中具有履行其职责的能力。

3) 影响产品质量的工作人员的职能

《规范》第十条 从事影响产品质量工作的人员,应当经过与其岗位要求相适应的培训,具有相关理论知识和实际操作技能。

解读:"影响产品质量工作的人员"既包括生物打印医疗器械的全体人员,如生产、清洁和检验维修等人员,均应当根据其产品风险和工艺特性,定期进行卫生和微生物学基础知识、洁净作业等方面培训和生物安全防护培训;也包括参与生物打印医疗器械医工交互的工作人员,以及设计开发技术负责人、质量管理负责人和生产负责人,都应经过与其岗位要求相适应的由相关权威性医师培训机构或行业组织开展的专业培训。

4）人员健康要求

《规范》第十一条 从事影响产品质量工作的人员,企业应当对其健康进行管理,并建立健康档案。

解读: 对接触生物打印医疗器械的全体人员定期进行体检,并建立人员健康档案。

6.6.3.2 厂房与设施

《规范》第十二条 厂房与设施应当符合生产要求,生产、行政和辅助区的总体布局应当合理,不得互相妨碍。

《规范》第十三条 厂房与设施应当根据所生产产品的特性、工艺流程及相应的洁净级别要求合理设计、布局和使用。生产环境应当整洁、符合产品质量需要及相关技术标准的要求。产品有特殊要求的,应当确保厂房的外部环境不能对产品质量产生影响,必要时应当进行验证。

《规范》第十四条 厂房应当确保生产和贮存产品质量以及相关设备性能不会直接或者间接受到影响,厂房应当有适当的照明、温度、相对湿度和通风控制条件。

《规范》第十五条 厂房与设施的设计和安装应当根据产品特性采取必要的措施,有效地防止昆虫或者其他动物进入。对厂房与设施的维护和维修不得影响产品质量。

《规范》第十六条 生产区应当有足够的空间,并与其产品生产规模、品种相适应。

《规范》第十七条 仓储区应当能够满足原材料、包装材料、中间品和产品等的储存条件和要求,按照待验、合格、不合格、退货或者召回等情形进行分区存放,便于检查和监控。

《规范》第十八条 企业应当配备与产品生产规模、品种和检验要求相适应的检验场所和设施。

解读: 生物打印医疗器械的厂房应综合考虑地面、道路、运输和周边生物环境因素,以减少环境对产品质量的不利影响,并应建立独立的生物打印医疗器械配套设施及其专门的配套设备。

为避免污染,生产过程中的后处理工序(固化、培养等)应当设置单独的功能间。

对于有要求或采用无菌操作技术加工的植入或无菌医疗器械(包括医用材料),应当在不低于 10 000 级环境下的局部 100 级洁净室(区)内进行生产。不同类型的生物打印产品和不同批次产品可以共线、共用打印设备进行打印生产,但应做好打印区(室)的清场、清洁后方可进行下一批次或者不同产品的打印生产,或者可以进行共线、同时生产,但需要在有物理隔离的不同打印房间内利用不同的打印设备分别进行不同类型产品或不同批次产品的打印生产,且应有适当的管理措施和文件体系防止交叉污染。

生产生物打印医疗器械的厂房应充分考虑细胞生物材料的特点和产品风险,根据产品工艺流程和生产规模,按照设计、布局和使用合理的原则,进行厂房、检验场地和设施以及储存环境的设计,确保生产和储存环境满足产品质量控制要求。

外来生物样本(包括细胞)等采集物的接收、取样,应设置专门的接收取样工作区,执行采集物的登记、编号、初检、核对、取样和暂存功能。接收取样工作区应与制备区隔离并有独立的洁净环境,接收时的取样操作应在不低于 100 级洁净环境下进行。应当设置专门的细胞接收室,进行待接收细胞的检查和取样、待接收细胞附带文件和记录的检查、赋予唯一性的标识代码、填写接收记录、暂时贮存等操作。

对生物打印医疗器械生产过程产生的废弃物的处理应满足环境保护的相关要求,并在质量管理体系文件中做出规定。对产品污染,尤其是生物污染的防护应形成文件,并确保验证的实施。

6.6.3.3　设备

1) 生产设备

《规范》第十九条　企业应当配备与所生产产品和规模相匹配的生产设备、工艺装备等,并确保有效运行。

解读: 生物打印医疗器械生产应配备相应的生产、检验设备及计算机辅助设计和制作系统。根据打印技术的不同,生物打印机设备分为喷墨式生物打印机、挤出式生物打印机、激光辅助生物打印机、光固化生物打印机。计算机辅助设计和制作系统包括设计软件、打印软件。针对生物打印中使用的软件,应明确软件名称与版本号。计算机辅助设计和建模系统等软件应保证数据转换的正确性和完整性。生物打印机能正确地读取数据模型,并根据操作人员设定的打印参数信息指导生物打印机进行打印,保证最终打印产品结构与设计结构的一致性和完整性。

生物打印是一个物理和机械的加工过程,打印中或打印后的生物材料性能是否稳定、细胞活性能否保持成为重要评价指标。因此,生物打印需要在温和的条件下进行,这就要求设备在生产过程中对打印材料的成分组成、分子结构的影响应稳定可控。

2) 工艺用水

《附录植入性医疗器械》2.3.3　应当确定所需要的工艺用水……工艺用水应当满足产品质量的要求。

解读: 生物打印医疗器械工艺用水要求为,100 000 级及以上级别的洁净环境下用水应使用纯化水,10 000 级及以上级别的环境下应使用无菌注射用水。

6.6.3.4　文件管理

1) 质量管理体系文件的建立

《规范》第二十四条　企业应当建立健全质量管理体系文件,包括质量方针和质量目标、质量手册、程序文件、技术文件和记录,以及法规要求的其他文件。

质量手册应当对质量管理体系做出规定。

程序文件应当根据产品生产和质量管理过程中需要建立的各种工作程序而制订，包含本规范所规定的各项程序。

技术文件应当包括产品技术要求及相关标准、生产工艺规程、作业指导书、检验和试验操作规程、安装和服务操作规程等相关文件。

解读： 生物打印医疗器械生产企业的质量管理体系文件，包括质量目标、质量方针、质量手册、程序文件、技术文档、作业指导书和记录应融入生物打印医疗器械的相关内容，其生物打印医疗器械的技术文档包括生产企业与医疗机构签订的协议、医疗机构开具的处方、影像数据、患者信息等医工交互信息，以及细胞和生物材料来源、保存和使用等信息。法规对生物打印医疗器械相关的生物制品做出规定的，还应遵守相关要求。

2）记录控制程序的建立

《规范》第二十七条　企业应当建立记录控制程序，包括记录的标识、保管、检索、保存期限和处置要求等，并满足以下要求：

（1）记录应当保证产品生产、质量控制等活动的可追溯性；

（2）记录应当清晰、完整，易于识别和检索，防止破损和丢失；

（3）记录不得随意涂改或者销毁，更改记录应当签注姓名和日期，并使原有信息仍清晰可辨，必要时，应当说明更改的理由；

（4）记录的保存期限应当至少相当于企业所规定的医疗器械的寿命期，但从放行产品的日期起不少于 2 年，或者符合相关法规要求，并可追溯。

解读： 因生物打印医疗器械产品含有"活"的生物成分，实体留样在操作层面存在困难；若在临床上用于组织器官修复，生物打印的医疗器械的使用寿命可能伴随患者终身。因此，应对生物打印医疗器械全生命周期中的相关记录永久保存，最大可能保证生物打印医疗器械的可追溯性。

因生物打印的数据（影像学数据、设计文件等）涉及患者隐私，应予以保密。对于涉及患者隐私的数据信息，企业应建立数据库，负保密义务。在保护患者隐私的前提下，生产企业也可以与医疗机构通过互联网技术等手段将病例情况、产品设计等信息实现医工交互、信息互通。除非得到患者及医疗机构的许可，不得将数据提供给其他机构或个人。

为保证患者数据的正确性和完整性，便于追溯管理，在获得患者知情同意的前提下，患者数据的获取、发送和储存应采取经验证的形式执行，防止数据的丢失或损坏。建立数据库时，应严格按照国家相关的法律法规进行数据管理，确保患者数据存储系统安全、有效，且不得将患者数据信息在境外服务器存储。可采取各类安全手段对数据进行严格保护，包括但不限于建立内网、私有云和私有服务器等。

6.6.3.5   设计开发

1) 设计开发的策划

《规范》第二十九条   在进行设计和开发策划时,应当确定设计和开发的阶段及对各阶段的评审、验证、确认和设计转换等活动,应当识别和确定各个部门设计和开发的活动和接口,明确职责和分工。

解读: 应充分考虑生物打印医疗器械的设计在原材料特点、制备过程、储存、运输和使用的特殊性的条件下,满足质量管理体系和法规的相关要求。在对生物打印医疗器械进行设计开发策划时,明确产品设计开发的各个阶段、评审和确认要求、验证和转换活动、人员能力、分工和职责安排,以及产品设计输出对应设计输入的溯源办法,以确保产品满足预期用途和法规的要求。

2) 设计开发的风险管理

《规范》第三十八条   企业应当在包括设计和开发在内的产品实现全过程中,制定风险管理的要求并形成文件,保持相关记录。

解读: 设计开发必须根据生物打印医疗器械的特性和产品预期用途,按照 GB/T 42062—2022《医疗器械　风险管理对医疗器械的应用》[18]进行充分的风险分析,确保充分识别生物打印医疗器械包括生物材料在内的原辅料确定、采购、生产过程、储存和运输、使用环节全生命周期内有关的危险源,估计每一个危险情况的风险,并确定控制措施。从生物打印医疗器械研发初始,应根据已识别的风险及该器械的预期用途进行全面分析,并应在整个产品生命周期内不断地收集和更新数据,明确并防范风险,根据不同的风险制订相应的风险控制方案,确保产品的医疗受益大于风险。根据产品特性,生物打印医疗器械产品的风险可以考虑但不限于以下因素:

(1) 细胞的来源、类型、性质和功能;

(2) 非细胞成分、非目的细胞群体、具体治疗途径及用途;

(3) 细胞的增殖、分化和迁移能力;

(4) 细胞的操作程度、细胞体外暴露于特定培养物质时间、培养基的选择和细胞培养时间;

(5) 细胞存活情况、细胞代次和非细胞成分的毒性作用;

(6) 物理性及化学性处理或基因修饰/改造对细胞特性的改变程度;

(7) 激活免疫应答的能力,免疫识别的交叉反应;

(8) 细胞和生物活性分子或结构材料组成、使用方式以及对受者的预处理;

(9) 类似产品的经验或相关临床数据;

(10) 生产工艺、全生产过程中的污染和(或)交叉污染的污染因素;

(11) 使用动物源性材料的风险因素。

3）设计开发的输入

《规范》第三十条 设计和开发输入应当包括预期用途规定的功能、性能和安全要求、法规要求、风险管理控制措施和其他要求。对设计和开发输入应当进行评审并得到批准,保持相关记录。

解读:生物打印医疗器械的设计输入应根据预期用途确定产品的功能、性能指标可用性和安全要求。在评价法规要求的适宜性时,应充分考虑生物材料及制品相关的法规和标准的要求,多渠道收集类似产品的国内外信息和研究文献,并对产品的风险进行充分的评价,对高于医疗受益的风险应明确控制方法,并形成文件化的风险管理报告。

当生物打印医疗器械为个性化医疗器械(包括患者匹配医疗器械和定制式医疗器械)时,应将产品的设计环节延伸至医疗机构,作为设计输入重要信息载体的制作订单,应当能够全面地、完整地反映所要设计的个性化匹配式或定制式医疗器械的参数特点。产品设计输入信息应包括:

(1) 生产企业与医疗机构签订的协议和(或)由医疗机构与生产企业达成一致后填写书面订单;

(2) 生产企业信息,包括生产企业名称、住所、生产地址、负责人、联系人和联系电话;

(3) 医疗机构信息,包括医疗机构名称、地址、负责人、主诊医师、联系人和联系电话;

(4) 患者信息,包括姓名(可以按姓名首字母缩写或数字代码标识,前提是可以通过记录追踪到指定患者)、住院号、性别、年龄、病情描述、治疗方案和治疗风险等;

(5) 采用生物打印医疗器械原因的声明;

(6) 个性化匹配或定制需求,包括生物打印医疗器械临床数据(影像学数据、检查数据、病损部位和病损模型等)、医疗目的和生物打印医疗器械要求说明等;

(7) 产品设计要求、成品交付要求、产品验收标准和产品验收清单等;

(8) 授权主诊医师、生产企业联系人和技术负责人的签字及日期。

在个性化匹配或定制式医疗器械的设计或生产过程中,应当充分考虑患者病情变化等因素导致设计不满足输入的情况。如果进行设计更改,应当提供充分的理由,再次由医工交互团队签字确认。

4）设计开发的验证

《规范》第三十四条 企业应当对设计和开发进行验证,以确保设计和开发输出满足输入的要求,并保持验证结果和任何必要措施的记录。

解读:根据生物打印医疗器械产品的特殊性制订工艺验证方案,包括净化车间的洁净控制、无菌操作规范、内外包装、灭菌验证和货架有效期进行充分的验证,以确定产品的作业规范、保存环境、保存时间、运输、产品包装形式和防护要求。

6.6.3.6　采购

1) 采购控制程序的建立及实行

《规范》第三十九条　企业应当建立采购控制程序,确保采购物品符合规定的要求,且不低于法律法规的相关规定和国家强制性标准的相关要求。

《规范》第四十条　企业应当根据采购物品对产品的影响,确定对采购物品实行控制的方式和程度。

解读: 生物打印的原材料一般为生物墨水,能够在临床使用中诱导生物学活性过程。生物墨水为生物材料和可打印基质的混合物。其中,生物材料包含细胞、组织和生物因子等活性成分,目的在于促成打印物表现出与生物组织相同的性质和生物学行为。可打印基质包括天然材料(如海藻酸钠、肝素、胶原、壳聚糖、纤维蛋白、透明质酸等)和合成材料(如聚乙二醇),主要用于提高结构的机械强度、保持打印物形状、保障细胞的黏附性和存活率等。

可打印基质是构成生物3D打印的重要基础组成材料,它们不仅可决定打印体的化学和物理特性,而且还与打印墨水中细胞、生长因子等直接接触,为细胞提供必要的力学支撑、微环境因素和3D空间架构等,同时这些生物基质材料还将决定完成打印后的活体器件、组织在时间维度上的细胞增殖、分化和组织功能的实现。对可打印基质的基本要求一般包含:材料的生物相容性、可打印性和力学性能,以及材料的其他理化性能,如降解性、材料的膨胀和收缩特性等生物打印所需的一些特殊要求。

生物打印根据拟构建的组织结构选择对应的细胞来源和细胞种类。细胞来源主要是自体细胞和异体细胞。可打印的细胞包括干细胞、肿瘤细胞和多种体细胞。在采购细胞等生物源性材料时,应严格按照细胞库质量管理自律规范、干细胞制剂制备质量管理自律规范等相关法律法规进行采购与验收活动。

对含细胞生物材料的管理,应符合《干细胞制剂制备质量管理自律规范》[19]和《细胞库质量管理规范》[20]的要求。非完全密封状态下的细胞操作(如分离、培养和灌装等)以及与细胞直接接触的无法终端灭菌的试剂和器具的操作,应在10 000级背景下的100级环境中进行。细胞或含细胞的生物样本/材料的接收取样工作区应与制备区隔离并有独立的洁净环境,接收时的取样操作应在100级洁净环境下进行。

2) 采购及其记录

《规范》第四十三条　采购时应当明确采购信息,清晰表述采购要求,包括采购物品类别、验收准则、规格型号、规程和图样等内容。应当建立采购记录,包括采购合同、原材料清单、供应商资质证明文件、质量标准、检验报告及验收标准等。采购记录应当满足可追溯要求。

解读：采购时，应明确原材料和加工助剂、添加剂、交联剂的初始状态，包括材料或化学信息（通用名称、化学名称、商品名称和材料供应商等），以及材料参数和包含测试方法的材料分析证书，建立对其原材料化学成分的检验方法。

3）供应商审核和进货检验

《规范》第四十一条 企业应当建立供应商审核制度，并应当对供应商进行审核评价。必要时，应当进行现场审核。

《规范》第四十四条 企业应当对采购物品进行检验或者验证，确保满足生产要求。

解读：企业应制定原材料质控标准，包括对供方的评价、原材料的验收标准和程序、不同批次原材料的一致性控制。原材料供应商应进行采购评价，不同厂家不同牌号的原材料和不同厂家生物打印医疗器械设备的工艺参数，结合最终产品工艺参数制作的产品，应验证其是否符合产品技术要求，未经验证的主要原材料不得用于生产，主要原材料应经过验证评审后方可纳入合格原材料。

6.6.3.7 生产管理

1）生产过程的管理与记录

《规范》第四十九条 企业应当对生产的特殊过程进行确认，并保存记录，包括确认方案、确认方法、操作人员、结果评价和再确认等内容。

生产过程中采用的计算机软件对产品质量有影响的，应当进行验证或者确认。

解读：应建立满足质量管理体系要求的程序文件，确保生物打印医疗器械的生产设备应进行安装确认、运行确认和性能确认。应对增材制造系统的工艺参数、软件系统进行验证和制备确认。根据产品与工艺特点，验证的内容可以包括但不限于：

（1）环境温度、喷嘴温度和压力等；

（2）打印速率、焦点/喷嘴直径等；

（3）产品的打印空间的位置、打印方向、填充路径和打印层厚等；

（4）用于固化的光的波长及强度；

（5）底板析出物、残留物生物安全性；

（6）应和样件同步进行测试，对测试结果与产品需求的一致性进行验证；

（7）打印的后处理设备及工艺包括机加工、热等静压、热处理、支撑物或残留物去除、表面处理等；

（8）包装及无菌屏障系统的验证；

（9）储存温度及货架有效期验证。

对于生物打印医疗器械生产设备使用的计算机软件，在首次使用前应进行确认，在软件更新或设备更换后应再次确认。计算机软件的确认和再确认的特定方法和活动应评估相关的风险。生产过程使用计算机软件的，应满足 GB/T 42061—2022《医疗器械

质量管理体系 用于法规的要求》[21]。

2）产品标识的建立和检验

《规范》第五十一条 企业应当建立产品标识控制程序，用适宜的方法对产品进行标识，以便识别，防止混用和错用。

《规范》第五十二条 企业应当在生产过程中标识产品的检验状态，防止不合格中间产品流向下道工序。

《规范》第五十三条 企业应当建立产品的可追溯性程序，规定产品追溯范围、程度、标识和必要的记录。

解读：应建立生物打印医疗器械唯一性标识[22]，并以适当的方法识别生物打印医疗器械，在生产、储存、使用的全过程保持产品状态的标识。生物打印医疗器械的标识和可追溯性要求应满足质量管理体系和法规的要求。为防止不同供者来源制品或不同批次产品的混淆，生物打印医疗器械所使用的生物材料的原辅料和生产环境均应保持记录。每批产品的生产记录包括产品名称、规格型号、原材料批号、生产批号、唯一性标识和患者编号等信息。医工交互应包含上述信息，另外还应在说明书、包装和标签上明示生产日期、数量、主要设备、工艺参数和操作人员信息等内容。所有生物打印医疗器械的发货单应记录医疗器械唯一性标识、数量、规格、经销商和用户的地址、联系人和联系方式、信息，确保追溯到每一个生产批次。

3）产品防护程序

《规范》第五十五条 企业应当建立产品防护程序，规定产品及其组成部分的防护要求，包括污染防护、静电防护、粉尘防护、腐蚀防护和运输防护等要求。防护应当包括标识、搬运、包装、储存和保护等。

解读：设计生物打印医疗器械内外包装应考虑生物材料产品的特殊性并建立防护控制程序，包括防止生产用原材料和生产操作过程中可能引入的外源性污染或交叉污染的隔离措施。如果包装不能完全解决产品的防护，应通过标签和说明书进行标识。应在产品的加工、储存、处置和流通期间将产品的防护要求形成程序文件，并将受控过程记录。

6.6.3.8 质量管理

1）产品放行程序、条件和放行批准要求

《规范》第六十条 企业应当规定产品放行程序、条件和放行批准要求。放行的产品应当附有合格证明。

解读：企业应根据产品技术要求拟定放行程序和检验方法，并应考虑以下测试：

（1）产品材料的生物、化学成分应符合相关标准；

（2）产品的物理与力学性能应符合相关标准；

（3）产品结构与输入数据模型的一致性；

（4）设计输出的原材料的性能指标；

（5）关键工序技术参数；

（6）成品的技术要求；

（7）产品的生物活性应达到设计要求；

（8）制订检验规则的原则。

2）产品留样和留样记录

《规范》第六十一条　企业应当根据产品和工艺特点制定留样管理规定，按规定进行留样，并保持留样观察记录。

解读：若实体留样可在生物打印医疗器械有效期内客观反映其出厂状态，企业应采用实体留样（包括切割件、标准件、缩比件或同型件等）的方式进行留样，其保存期限尽可能涵盖产品从生产、使用到报废的全生命周期。若出现实体留样无法客观反映生物打印医疗器械的出厂状态的情况。例如，该生物打印医疗器械含有活性物质成分不宜长久保存，应永久保存其各关键质量控制节点上产生的过程数据以代替实体留样。

6.6.3.9　销售和售后服务

1）销售

《规范》第六十二条　企业应当建立产品销售记录，并满足可追溯的要求。销售记录至少包括医疗器械的名称、规格、型号、数量、生产批号、有效期、销售日期、购货单位名称、地址和联系方式等内容。

解读：生物打印医疗器械产品的销售记录应包括医疗器械的生产企业名称、地址、联系方式、产品名称、规格、型号、数量、生产批号、有效期、销售日期、医疗器械名称和注册证号。对于定制式医疗器械，还应包括医师姓名、患者信息和含干细胞的主要原材料相关记录等内容。

2）售后服务

《规范》第六十四条　企业应当具备与所生产产品相适应的售后服务能力，建立健全售后服务制度。应当规定售后服务的要求并建立售后服务记录，满足可追溯的要求。

解读：根据生物打印医疗器械的特殊性，在质量管理体系的产品服务控制程序中明确规定生物打印医疗器械的售前、售中和售后的培训和服务。

如果生物打印医疗器械含有活性物质或对储存、运输环境有特殊需求，如低温、避光等，应向经销商和医疗机构明确这些需求。

6.6.3.10　不合格品控制

1）售前不合格品控制

《规范》第六十八条　企业应当对不合格品进行标识、记录、隔离和评审，根据评审结果,对不合格品采取相应的处置措施。

解读: 交付前发现的不合格品,应当进行标识、记录、隔离和评审,根据评审结果,由企业负责采取措施。

2) 售后不合格品控制

《规范》第六十九条　在产品销售后发现产品不合格时,企业应当及时采取相应措施,如召回、销毁等。

解读: 交付后或使用后发现的不合格品,应当由企业与临床机构一起进行评审,根据评审结果,采取适当的补救措施,加强观察,并增加随访次数。

不合格品需要销毁时,应采取适宜措施对不合格品进行处理和控制。

6.6.3.11　不良事件监测、分析和改进

1) 不良事件的分析和改进

《附录植入性医疗器械》2.9.1　应当制定对取出的植入性医疗器械进行分析研究的规定并形成文件。在获得取出的植入性医疗器械后,企业应当对其分析研究,了解植入产品有效性和安全性方面的信息,以用于提高产品质量和改进产品安全性。

解读: 应当制订对取出的生物打印医疗器械进行分析研究的规定并形成文件。在获得取出的医疗器械后,医疗器械注册人应当对其分析研究,了解产品有效性和安全性方面的信息,以用于提高产品质量和安全性。

2) 不良事件的监测

《规范》第七十二条　企业应当按照有关法规的要求建立医疗器械不良事件监测制度,开展不良事件监测和再评价工作,并保持相关记录。

解读: 应当建立与生物打印医疗器械产品相适应的医疗器械不良事件信息收集方法,及时收集医疗器械不良事件。

医疗器械注册人和医疗机构应共同上报产品使用过程中发生的不良事件,通过分析评价不良事件,积累经验数据,完善生物打印医疗器械的生产质量体系和过程控制。

6.7　定制式义齿附录——3D打印义齿的检查指南

6.7.1　定制式义齿基础知识

《医疗器械生产质量管理规范附录定制式义齿》对定制式义齿的定义是:根据医疗机构提供的患者口腔印模、口腔模型、口腔扫描数据及产品制作设计单,经过加工制作,最终为患者提供的能够恢复牙体缺损、牙列缺损、牙列缺失的形态、功能及外观的牙修复体,不包含齿科种植体。在定制式义齿的日常监管中,通常包括定制式固定义齿、定制式活动义齿。此外,定制式正畸矫治器的生产过程与定制式义齿相似,定制式正畸矫

治器的生产企业亦可参照执行。

国家药品监督管理局制定的 2017 版《医疗器械分类目录》对定制式义齿产品描述为：一般采用钴铬合金、镍铬合金、纯钛、钛合金、贵金属合金、瓷块、瓷粉、基托树脂和合成树脂牙等材料制成，根据需要而定。可以是固定或活动的，如冠、桥、嵌体、贴面、桩核、可摘局部或全口义齿等。制作过程中所使用的医疗器械材料全部为具有注册证的材料。

国家器审中心制定的《定制式义齿注册技术审查指导原则（2018 年修订）》明确定制式固定义齿结构组成：一般由固位体、桥体和连接体组成，含修复重度牙体缺损的固定性修复体；定制式活动义齿结构组成：全口义齿一般由人工牙和基托组成，局部义齿一般由固位体、连接体、人工牙和基托组成。

生产定制式固定义齿、活动义齿的企业应建立医疗器械生产的质量管理体系，并符合《医疗器械生产质量管理规范》和《医疗器械生产质量管理规范附录定制式义齿》的要求。

本节对《医疗器械生产质量管理规范附录定制式义齿》（以下简称《附录定制式义齿》）中择选部分与 3D 打印工艺相关的条款进行解读，以供参考。

6.7.2 机构与人员

6.7.2.1 技术生产和质量管理负责人的职责和职能

《附录定制式义齿》2.1.1 技术、生产和质量管理负责人应当具有口腔修复学相关专业知识，并具有相应的实践经验，应当有能力对生产管理和质量管理中实际问题作出正确判断和处理。

解读： 技术、生产和质量管理部门是质量管理体系中的重要部门，产品的设计、生产、检验过程很大程度上影响产品的最终质量。这三个部门的负责人应熟悉医疗器械监管法规，掌握口腔修复学和 3D 打印工艺、性能相关知识，具备质量管理的经验和能力。能够对所在企业生产产品有足够的了解，包括产品的实现过程、产品在制造过程和上市后可能出现的风险，企业应注重部门负责人的培训和定期评价、考核。

6.7.2.2 生产人员的职责和职能

《附录定制式义齿》2.1.2 从事产品生产的人员应当掌握所在岗位的技术和要求，并接受过口腔修复学等相关专业知识和实际操作技能的培训。

解读： 产品的实现过程与"人、机、料、法、环"五个因素息息相关，其中最关键的因素在于人，而产品生产的人员又是产品质量保证中最重要的角色，生产人员的能力直接影响产品质量的好坏。3D 打印义齿的生产人员包括义齿的设计、3D 打印成型、后处理等工序的人员，企业在配备 3D 打印工序的生产人员时，应结合企业、产品、生产工序的需求,制定对相应岗位的需求,明确相应岗位操作人员所应具备的能力和经验,如专业背景、培训经历、工作经历和项目经验等。定制式固定义齿产品的好坏与产品的性能有关,还与患者的口腔状态包括形态、颜色、健康情况等息息相关。因此,设计人员除具备3D打印工艺的知识外,还应了解口腔修复学、口腔解剖结构的相关知识,3D打印成型后处理工序人员,还应具备3D打印相关知识。在从事产品的生产工作前,应当经过与从事岗位相适应的培训,具备相关的理论知识和实际操作技能。

6.7.2.3 检验人员的职责和职能

《附录定制式义齿》2.1.3 专职检验人员应当接受过口腔修复学等相关专业知识培训,具有相应的实际操作技能。

解读: 检验人员包括原材料检验、过程检验、成品检验。企业应考虑3D打印产品特殊要求,制定原材料检验、过程检验、成品检验的规程,并对检验人员进行3D打印相关知识的培训。

6.7.3 场地、设施和设备

6.7.3.1 场地

《附录定制式义齿》2.2.3 铸造、喷砂、石膏制作等易产尘、易污染等区域应当独立设置,并定期清洁。产品上瓷、清洗和包装等相对清洁的区域应当与易产尘、易污染等区域保持相对独立。

解读: 3D打印过程对环境的要求较高,若环境中有粉尘等污染物会影响3D打印产品的质量,同时3D打印设备若密封性出现问题,可能会导致粉末的泄露,在受限空间内会与空气混合形成粉尘云,在火源的作用下,会快速燃烧甚至发生爆炸现象。因此,同区域不宜设置需高温、明火处理的工序装备如高频铸造机、茂福炉、烤瓷炉、结晶炉等,3D打印设备宜与其他易产尘的工序分开设置,单独设置在相对清洁的区域[23]。

6.7.3.2 物料

《附录定制式义齿》2.2.5 易燃、易爆、有毒和有害的物料应当专区存放、标识明显,专人保管和发放。

解读: 3D打印粉末原材料如钛合金粉末、钴铬合金粉末等应按照易燃、易爆品进行管理,需专区存放,并做好标识,由专人保管和发放,并对入库、发放的物品进行记录,保持可追溯性。企业宜配备专用的防爆安全柜,并设置消防装置。

6.7.3.3 防护

《附录定制式义齿》2.2.6 应当对生产过程中产生粉尘、烟雾和毒害物等有害物质的厂房、设备安装相应的防护装置,采取有效的防护措施,确保对工作环境、人员的防护。

解读：选择性激光熔化 3D 打印使用超细金属粉末；选择性激光烧结 3D 打印使用金属和高分子粉末，可能会产生粉尘；立体光固化技术(SLA)、数字光处理技术(DLP)、选择性区域透光技术(LCD)使用光敏树脂进行打印，打印过程可能有有害物质挥发。因此，3D 打印使用设备所在区域应根据需要配备排烟装置、防爆灯、气体监测传感器、人员防护装置和尾气处理装置，并定期进行校准和维护以保持有效期，确保对环境和人员的安全保护[24]。

6.7.3.4 设备

《附录定制式义齿》2.3.1 对于通过切削技术(CAD/CAM)、3D 打印生产产品的，应当配备相应的生产设备、工艺装备及计算机辅助设计和制作系统。

解读：对于通过 3D 打印生产产品的，应当配备模型设计用计算机、建模用软件、设计软件、3D 打印规划软件、3D 打印设备和后处理设备等，如需打印复杂结构的产品，还应配备仿真软件，对打印产品的性能进行模拟仿真，以确保打印产品性能符合要求。应对采购的设备、软件进行确认，形成确认报告，并保持可追溯性，以符合生产需要。企业应定期对上述设备进行校准和再确认，以确保设备能持续满足需求[24]。

6.7.4 采购

6.7.4.1 注册或备案的原材料

《附录定制式义齿》2.4.1 生产按照第二类医疗器械注册的定制式义齿，应当采购经食品药品监督管理部门批准注册或备案的义齿原材料，其技术指标应当符合强制性标准或经注册或备案的产品技术要求。

解读：国家药品监督管理局制定的 2017 版《医疗器械分类目录》及后续发布的医疗器械产品分类界定结果汇总，对定制式义齿及其所用原材料进行了分类。使用有注册证/备案证的原材料，通过铸造、切削、烧结、紫外光固化、热固化等传统工艺制作的固定或活动的义齿，如冠、桥、嵌体、贴面、桩核、可摘局部或全口义齿等，以及用选择性激光熔化打印技术制作的钴铬合金烤瓷冠、桥按均Ⅱ类医疗器械管理。定制式义齿的原材料根据用途可分为主材和辅材，一般作为义齿成品组成成分的主材按Ⅱ、Ⅲ类管理，作为义齿加工过程的辅助材料按Ⅰ类管理，根据主材原材料的成分可分为金属材料、陶瓷材料、高分子材料、复合材料等，金属材料、陶瓷材料按Ⅱ类管理，高分子材料按Ⅲ类管理，而 3D 打印的金属、陶瓷和高分子材料在分类界定中均按Ⅲ类进行管理。企业应当采购经注册或备案的义齿原材料，并在进货检验时查验原材料的检测报告，应符合强制性标准和产品技术要求。

6.7.4.2 未注册或备案的原材料

《附录定制式义齿》2.4.2 使用未注册或备案的义齿原材料生产的定制式义齿按

照第 3 类医疗器械管理,并应当具有相应的生产许可。

解读:经注册或备案的义齿原材料,已经过性能、生物相容性、效期等验证、检测,并在医疗器械生产质量管理规范的指导下生产,其原材料质量相对可控。未经注册或者备案的义齿原材料,其可能未经过产品性能、生物相容性、效期等验证或检测,也可能未在医疗器械生产质量管理规范的指导下生产。因此,其性能、质量稳定性等存在较多不确定因素。使用未经注册或备案的义齿原材料生产的义齿,应按照风险较高的第 3 类医疗器械向国家药品监督管理局进行注册。

6.7.4.3　原材料标签和说明书

《附录定制式义齿》2.4.3　经注册或备案的义齿原材料标签和说明书要求应符合《医疗器械说明书和标签管理规定》,进口的义齿原材料标签和说明书文字内容应当使用中文。

解读:《医疗器械说明书和标签管理规定》明确说明书中应载明预期用途/适用范围、结构组成、规格型号、储存条件及有效期、注册证号、生产地址、禁忌证、使用方法等信息,如 3D 合金粉末的使用说明书中,可能载明该合金粉末的组成成分、保存方法、打印的最佳参数、可回收使用次数、适配的 3D 打印设备等信息,用于指导义齿加工企业的3D 打印过程。采购并使用经注册或备案的义齿原材料,应仔细阅读原材料的标签及说明书,以了解原材料的用途、使用方法、保存要求及有效期等信息。进口的义齿原材料,应获得进口医疗器械注册证,并有中文标签和说明书,以供使用单位阅读并了解该产品的相关使用信息。

6.7.4.4　供应商

《附录定制式义齿》2.4.4　应当选择具有合法资质的义齿原材料供应商,核实并保存供方资质证明文件,并建立档案。

解读:经营医疗器械的企业,需办理医疗器械经营许可证/医疗器械经营备案证,或办理医疗器械生产许可证,方可销售医疗器械。选择义齿原材料供应商时,应要求供应商提供营业执照、医疗器械经营资质、医疗器械代理资质、原材料的医疗器械注册证/备案证等证明文件,并建立供应商档案,确保采购的义齿原材料真实有效,并保持采购的可追溯性。采购义齿原材料时,应在经审核的供应商处采购原材料,不得向无资质的供应商采购义齿原材料。对于供应商的管控,可参照国家药品监督管理局制定的《医疗器械生产企业供应商审核指南》执行。

6.7.4.5　进货检验

《附录定制式义齿》2.4.5　应当在金属原材料进货检验时查阅、留存金属原材料生产企业的出厂检验报告。出厂检验报告中应当包含有关金属元素限定指标的检验项目,如检验报告中不能涵盖有关金属元素的限定指标,应当要求金属原材料生产企业对金属元素限定指标进行检验,并保存相关检验结果。

《附录定制式义齿》2.4.6 金属原材料生产企业不能提供有关金属元素的限定指标的检验记录的,应当对金属原材料进行检验或不予采购。

解读:《牙科学固定和活动修复用金属材料》(GB 17168—2013)标准中明确了齿科用金属原材料化学成分要求,包括标示成分、标示各金属元素允差、有害金属元素限定指标,明确镉、铍元素含量应小于 0.02%(质量分数),明确金属原材料中镍元素含量如大于 0.1%(质量分数),则应在包装及随附文件中标示镍含量信息。此外,3D 打印用的金属原材料还应符合《牙科学增材制造口腔固定和活动修复用激光选区熔化金属材料》(YY/T 1702—2020)的要求,该标准中还明确铅元素不应超过 0.02%(质量分数),除非证明该原材料为符合 ISO 5832-2、ISO 5832-3 的钛合金,则可不分析 Pb 元素的含量。义齿加工企业在采购金属义齿原材料时,企业应将供方提供的金属元素检测报告作为放行入库的要求,进货检验时应仔细查阅、留存金属原材料生产企业出具的采购批次金属原材料元素分析报告,是否对该批次所有应标示的原材料进行检验,是否包括对有害元素的检测等。如供方未随货提供,则应向供方要求提供上述报告并留存。

若供方无法提供金属元素的检测报告,企业应将该批次原材料委托有资质的检验机构,对金属元素进行检测,包括标示金属元素含量、有害元素含量,应符合《牙科学固定和活动修复用金属材料》(GB 17168—2013)《牙科学增材制造口腔固定和活动修复用激光选区熔化金属材料》(YY/T 1702—2020)或 ISO 5832-2、ISO 5832-3 的要求。

6.7.4.6 口腔印模、模型、扫描数据及设计单

《附录定制式义齿》2.4.7 应当制定口腔印模、口腔模型、口腔扫描数据及设计单的接收准则。

解读:口腔印模、口腔模型、口腔扫描数据及设计单是保证义齿精度、适配性的重要载体,义齿加工企业应明确以上模型和数据、加工单的接收准则,如明确模型的材质,外观要求,扫描数据的格式、清晰度、精度,以及加工单的信息等,并要求医疗机构提供符合准则的模型、数据和加工单。

6.7.5 生产管理

6.7.5.1 生产流程、关键工序和特殊过程

《附录定制式义齿》2.5.1 应当编制产品生产工艺规程、作业指导书等,明确关键工序和特殊过程。

解读:关键工序是对产品质量、产品性能起关键性作用的工序,特殊工序是指通过后续检验难以评估其加工质量的工序,一个工序可以既是关键工序,又是特殊工序。若3D 打印用于口腔模型、义齿模型的打印,则模型设计、3D 打印及其后处理工序对口腔

及义齿模型的精度、性能起关键性作用,且无法对打印的质量进行逐个检验。因此,3D打印工序、后处理工序既是关键工序,又是特殊工序。

企业应对关键工序、特殊工序进行工艺验证,并制定模型设计、3D打印及后处理工序的工艺规程,作业指导书等,明确过程中的关键点、3D打印的参数,如明确打印的激光功率、打印速度、层厚、光固化紫外线波长和光强等参数,明确热处理的温度、时间和摆放密度等,明确所用原材料的种类牌号,明确加工设备的编号等信息。

6.7.5.2 产品消毒

《附录定制式义齿》2.5.2 应当明确口腔印模、口腔模型及成品的消毒方法,并按照要求进行消毒。成品经消毒、包装后方可出厂。

解读:常用的消毒方法有使用2%浓度戊二醛浸泡、乙醇消毒、紫外线照射、1%的84消毒液浸泡等。应选择合适的消毒方式,并对消毒效果、消毒方式对产品的影响进行验证,确保消毒方式不会影响产品的生物安全性、性能、有效期。如1%的84消毒液有效成分为次氯酸钠,其在光照条件下分解成盐酸和氧气,盐酸对大部分金属有腐蚀性,若使用该消毒方法,尤需考虑对金属牙的影响。再如使用立体光固化技术、数字光处理技术、选择性区域透光技术进行3D打印的产品,若再使用紫外线消毒方式,可能会使高分子牙的性能降低,企业应慎重选择消毒方式,避免因消毒对产品性能产生影响。

6.7.5.3 金属尾料的添加

《附录定制式义齿》2.5.4 金属尾料的添加要求应当按照金属原材料生产企业提供的产品说明书执行。

解读:3D打印往往需要重复使用原材料,如SLM、SLS打印时,金属粉末需重复使用,但经多次使用后,金属粉末的含氧量、圆形度等性能指标会发生变化,多次使用可能会降低3D打印产品的性能、精度等。因此,需严格按照金属原材料生产企业提供说明书执行3D打印工序,若原材料厂商未对原材料重复使用次数、方法进行规定的,义齿加工企业应对3D打印原材料的重复使用次数、方法,或每次打印使用新旧粉末的比例、管理方式进行验证,并在作业指导书中予以规定,在实际生产中严格执行,并保持记录。

6.7.5.4 原材料物料平衡检查

《附录定制式义齿》2.5.6 应当对主要义齿原材料进行物料平衡核查,确保主要义齿原材料实际用量与理论用量在允许的偏差范围内,如有显著差异,必须查明原因。

解读:定制式义齿原材料物料平衡核查是义齿加工企业质量管理体系的关键环节,企业可根据所用物料的种类、生产工艺等制定物料平衡核查的公式,制定物料平衡核查的作业指导书,并定期对原材料投入量,产出的成品数量进行统计、分析、计算,进行物料平衡的核查。物料平衡核查有利于及时发现生产过程的异常情况,如不合理的原材料耗损量、不合理的投入产出比等,提高产品质量的稳定性。

6.7.5.5 产品生产记录

《附录定制式义齿》2.5.7 每个产品均应当有生产记录,并满足可追溯要求。生产记录应当包括所用的主要义齿原材料生产企业名称、主要义齿原材料名称、金属品牌型号、批号/编号、主要生产设备名称或编号、操作人员等内容。

解读:应对每一个定制式义齿的生产过程进行记录,企业可通过电子数据、纸质记录的方式记录产品的实现过程。与 3D 打印相关的模型设计、3D 打印、后处理过程应被完整记录,并保持可追溯性,记录应体现主要义齿原材料生产企业名称、主要义齿原材料名称、原材料规格牌号、批号/编号、主要生产设备名称或编号、操作人员、工艺参数等内容。通过软件实现追溯的,还应对软件确认,对不同账户的权限进行明确划分,确保数据的真实性,记录修改过程的追溯性等。

6.7.6 质量控制

6.7.6.1 产品检验记录

《附录定制式义齿》2.6.1 每个产品均应当有检验记录,并满足可追溯要求。检验要求应当不低于强制性标准要求和国家有关产品的相关规定。

解读:应对每一个定制式义齿的检验过程进行记录,检验记录是医疗器械质量数据分析的原始记录,也是实现质量可追溯的重要信息,检验记录应完整和可追溯。企业可通过电子数据、纸质记录的方式记录产品的实现过程,包括产品的过程检验记录、成品检验记录、放行记录。检验记录一般包括产品名称、产品编号、规格型号、检验依据、检验结果、检验人员、检验日期和检验用设备编号等信息。

6.7.6.2 金属材料限定

《附录定制式义齿》2.6.2 产品生产过程中可能增加或产生有害金属元素的,应当按照有关行业标准的要求对金属元素限定指标进行检验。

解读:生产过程不得使用无注册证的义齿原材料。企业需评估产品生产过程是否可能添加或产生有害金属元素,有害金属元素可能来源于添加的原材料、加工用设备或加工过程可能发生的化学反应。目前暂无标准明确定制式义齿成品内有害金属元素的限制,企业可参考《牙科学固定和活动修复用金属材料》(GB 17168—2013),该标准明确了齿科用金属原材料化学成分要求,包括标示成分、标示各金属元素允差和有害金属元素限定指标,明确镉、铍元素含量应小于 0.02%(质量分数),明确金属原材料中镍元素含量如大于 0.1%(质量分数),则应在包装及随附文件中标示镍含量信息。也可参考3D 打印用的金属原材料标准《牙科学增材制造口腔固定和活动修复用激光选区熔化金属材料》(YY/T 1702—2020)的要求,该标准中还明确铅元素不应超过 0.02%(质量分数),义齿加工企业若评估生产过程可能产生有害金属元素的,企业应将对有害元素含量进行检测,应符合《牙科学固定和活动修复用金属材料》(GB 17168—2013)、《牙科学增材制造口腔固定和活动修复用激光选区熔化金属材料》(YY/T 1702—2020)。

6.7.7　对不合格品的控制

6.7.7.1　不合格品的消毒和评审

《附录定制式义齿》2.8.1　应当对医疗机构返回的产品进行消毒、评审。

解读:固定义齿、活动义齿是定制式产品,需根据患者的口腔状态进行特殊化的定制,义齿加工企业生产出的产品需在患者口腔中试戴,若试戴后无法匹配的,可能需要返回义齿加工企业进行返工。企业应对医疗机构返回的产品进行消毒,并对返回产品进行评审并形成记录,是否可通过返工进行修改,并评价返工对产品是否会产生不利影响。若可返工的,应制订返工作业指导书,并按指导书进行返工,对返工的过程予以记录,若无法确定,需验证返工对产品的影响。若判定无法返工的,应对该产品进行报废处理。

6.8　3D打印手术导板、矫形器产品生产质量管理规范部分条款解读

6.8.1　前言

3D打印是与传统的材料"去除型"制造方式截然不同的制造技术。传统数控制造一般是在原料块基础上,使用切割、磨削、腐蚀和熔融等方法,去除多余部分,得到零部件,再以拼装、焊接等方法结合组成最终产品[25]。3D打印技术不需要原胚和模具,仅基于计算机模型数据,通过叠加材料的方法,制造出与相应计算机模型完全一致的三维实体物体[26]。

在医疗领域,3D打印技术对于实现精准医疗具有更广阔的应用前景,从影像学诊断、三维数据设计、骨骼等结构打印到临床手术,能够实现个性化组织再生和修复。3D打印技术在医疗器械制造和专业医疗辅助器械方面的应用发展日趋成熟,特别是在医疗辅助器械领域,3D打印的定制化优势使手术导板、矫治器等辅助类器械产品迎来了各自的新生。

手术导板是数字骨科时代的特殊产物。一方面,人体生理功能和外科手术技能已发挥到极致,手术的精准性要求越来越高,一些复杂的骨科手术传统方法误差大且容易导致手术失败,传统的骨科手术遇到了前所未有的瓶颈和挑战。另一方面,得益于数字化技术的发展,特别是医学影像学的飞速发展,为临床提供了更精确的解剖、三维成像观察工具,为后续开展骨科数字化研究和应用提供了智能化辅助系统。如以骨科为基础,计算机图像技术为辅助,结合人体解剖学、生物力学、材料学、机械工程学、信息与自

动化等相关学科,形成学科交叉、优势互补,使骨科在原有的医学理论、技术操作、业务流程上有了很大的发展和革新,骨科治疗手段正朝着精确化、个性化、微创化和远程化的方向发展。

而传统的矫形器多为石膏取型、修型、热塑板贴附、裁剪、打磨、安装内衬扎带等方式制作。虽然价格便宜,但是制作流程烦琐,石膏取型需要患者全程参与配合,体验感不好,同时传统技术生产的矫形器体积较大、笨重,严重影响佩戴者的日常生活。利用3D 打印的矫形器解决了这些难点,特别是该技术手段解决了辅助工具不能灵活调整的问题,可以使矫形部位与矫形器完全匹配,提高了矫形器的拟合效果,达到了更好的治疗效果,同时它轻便、外表美观,让患者的佩戴舒适度更好。

随着这两类产品在医疗领域的需求愈加旺盛,产品的申报数量也与日俱增,作为器械生产企业,应遵循《医疗器械监督管理条例》等医疗器械相关法律法规,建立健全符合医疗器械生产质量管理规范的管理体系。本节就手术导板、矫形器两类产品与《医疗器械生产质量管理规范》[1]和《医疗器械生产质量管理规范附录无菌医疗器械》[12](简称《附录无菌医疗器械》)涉及的机构与人员、厂房与设施、设备、设计开发、采购、生产管理、质量控制等部分条款进行解读[27]。

6.8.2 机构与人员

6.8.2.1 机构与人员的职责和职能要求

《规范》第五条 企业应当建立与医疗器械生产相适应的管理机构,并有组织机构图,明确各部门的职责和权限,明确质量管理职能。生产管理部门和质量管理部门负责人不得互相兼任。

《规范》第九条 企业应当配备与生产产品相适应的专业技术人员、管理人员和操作人员,具有相应的质量检验机构或者专职检验人员。

《规范》第十条 从事影响产品质量工作的人员,应当经过与其岗位要求相适应的培训,具有相关理论知识和实际操作技能。

解读: 应当确定影响医疗器械质量的岗位,规定这些岗位人员所必须具备的专业知识水平(包括学历要求)、工作技能、工作经验。由于3D 打印的特殊性,需要重点关注企业是否有设立医工交互相关的部门,建立良好的医工交互机制[28]。参与产品设计制造的医务人员和企业设计人员应当有明确的分工和清晰的职责界限,企业设计人员应具备良好资质,如具备产品功能实现能力和临床认知能力等,且有相关的培训和实际操作技能的考核,能够与医疗机构人员进行充分有效的沟通和交流。

6.8.2.2 机构和人员的卫生和健康要求

《附录无菌医疗器械》2.1.1 凡在洁净室(区)工作的人员应当定期进行卫生和微

生物学基础知识、洁净作业等方面培训。临时进入洁净室(区)的人员,应当对其进行指导和监督。

《附录无菌医疗器械》2.1.2 应当建立对人员的清洁要求,制定洁净室(区)工作人员卫生守则。人员进入洁净室(区)应当按照程序进行净化,并戴工作帽、口罩,穿洁净工作服、工作鞋。裸手接触产品的操作人员每隔一定时间应当对手再次进行消毒。裸手消毒剂的种类应当定期更换。

《附录无菌医疗器械》2.1.3 应当制定人员健康要求,建立人员健康档案。直接接触物料和产品的人员每年至少体检一次。患有传染性和感染性疾病的人员不得从事直接接触产品的工作。

解读: 生产灭菌产品或是要求在洁净车间生产的产品,生产操作人员需具备基本的卫生和微生物学知识,并定期进行相关的培训。应当建立人员卫生守则,对净化车间进出程序、洁净服穿戴作出规定。可现场观察人员进入洁净室(区)是否按照程序进行净化,并按规定正确穿戴工作帽、口罩、洁净工作服、工作鞋或鞋套。裸手接触产品的操作人员需要定期对手进行消毒,消毒剂种类应定期更换,现场可查看消毒剂配制、领用记录是否与文件规定一致。

6.8.3 厂房与设施

6.8.3.1 厂房与设施

《规范》第十三条 厂房与设施应当根据所生产产品的特性、工艺流程及相应的洁净级别要求合理设计、布局和使用。生产环境应当整洁,符合产品质量需要及相关技术标准的要求。产品有特殊要求的,应当确保厂房的外部环境不能对产品质量产生影响,必要时应当进行验证。

解读: 产品必须在企业获得许可证的生产场地生产,若产品有初始污染菌、无菌要求的,企业需要在受控的生产环境或是净化车间内进行生产,并且对操作人员的着装、清洁、卫生应有相应的管控要求及措施。

6.8.3.2 仓储区

《规范》第十七条 仓储区应当能够满足原材料、包装材料、中间品、产品等的储存条件和要求,按照待验、合格、不合格、退货或者召回等情形进行分区存放,便于检查和监控。

解读: 3D打印的原料有金属粉末类、有机合成树脂类,需要明确原料的储存条件,储存条件是否符合原料说明书或包装上的储存要求,特别是一些容易挥发、光敏感的特殊物料是否有相关防护手段,避免对物料本身性能、环境及场地内人员造成影响。

6.8.3.3 洁净室

《附录无菌医疗器械》2.2.2 应当根据所生产的无菌医疗器械的质量要求,确定在相应级别洁净室(区)内进行生产的过程,避免生产中的污染。空气洁净级别不同的洁净室(区)之间的静压差应大于 5 Pa,洁净室(区)与室外大气的静压差应大于 10 Pa,并应有指示压差的装置。必要时,相同洁净级别的不同功能区域(操作间)之间也应当保持适当的压差梯度。

解读:若生产的产品最终为无菌交付的,产品需要在净化车间生产。查看相关文件,是否明确了生产过程的洁净度级别。净化车间现场设置有压差装置,净化车间与室外大气静压差需大于 10 Pa。需关注压差计是否能回零,已变实际压差值不符合要求。对于会产生污染的生产区域(如粉料处理、切削等),需设置有一定压差梯度,避免污染扩散造成其他净化区域的污染。

6.8.3.4 产品无菌交付要求

《附录无菌医疗器械》2.2.4 与血液、骨髓腔或非自然腔道直接或间接接触的无菌医疗器械或单包装出厂的配件,其末道清洁处理、组装、初包装、封口的生产区域和不经清洁处理的零部件的加工生产区域应当不低于 100 000 级洁净度级别。

《附录无菌医疗器械》2.2.5 与人体损伤表面和黏膜接触的无菌医疗器械或单包装出厂的配件,其末道清洁处理、组装、初包装、封口的生产区域和不经清洁处理的零部件的加工生产区域应当不低于 300 000 级洁净度级别。

解读:若产品最终为无菌交付,可检查产品在灭菌前是否有完成清洗或其他处理方式,末道清洗组装、初包装、封口是否在相应的净化级别内进行。同时查看净化车间的检测报告,是否满足相关的净化级别。

6.8.3.5 净化级别要求

《附录无菌医疗器械》2.2.6 与无菌医疗器械的使用表面直接接触、不需清洁处理即使用的初包装材料,其生产环境洁净度级别的设置应当遵循与产品生产环境的洁净度级别相同的原则,使初包装材料的质量满足所包装无菌医疗器械的要求;若初包装材料不与无菌医疗器械使用表面直接接触,应当在不低于 300 000 级洁净室(区)内生产。

解读:查看无菌初包装材料供方的生产环境监测报告,直接接触无菌产品的,净化级别不得低于生产企业的净化级别;不直接接触的,在不低于 300 000 级洁净室(区)内生产。相关的净化级别要求需要在初包装材料供方的协议中予以明确。

6.8.3.6 洁净室内的压缩空气

《附录无菌医疗器械》2.2.15 洁净室(区)内使用的压缩空气等工艺用气均应当经过净化处理。与产品使用表面直接接触的气体,对产品的影响程度应当进行验证和控制,以适应所生产产品的要求。

解读:净化车间的工艺用气需经过净化处理,与产品直接接触的气体,需进行控制并验证,可查看企业是否制定相关的控制措施,明确工艺用气的要求,是否完成气体验证,并符合要求。

6.8.3.7　洁净室内的人数

《附录无菌医疗器械》2.2.16　洁净室(区)内的人数应当与洁净室(区)面积相适应。

解读: 企业需完成净化车间人员上限验证,现场查看实际操作人员数量是否符合验证报告中的要求。

6.8.4　设备

6.8.4.1　生产设备

《规范》第十九条　企业应当配备与所生产产品和规模相匹配的生产设备、工艺装备等,并确保有效运行。

《规范》第二十条　生产设备的设计、选型、安装、维修和维护必须符合预定用途,便于操作、清洁和维护。生产设备应当有明显的状态标识,防止非预期使用。

解读: 对照生产工艺流程图,查看设备清单,核实所列设备是否与实际使用的一致。主要生产设备应制定操作规程,并建立生产设备管理制度,明确设备维护保养的要求及频次,是否留有相关记录。

6.8.4.2　检验仪器和设备

《规范》第二十一条　企业应当配备与产品检验要求相适应的检验仪器和设备,主要检验仪器和设备应当具有明确的操作规程。

《规范》第二十二条　企业应当建立检验仪器和设备的使用记录,记录内容包括使用、校准、维护和维修等情况。

解读: 对照产品检验要求和检验方法,查看检验设备清单,核实企业是否具备相关检测设备,主要检测设备应制定操作规程,同时应制定检验设备的校准计划,核实是否在规定期限内完成校准,并保留记录。

6.8.4.3　空气净化系统

《附录无菌医疗器械》2.3.2　洁净室(区)空气净化系统应当经过确认并保持连续运行,维持相应的洁净度级别,并在一定周期后进行再确认。若停机后再次开启空气净化系统,应当进行必要的测试或验证,以确认仍能达到规定的洁净度级别要求。

解读: 如果洁净室(区)空气净化系统不连续使用,应当通过验证明确洁净室(区)空气净化系统重新启用的时限及要求,并查看每次启用空气净化系统前的操作记录是否符合控制要求。如果未进行验证,在停机后再次开始生产前应当对洁净室(区)的环境参数进行检测,确认达到相关标准要求。若停机后再次开启空气净化系统,应当进行必要的测试或验证,以确认能否达到规定的洁净度级别要求。

6.8.4.4　工艺用水

《附录无菌医疗器械》2.3.3　应当确定所需要的工艺用水。当生产过程中使用工艺用水时,应当配备相应的制水设备,并有防止污染的措施,用量较大时应当通过管道输送至洁净室(区)的用水点。工艺用水应当满足产品质量的要求。

《附录无菌医疗器械》2.3.4　应当制定工艺用水的管理文件,工艺用水的储罐和输送管道应当满足产品要求,并定期清洗、消毒。

解读:查看工艺用水管理文件,工艺用水的储罐和输送管道应当用符合要求的不锈钢或其他无毒材料制成,应当定期清洗、消毒并进行记录。

6.8.5　设计开发

6.8.5.1　设计开发输入

《规范》第三十条　设计和开发输入应当包括预期用途规定的功能、性能和安全要求、法规要求、风险管理控制措施和其他要求。对设计和开发输入应当进行评审并得到批准,保持相关记录。

解读:查看设计和开发输入资料,是否明确了产品预期用途、性能和安全要求、法律法规的要求、风险管理控制措施和其他要求。

6.8.5.2　设计开发输出

《规范》第三十一条　设计和开发输出应当满足输入要求,包括采购、生产和服务所需的相关信息、产品技术要求等。设计和开发输出应当得到批准,保持相关记录。

解读:查看设计和开发输出资料,至少符合以下要求:① 采购信息,如原材料、包装材料、组件和部件的采购技术要求;② 生产和服务所需的信息,如产品图纸(包括零部件图纸)、工艺配方、作业指导书、环境要求等;③ 产品技术要求;④ 产品检验规程或指导书;⑤ 规定产品的安全和正常使用所必需的产品特性,如产品使用说明书、包装和标签要求等;产品使用说明书是否与注册申报和批准的一致;⑥ 标识和可追溯性要求;⑦ 提交给注册审批部门的文件,如研究资料、产品技术要求、注册检验报告、临床评价资料(如有)、医疗器械安全有效基本要求清单等;⑧ 样机或样品;⑨ 生物学评价结果和记录,应按照 GB/T 16886 的要求针对产品进行充分评价;⑩ 由于定制式器械的特殊性,设计输出资料还需包括设计输入订单,需明确重要信息载体的参数,应当能够全面地、完整地反映所要设计的定制式医疗器械的参数特点;若最终订单对影响数据资料,影像数据扫描参数有特定范围要求的,也应当明确。以上设计输出资料和医工交互相关的,需要由对应医疗机构授权的主诊医师确认审核。

6.8.5.3　设计开发验证

《规范》第三十四条　企业应当对设计和开发进行验证,以确保设计和开发输出满足输入的要求,并保持验证结果和任何必要措施的记录。

解读: 产品设计可以采用多种模式,如制作试样、设计评价、三维计算机模拟(有限元分析等),同时应考虑极端条件下的产品性能的测试验证。增材制造类产品还应考虑数据处理或采集数据用的软件的验证确认,并应当选取最极端情况测试所有的数据转化过程。如果使用医工交互平台进行数据传递,平台需要进行验证,并且制定相应的备份措施,防止信息丢失。产品由最终医疗机构进行消毒或灭菌的,企业提出的消毒或灭菌方式应完成相应的验证,报告需明确消毒或灭菌的方式、时间等参数。

6.8.5.4　临床评价报告

《规范》第三十六条　确认可采用临床评价或者性能评价。进行临床试验时应当符合医疗器械临床试验法规的要求。

解读: 查看临床评价报告及其支持材料。若开展临床试验应当符合法规要求,并提供相应的证明材料。对于需要进行临床评价或性能评价的医疗器械,应当能够提供评价报告和(或)材料。

6.8.5.5　设计开发更改

《规范》第三十七条　企业应当对设计和开发的更改进行识别并保持记录。必要时,应当对设计和开发更改进行评审、验证和确认,并在实施前得到批准。当选用的材料、零件或者产品功能的改变可能影响医疗器械产品安全性、有效性时,应当评价因改动可能带来的风险,必要时采取措施将风险降低到可接受水平,同时应当符合相关法规的要求。

解读: 查看设计和开发更改的评审记录,评审应当包括更改对产品组成部分和已交付产品的影响,若设计更改的内容和结果涉及改变医疗器械产品注册证(备案凭证)所载明的内容,企业应当进行风险分析,并按照相关法规的规定,申请变更注册(备案),以满足法规的要求。涉及原材料变化的,需进一步考虑材料变更后对于产品安全及性能的影响,必要时进一步做生物相容性的评价。设计变更无须经过相关的验证和确认,但需要保留记录,同时告知对应医疗机构授权的主诊医师并经过其确认,保留确认记录。

6.8.5.6　灭菌报告

《附录无菌医疗器械》2.4.1　应当明确灭菌工艺(方法和参数)和无菌保证水平(SAL),并提供灭菌确认报告。

《附录无菌医疗器械》2.4.2　如灭菌使用的方法容易出现残留,应当明确残留物信息及采取的处理方法。

解读: 产品为最终灭菌交付的,企业需要明确灭菌的方式,现场可提供灭菌确认报告,日常灭菌参数应基于验证报告最终输出的参数。如果使用环氧乙烷灭菌,需要关注环氧乙烷残留,企业应完成解析验证,明确可容许的残留物残留量,解析的条件、时间等参数,要特别关注部分高分子材料解析困难,普通解析条件容易造成环氧乙烷残留量超标的情况,需要考虑强制解析等处理方式。

6.8.6 采购

6.8.6.1 采购和供应商审核

《规范》第四十一条　企业应当建立供应商审核制度,并应当对供应商进行审核评价。必要时,应当进行现场审核。

《规范》第四十二条　企业应当与主要原材料供应商签订质量协议,明确双方所承担的质量责任。

《规范》第四十三条　采购时应当明确采购信息,清晰表述采购要求,包括采购物品类别、验收准则、规格型号、规程、图样等内容。应当建立采购记录,包括采购合同、原材料清单、供应商资质证明文件、质量标准、检验报告及验收标准等。采购记录应当满足可追溯要求。

解读:查看合格供方名录,抽查关键原材料供方档案资料,应包括供方资质、质量协议、供方评审记录等。如果对物料初始污染菌、物料生产环境、物料包装方式有特殊要求的,需要在协议中明确。

6.8.6.2 进货检验

《规范》第四十四条　企业应当对采购物品进行检验或者验证,确保满足生产要求。

解读:企业需要对采购物料进行进货检验,须制定进货检验规程,明确进货检验的方法及要求。采购的物料应当与经生物学评价的物料一致。由于 3D 打印原料多依赖国外进口,若企业仅留存原厂检验报告作为进货检验记录,应明确进货检验核对的性能指标及对应的要求。

6.8.6.3 无菌包装的要求和检验

《附录无菌医疗器械》2.5.3　无菌医疗器械的初包装材料应当适用于所用的灭菌过程或无菌加工的包装要求,并执行相应法规和标准的规定,确保在包装、运输、储存和使用时不会对产品造成污染。应当根据产品质量要求确定所采购初包装材料的初始污染菌和微粒污染可接受水平并形成文件,按照文件要求对采购的初包装材料进行进货检验并保持相关记录。

解读:查看企业对所用的初包装材料进行选择和(或)确认的资料,最终灭菌医疗器械的包装要求须符合 GB/T 19633《最终灭菌医疗器械的包装》的要求。需规定初包装材料的初始污染菌及微粒水平并形成文件,查看进货检验记录,是否符合文件要求。

6.8.7 生产管理

6.8.7.1 生产流程、关键工序和特殊过程

《规范》第四十六条 企业应当编制生产工艺规程、作业指导书等,明确关键工序和特殊过程。

《规范》第四十九条 企业应当对生产的特殊过程进行确认,并保存记录,包括确认方案、确认方法、操作人员、结果评价、再确认等内容。生产过程中采用的计算机软件对产品质量有影响的,应当进行验证或者确认。

解读:应当编制产品工艺流程图,明确关键工序和特殊过程。主要工序有作业指导书,明确具体操作步骤、主要参数。特别关注3D打印一般作为特殊工序,需对其进行工艺验证和确认,验证参数包括但不局限于激光功率、打印速度、层厚、光固化紫外线波长、光强等参数,明确热处理的温度、时间、摆放密度等,明确所用原材料的种类牌号,明确加工设备的编号等信息。对于部分可回收、再利用的打印原材料,若原材料厂商未对重复使用次数、方法进行规定,企业需论证工艺稳定性和临床可接受性,明确重复使用的次数以及新旧粉的混合比例,并进行验证。建立材料回收、材料再利用等作业指导书,在生产过程中严格执行,并保留记录。

6.8.7.2 清洁要求

《规范》第四十七条 在生产过程中需要对原材料、中间品等进行清洁处理的,应当明确清洁方法和要求,并对清洁效果进行验证。

解读:3D打印后需要对中间品进行清洗的,需要制定清洗作业指导书,明确清洗介质的种类、浓度、清洗设备、清洗时间等要求,并对清洁效果进行验证。针对3D打印产品的多孔结构不易清洗的特性,有可能采用特殊的清洁剂,清洗验证除评估清洁效果外,需对清洁剂残留进行分析评价,同时需评估有机类清洁剂对于高分子类产品性能的影响。

6.8.7.3 生产记录

《规范》第五十条 每批(台)产品均应当有生产记录,并满足可追溯的要求。生产记录包括产品名称、规格型号、原材料批号、生产批号或者产品编号、生产日期、数量、主要设备、工艺参数、操作人员等内容。

解读:抽查企业生产记录,除常规生产记录外,还需包括设计确认单,并有医生确认。原料重复使用的,需严格按照原料说明书的要求或者按照验证报告进行操作。

6.8.7.4 产品识别编号

《规范》第五十三条 企业应当建立产品的可追溯性程序,规定产品追溯范围、程度、标识和必要的记录。

解读：生产企业应当建立每一件定制式医疗器械产品的唯一识别编号，并确保信息具有可追溯性。

6.8.7.5 产品防护程序

《规范》第五十五条 企业应当建立产品防护程序，规定产品及其组成部分的防护要求，包括污染防护、静电防护、粉尘防护、腐蚀防护、运输防护等要求。防护应当包括标识、搬运、包装、贮存和保护等。

解读：现场查看产品防护程序是否符合规范要求；现场查看并抽查相关记录，确认产品防护符合要求。

6.8.7.6 批号管理

《附录无菌医疗器械》2.6.7 应当建立批号管理规定，明确生产批号和灭菌批号的关系，规定每批产品应形成的记录。

解读：企业需建立批号管理文件，是否规定了原材料批号、生产批号、灭菌批号、中间品批号等批号的编写方法，规定生产批和灭菌批组批方法，是否明确了生产批号和灭菌批号的关系，生产批的划分是否符合企业相关文件的规定。是否明确了每批应形成的记录。

6.8.7.7 灭菌和灭菌报告

《附录无菌医疗器械》2.6.8 应当选择适宜的方法对产品进行灭菌或采用适宜的无菌加工技术以保证产品无菌，并执行相关法规和标准的要求。

《附录无菌医疗器械》2.6.9 应当建立无菌医疗器械灭菌过程确认程序并形成文件。灭菌过程应当按照相关标准要求在初次实施前进行确认，必要时再确认，并保持灭菌过程确认记录。

《附录无菌医疗器械》2.6.10 应当制定灭菌过程控制文件，保持每一灭菌批的灭菌过程参数记录，灭菌记录应当可追溯到产品的每一生产批。

解读：查看企业灭菌确认报告，日常灭菌参数应基于验证报告最终输出的参数。查看每批次的灭菌记录是否完整，是否与验证报告输出的日常灭菌参数一致。

6.8.8 质量控制

6.8.8.1 产品检验规程和检验报告

《规范》第五十八条 企业应当根据强制性标准以及经注册或者备案的产品技术要求制定产品的检验规程，并出具相应的检验报告或者证书。需要常规控制的进货检验、过程检验和成品检验项目原则上不得进行委托检验。对于检验条件和设备要求较高、确需委托检验的项目，可委托具有资质的机构进行检验，以证明产品符合强制性标准和经注册或者备案的产品技术要求。

解读：查看产品检验规程是否涵盖强制性标准以及经注册或者备案的产品技术要求的性能指标；确认检验记录是否能够证实产品符合要求；查看是否根据检验规程及检验结果出具相应的检验报告或证书。3D 打印医疗器械半成品和终产品宜考虑但不限于下列检测：① 产品材料的化学成分和力学性能应符合申报材料的相关标准；② 产品表面质量、尺寸及尺寸精度；③ 特殊结构的形貌及要求；④ 产品的功能性评价和测试；⑤ 无菌检测（如适用）。将技术要求中的指标作为型检或周期检进行控制的，企业应就其风险进行充分评价。

6.8.8.2 产品留样和留样记录

《附录无菌医疗器械》2.7.5 应当根据产品留样目的确定留样数量和留样方式，按照生产批或灭菌批等进行留样，并保存留样观察记录或留样检验记录。

解读：由于 3D 打印材料多为定制式，其特殊性造成不可整体留样，可以考虑在实际生产过程中保留随炉样块，同时原材料及数据文档加以留存，共同作为留样加以保存备查。

6.9 3D 打印医疗器械生产企业质量管理体系常见问题分析

6.9.1 前言

医疗器械生产质量管理体系的建立健全与有效运行，是保障医疗器械全生命周期安全有效的重要措施。自 2014 年起，我国相继发布并修订了《医疗器械监督管理条例》[10]、《医疗器械生产监督管理办法》[11]、《定制式医疗器械监督管理规定（试行）》[16]、《医疗器械生产质量管理规范》[1]（以下简称《规范》）及其附录[12,28]、现场检查指导原则[26,29]等相关法规和规范性文件，为加强医疗器械的监督管理、提升生产质量水平提供了有效的参考和指导。

3D 打印医疗器械，是指采用 3D 打印技术生产的医疗器械。目前 3D 打印医疗器械产品主要集中于口腔和骨科两个领域。3D 打印的口腔领域产品，主要有定制式义齿、定制式正畸矫治器，牙科手术导板等；3D 打印的骨科领域产品，主要有骨科手术导板、3D 打印手术模型、金属 3D 打印脊椎融合器等。

《规范》是生产质量管理体系的通用要求，所有的医疗器械生产企业均应满足其相关规定。不同产品所属类别不同，如义齿类、无菌类、植入类等。因而所适用的特殊要求各不相同。定制式正畸矫治器、手术导板（非无菌）适用于《规范》；定制式固定义齿、定制式活动义齿还应满足《医疗器械生产质量管理规范附录定制式义齿》的相关规定。金属 3D 打印脊椎融合器、骨盆等需要长期植入人体，属于植物类医疗器械，对应有《医疗器械生产质量管理规范附录植入性医疗器械》的特殊要求。

3D 打印医疗器械由于原材料、加工工艺的特殊性,其质量体系和过程控制尤为重要。目前 3D 打印技术作为制造医疗器械的新兴技术在我国医疗器械产业发展中应用时间较短,企业在建立、实施、运行质量体系过程中存在很多共性问题。本节结合上海市 3D 打印医疗器械生产企业质量管理体系核查工作,对现场检查过程中发现的不合格项进行汇总、分类、分析。

6.9.2 常见不合格项分析

上海市医疗器械生产企业中,涉及 3D 打印的医疗器械产品主要为第二类医疗器械,包括定制式义齿、膝关节矫治器、手术导板和模型等。有关产品的核查通常为注册质量体系核查,由于产品未上市,现场核查中有关上市后环节(不合格品控制、销售和不良事件监测)问题较少。因此,本文依据《规范》,从机构与人员、厂房与设施、设备、文件管理、设计开发、采购、生产管理和质量控制八个方面对核查中发现的共性问题进行归类。

6.9.2.1 机构与人员

企业应建立与医疗器械生产相适应的管理机构,并配备相适应的专业技术人员、生产及质量管理、检验人员。由于 3D 打印技术的特殊性和专业性,因此对企业生产人员的资质能力、实操技能要求较高。在机构与人员方面,现场核查中发现的主要问题及不符合项判定依据举例如下。

(1)质检人员数量及能力与所承担任务量不匹配。如某义齿企业质量部仅有一人,在产品质量控制方面其同时承担质检员、质量负责人、最终放行人职责,未设置专职检验人员;在文件控制方面,其同时承担质量相关文件编制及审核任务,不符合《规范》第九条。

(2)影响产品质量工作的人员能力与岗位不匹配。如 3D 打印工序操作人员、医工交互工程师等缺乏 3D 打印工艺相关知识,不具备岗位职责要求的工作技能或未经过充分的培训等,不符合《规范》第十条。

(3)未对影响产品质量的人员健康进行有效管理。如企业未能提供打印工、清洗工等直接接触 3D 打印产品人员的健康证明,不符合《规范》第十一条。

6.9.2.2 厂房与设施

厂房与设施作为医疗器械生产企业的硬件,其设计、布局的合理性、环境的整洁性、维护保养的规范性等直接影响医疗器械产品的质量。对于 3D 打印医疗器械产品,根据实际工艺需求一般设有打印间、热处理间、抛光喷砂间、清洗间等,由于抛光过程产生大量粉尘,应考虑各功能区域的独立性及工序布局的合理性,同时在生产制造过程中做好必要的防护工作。3D 打印用原材料,如金属粉末、高分子树脂等,对贮存温湿度、光照等因素较为敏感,还应考虑生产和储存环境的特殊控制。在厂房与设施方面,现场核查发现的常见问题及不符合判定依据举例如下。

（1）生产工序布局不合理，如粉末准备室（前道工序）设置于3D打印室和喷砂室之间区域，物料流向设置不合理，不符合《规范》第十二条。

（2）对有温湿度要求的物料未按照规定配备监控设施或无相应的监控措施，如3D打印使用的金属粉末容易潮湿失效，存放材料的仓库无温湿度控制设施，也未对温湿度进行监测，不符合《规范》第十四条。

（3）仓储区域物料未分区分类存放，如成品仓库未划分不合格品区、合格品区堆放杂物等；物料货位卡、台账与实际情况不一致，如进出数量、批号信息无法对应等；上述行为不符合《规范》第十七条。

（4）未按照产品检验要求以及检验方法配置检测用的设施设备，或设施不能满足产品的检验要求，如企业未配置3D打印产品力学性能指标的检验仪器，不符合《规范》第十八条。

6.9.2.3　设备

企业应配备相应的生产设备、工艺装备及检验设备。3D打印医疗器械产品生产主要涉及3D打印机、后处理设备、粉末回收装置、清洁设备及相应的检验设备。在设备配置管理上，应充分考虑设备的符合性、适用性及运行稳定性。现场核查发现的常见问题及不符合判定依据举例如下。

（1）未对关键的生产设备进行验证，如企业未能提供固定式扫描仪软件、3D打印模型切片软件、3D打印机、超声波清洗工艺等设备的验证报告，不符合《规范》第二十条。

（2）生产设备无明显的状态标识，如超声波清洗机已停用，未做设备停用标示，不符合《规范》第二十条。

（3）生产设备的使用、维护和保养记录信息不全，如3D激光熔铸打印机委托厂家维护保养，但维修记录未体现具体维保及校验项目，不符合《规范》第二十条。

（4）未制定主要检验仪器和设备的操作规程，如未能提供表面粗糙度仪、拉力机的操作规程，不符合《规范》第二十一条。

（5）检验设备及计量器具无使用记录或记录中缺少检验规程中要求的环境条件等，不符合《规范》第二十二条。

（6）未对检验仪器和设备及计量器具进行校准或检定，或未按照计划执行，如现场发现主要的检验设备校准标识显示已过校准有效期，不符合《规范》第二十三条。

6.9.2.4　文件管理

现场发现企业在体系文件系统方面，问题主要集中于文件控制和记录控制管理，不符合项及判定依据举例如下。

（1）对于设计、医工交互、3D打印所涉及的数据信息未建立管理规定，对于数据的来源、追溯、保密、建档、使用、检索、修改、转移等要求均未作出规定,不符合《规范》第二十四条。

(2)同一文件存在多个版本,且未对现行有效和过期失效文件进行标识,存在误用风险,不符合《规范》第二十五条。

(3)记录填写不规范,存在随意涂改现象,不符合《规范》第二十七条。

(4)未规定电子数据记录(如扫描数据、设计数据、排版数据等)的保存、检索和追溯等管控要求,不符合《规范》第二十七条。

6.9.2.5 设计开发

设计开发全过程控制涉及产品研发的策划,包括立项、可行性分析、预期用途、性能指标、安全及法规要求等信息的输入;设计转换;产品生产和后期服务所需的相关信息的输出、验证、确认以及各阶段的评审。在本环节,主要的问题在于设计开发输入、输出、验证、更改控制方面,举例如下。

(1)设计开发输入缺少关键信息。如设计开发任务书中未包括规格型号、主要技术参数、性能指标、参考标准等设计输入内容;企业提供的设计和开发输入资料,仅将适用的标准、参考文件罗列收集,未明确输入开发产品的性能指标、型号规格等要求。上述问题不符合《规范》第三十条。

(2)设计开发输出文件不完整或输出与生产、检验相关要求脱节,不能指导后续的生产检验过程。如未将产品三维重建、个性化设计过程控制文件纳入设计输出文件;未建立设计输出清单,未输出原材料质量标准、生产工艺规程和质量检验规程等相关文件;输出的作业指导书中对设计过程的描述过于简单,无法指导实际设计过程等。上述问题不符合《规范》第三十一条。

(3)未按要求开展设计开发验证或验证不充分。如仅对申报的部分规格型号进行试生产,但未提供型号覆盖性证明资料;企业申报的激光熔铸金属修复体原材料采用两家企业生产的钴铬合金粉末,但企业仅对一家进行了工艺验证;未对 3D 打印工艺涉及的表面质量、机械性能、组织结构、内部缺陷等性能指标进行验证等。上述问题不符合《规范》第三十四条。

(4)未按照程序进行设计与开发变更识别和记录。如研发阶段的打印工艺关键参数与最终产品定型时的工艺参数不一致,企业未识别该设计变更内容,并且未对该设计变更进行风险分析;申报产品在注册检验过程、技术评审发补阶段涉及产品设计变更,但企业无法提供相应的设计变更评审、验证记录。上述问题不符合《规范》第三十七条。

6.9.2.6 采购

采购过程、采购合同、采购信息和进货检验的控制是企业实施物料采购的重点环节,所采购物料的特性和品质决定了医疗器械产品的性能和功能。在采购方面,有以下共性的问题。

(1) 物料分级不明确、不科学,未将影响产品质量的物料列为关键物料。如企业将物料分类为 A、B 两类,但未查见分类原则,上述问题不符合《规范》第四十条。

(2) 未对供应商进行评价、再评价,或未记录,不符合《规范》第四十一条。

(3) 未与关键物料供方签订质量协议或协议已过期,或协议无签字、盖章等,不符合《规范》第四十二条。

(4) 采购质量协议中未明确采购物品材质、牌号、尺寸、验收标准等。如与 3D 打印用原材料供应商签订的质量协议/采购合同中未明确金属粉末粒径分布、松装密度、球形度等具体指标;未明确高分子类原材料(如光固化树脂)牌号等信息。上述问题不符合《规范》第四十三条。

(5) 未按进货检验规程/作业指导书实施进货检验。不符合规范第四十四条。

6.9.2.7 生产管理

3D 打印医疗器械的生产一般经历 5 个阶段:产品设计、软件编制、打印制造、后处理及最终测试,其中打印工序作为一个关键、特殊工序,应进行工艺验证和确认。在生产环节,现场核查发现的问题集中于以下几个方面。

1) 工艺文件及其执行

① 生产工艺规程或作业指导书中未明确与产品性能直接相关的成型或工艺参数,如膝关节置换个性化手术导板由光敏树脂经 3D 打印机打印成型,工艺文件中未能明确特殊过程"打印"工艺参数如曝光时间等。② 关键工序或特殊过程的参数生产记录与作业指导书或验证报告规定的不一致。③ 未对关键工序或特殊过程进行验证或确认,或验证不充分。如粉末回收次数对 SLS 产品性能影响的研究报告缺少化学性能评估;企业提供的激光熔铸验证资料中未对主要参数,如激光功率、扫描速度、光斑直径等进行验证,且验证仅对外观进行检测,未制定激光熔铸样件的接受标准。上述问题不符合《规范》第四十六条。

2) 特殊过程和软件确认

① 未充分识别特殊过程关键的工艺参数,确认方案不完整。② 特殊过程确认报告输出的工艺参数与实际的作业指导书不一致。③ 未对影响产品质量的计算机软件进行验证和确认,如企业未对模型设计软件、3D 打印软件、扫描软件等进行验证和确认。上述问题不符合《规范》第四十九条。

3) 批生产记录

① 批生产记录中缺少部分生产工序记录,如送检样品的批生产记录中缺少医工交互的确认记录;② 批生产记录的信息不完整,如未查见与生产过程相配套的原材料批

号、牌号、打印设备、打印工艺参数等记录,不能满足生产可追溯要求。以上问题不符合《规范》第五十条。

6.9.2.8 质量控制

质量控制主要是对原材料、半成品及最终成品的检验过程进行控制。在质量控制方面,问题集中在以下几方面。

(1)检验仪器和设备未进行校准或检定,不符合《规范》五十七条。

(2)检验规程未涵盖强制性标准或产品技术要求的性能指标,如企业将产品技术要求中的部分性能,如断裂伸长率、硬度列为型式检验项目,未提供对应的风险评估资料;未确定 3D 激光熔铸产品技术要求中"适合性"项目的检验规则。上述问题不符合《规范》第五十八条。

(3)检验规程中的方法与产品技术要求中规定的不一致。不符合《规范》第五十八条。

(4)批检验记录信息不全,如自检报告中具有量化指标的检验项目,检测结果均为合格,无原始测试数据等,不能满足可追溯性的要求。不符合《规范》第五十九条。

(5)未按照留样规定进行留样或未按照规定进行留样观察/检验。不符合《规范》第六十一条。

6.9.3 结语

鉴于 3D 打印技术的特殊性和专业性,3D 打印医疗器械生产企业在满足《规范》的通用要求上,结合所使用的 3D 打印技术、材料及医疗器械产品的特性,充分理解、认识及识别质量管理工作中的风险,不断完善体系建设,改进产品质量,让产品更加安全有效。

参考文献

[1] 国家食品药品监督管理总局. 医疗器械生产质量管理规范. [EB/OL]. [2014-12-29]. https://www.nmpa.gov.cn/ylqx/ylqxggtg/ylqxqtgg/20141229120001903.html.

[2] 上海市食品药品监督管理局. 上海市医疗器械注册人委托生产质量管理体系实施指南(试行) [EB/OL]. [2019-12-12]. https://yjj.sh.gov.cn/zx-ylqx/20191212/0003-21422.html.

[3] 国家食品药品监督管理总局综合司. 医疗器械生产质量管理规范独立软件现场检查指导原则. [EB/OL]. [2020-06-04]. https://www.nmpa.gov.cn/xxgk/fgwj/gzwj/gzwjylqx/20200604162801601.html.

[4] 国家质量监督检验检疫总局. 增材制造 术语: GB/T 35351—2017[S]. 北京: 中国标准出版社. 2017: 12.

[5] 国家质量监督检验检疫总局. 系统与软件工程系统与软件质量要求和评价(SQuaRE)第 51 部分:

就绪可用软件产品(RUSP)的质量要求和测试细则：GB/T 25000.51—2016[S].北京：中国标准出版社.2016：10.

[6] 中国医疗器械行业协会.定制式医疗器械质量体系特殊要求：T/CAMDI 026—2019[S].北京：中国医疗器械行业协会.2019：6.

[7] 国家质量监督检验检疫总局.增材制造　文件格式：GB/T 35352—2017[S].北京：中国标准出版社.2017：12.

[8] 国家市场监督管理总局.增材制造　工艺分类及原材料：GB/T 35021—2018[S].北京：中国标准出版社.2018：5.

[9] 全球协调任务组织.质量管理体系——过程确认指南：GHRF/SG3/N99—10：2004(第2版)7，[S].2004：1.

[10] 中华人民共和国国务院.医疗器械监督管理条例[EB/OL].[2021-03-18].http://www.gov.cn/zhengce/content/2021-03/18/content_5593739.html.

[11] 国家药品监督管理局.医疗器械生产监督管理办法[EB/OL].[2022-03-22].https://www.nmpa.gov.cn/xxgk/fgwj/nbmgzh/20220322172616119.html.

[12] 国家食品药品监督管理总局.医疗器械生产质量管理规范附录无菌医疗器械[EB/OL].[2015-07-10].https://www.nmpa.gov.cn/ylqx/ylqxggtg/ylqxqtgg/20150710020001588.html.

[13] 国家食品药品监督管理总局.医疗器械生产质量管理规范附录植入性医疗器械[EB/OL].[2015-07-10].https://www.nmpa.gov.cn/ylqx/ylqxggtg/ylqxqtgg/20150710050001360.html.

[14] 国家食品药品监督管理总局.无源植入性骨、关节及口腔硬组织个性化增材制造医疗器械注册技术审查指导原则[EB/OL].[2019-10-15].https://www.nmpa.gov.cn/ylqx/ylqxggtg/ylqxqtgg/20191015164601944.html.

[15] 国家食品药品监督管理总局.定制式增材制造医疗器械注册技术审查指导原则[EB/OL].[2021-05-31].https://www.nmpa.gov.cn/ylqx/ylqxjgdt/20210531143442106.html.

[16] 国家药监局.国家卫生健康委关于发布定制式医疗器械监督管理规定(试行)的公告(2019年第53号)[EB/OL].[2019-06-19].https://www.nmpa.gov.cn/xxgk/ggtg/qtggtg/20190704160701585.html.

[17] 中国医疗器械行业协会.生物打印医疗器械生产质量体系特殊要求：T/CAMDI 039—2020[S].北京：中国医疗器械行业协会.2020：6.

[18] 国家食品药品监督管理局.医疗器械　风险管理对于医疗器械的应用：GB/T 42062—2022,[S].北京：中国标准出版社.2022：10.

[19] 中国医药生物技术协会.干细胞制剂制备质量管理自律规范[J].中国医药生物技术,2016,11(6)：481-490.

[20] 中国医药生物技术协会.细胞库质量管理规范[J].中国医药生物技术,2017,12(6)：484-495.

[21] 国家食品药品监督管理局.医疗器械　质量管理体系　用于法规的要求：GB／T 42061—2022[S].北京：中国标准出版社.2022：10.

[22] 国家食品药品监督管理总局.医疗器械唯一标识系统规则[EB/OL].[2019-08-27].https://www.nmpa.gov.cn/xxgk/ggtg/qtggtg/20190827092601750.html.

[23] 中国医疗器械行业协会.金属增材制造医疗器械生产质量管理体系的特殊要求：T/CAMDI 040—2020[S].北京：中国医疗器械行业协会.2020：6.

[24] 国家食品药品监督管理总局.医疗器械生产质量管理规范附录定制式义齿[EB/OL].[2016-12-21].https://www.nmpa.gov.cn/ylqx/ylqxggtg/ylqxqtgg/20161221173601848.html.

[25] 寿晶晶,马克,陈燕,等.医疗领域三维打印技术专利状况研究[J].中国医学装备,2014(12)：22-25.

[26] 张阳春,张志清. 3D 打印技术的发展与在医疗器械中的应用[J]. 中国医疗器械信息,2015(8):1-6.

[27] 国家食品药品监督管理总局. 关于印发医疗器械生产质量管理规范现场检查指导原则等 4 个指导原则的通知. [EB/OL]. [2015-09-25]. https://www.nmpa.gov.cn/xxgk/fgwj/gzwj/gzwjylqx/20150925120001645.html.

[28] 陕西省市场监督管理局. 增材制造医疗器械生产质量管理规范:DB61/T 1304—2019 [S]. 陕西:陕西省市场监督管理局. 2019:12.

[29] 国家食品药品监督管理总局. 医疗器械生产质量管理规范定制式义齿现场检查指导原则[EB/OL]. [2016-12-21]. https://www.nmpa.gov.cn/xxgk/fgwj/gzwj/gzwjylqx/20161221173201446.html.

7 | 3D 打印医疗器械的发展前景

3D 打印在医学领域的应用日趋广泛,临床各学科都有实践与探索,3D 打印无论从工艺还是材料领域都与医学愈加紧密,相关领域企业也增长迅速,但是 3D 打印医学产业化进程却落后,主要是由于个性化定制注册证以及相关伦理确认等存在一系列程序问题,因此政府、医院、企业需要有效协同合作,以促进行业发展。

7.1 3D 打印医疗器械新政策解读

随着 3D 打印在医疗领域应用的逐渐深入,这项技术也得到了美国食品药品监督管理局的充分重视。为应对不断创新且日新月异的 3D 打印技术发展,美国 FDA 于 2017 年公布了 3D 打印医疗器材的技术考虑规范。该规范包含设备设计、功能、产品耐久性测试及品质要求等 3D 打印医疗产品制造技术指导[1]。事实上,世界各国尤其是发达国家都已纷纷将 3D 打印(增材制造)作为未来发展的新增长点加以培育,制定了发展 3D 打印的国家战略和具体推动策略,力争抢占未来科技和产业的制高点。除美国外,欧洲各国、日本、澳大利亚等也制定并推出了各自的 3D 打印发展战略规划。

我国 3D 打印从 1988 年发展至今,呈现出不断深化、不断扩大应用的态势。2016—2020 年的 5 年间,中国 3D 打印产业规模实现了翻倍增长,年均增速超过 25%。3D 打印应用领域包括航天和国防、医疗设备、高科技、教育业以及制造业。其中,3D 打印技术给医疗领域带来了革命性的进步,主要应用有:用于手术规划或教学的 3D 打印医疗模型,手术导板,外科/口腔植入物,康复器械,生物 3D 打印人体组织、器官等。随着信息技术、精密机械和材料科学的发展升级,3D 打印的血管、器官已有临床实际应用案例。随着 3D 打印产业的兴起,我国以高校科研机构为主的 3D 打印技术研究不断取得进步。

我国 3D 打印产业虽然取得了长足的发展,但相较发达国家还有很大差距,关键技术滞后、关键装备与核心器件严重依赖进口的问题依然较为突出。基于此，国家高度重视和支持 3D 打印技术与产业的发展，国务院、科技部、工信部等多部门相继出台重要政策和项目推动技术攻关，医疗器械监督管理部门也推出多项标准、规范和指导原则助力3D 打印医疗产业发展。

7.1.1 国家政策推动

英国《经济学人》杂志在《第三次工业革命》一文中将 3D 打印技术作为第三次工业革命的重要标志之一，引发了世人对 3D 打印的关注。我国高度重视 3D 打印技术的发展。

2015 年 2 月，我国工信部、财政部等印发《国家增材制造产业发展推进计划（2015—2016 年）》[2]，首次明确将 3D 打印列入国家战略层面，对 3D 打印产业的发展做出了整体计划，提出到 2016 年初步建立较为完善的 3D 打印产业体系。近两年，国家各部委出台了诸多政策来鼓励和支持 3D 打印的发展。作为革命性的技术，3D 打印的发展与医疗健康领域息息相关。

2015 年 5 月，国务院又印发了《中国制造 2025》[3]，在第一部分"发展形势与环境"中就提到"全球制造业格局面临重大调整。各国都在加大科技创新力度，推动三维（3D）打印、移动互联网、云计算、大数据、生物工程、新能源和新材料等领域取得新突破。"紧接着，在第三部分"战略任务和重点"中，强调"大力推动重点领域突破发展，生物医药及高性能医疗器械。实现生物 3D 打印、诱导多能干细胞等新技术的突破和应用。"

在 2016 年国务院印发的《"十三五"国家科技创新规划》[4] 和《"十三五"国家战略性新兴产业发展规划》[5] 中，也分别提到"开发重大智能成套装备、光电子制造装备、智能机器人、3D 打印、激光制造等关键装备与工艺，推进制造业智能化发展。重点开发移动互联、量子信息、人工智能等技术，推动 3D 打印、智能机器人、无人驾驶汽车等技术的发展"。此后，3D 打印、机器人与智能制造、超材料与纳米材料等领域技术不断取得重大突破，推动传统工业体系分化变革。在航空航天、医疗器械、交通设备、文化创意、个性化制造等领域大力推动 3D 打印技术应用，加快发展 3D 打印服务业；利用 3D 打印等新技术，加快组织器官修复、替代材料和植介入医疗器械产品创新和产业化。

《"十三五"国家科技创新规划》第五章"构建具有国际竞争力的现代产业技术体系"中明确指出要大力发展新材料技术和先进高效生物技术。在生物医用材料方面，指出以组织替代、功能修复、智能调控为方向，加快 3D 生物打印、材料表面生物功能化及改性、新一代生物材料检验评价方法等关键技术突破，重点布局可组织诱导生物医用材料、组织工程产品、新一代植介入医疗器械、人工器官等重大战略性产品，提升医用级基础原材料的标准，构建新一代生物医用材料产品创新链，提升生物医用材料产业竞争力。从规划内容不难看出,本次规划的重点主要集中在植介入器械、组织修复材料和前沿新技术三大方面。

2016 年,国务院在《关于加快发展康复辅助器具产业的若干意见》[6]中指出,我国是世界上康复辅助器具需求人数最多、市场潜力最大的国家。近年来,我国康复辅助器具产业规模持续扩大,产品种类日益丰富,供给能力不断增强,服务质量稳步提升,但仍存在产业体系不健全、自主创新能力不够强、市场秩序不规范等问题。为加快康复辅助器具产业发展,"意见"对如何加快康复辅助器具产业发展提出了具体要求和任务。在主要任务中,"意见"强调了进行康复辅助器具领域创新的重要性,并提出了促进制造体系升级的任务。任务包括了加快 3D 打印技术在康复辅助器具领域的应用。"意见"中提出的 3D 打印技术,在促进康复辅助器具的设计创新、提高定制化水平等方面起到了重要作用。

2017 年 12 月,工信部、发改委、国家卫生计生委以及财政部等十二部门联合印发了《增材制造产业发展行动计划(2017—2020 年)》[7],强调了我国高度重视增材制造产业,将其作为《中国制造 2025》的发展重点,在有效衔接 2015 年发布的《国家增材制造产业发展推进计划(2015—2016 年)》基础上,结合新的发展阶段面临的新形势、新机遇、新需求,提出了"五大发展目标"、"五大重点任务"以及"六项保障措施"。《中国制造 2025》指出提高医疗器械的创新能力和产业化水平,重点发展影像设备、医用机器人等高性能诊疗设备,全降解血管支架等高值医用耗材,可穿戴、远程诊疗等移动医疗产品。实现生物 3D 打印、诱导多能干细胞等新技术的突破和应用。"行动计划"提出了建立"3D 打印＋医疗"的示范应用。针对医疗领域个性化医疗器械(含医用非医疗器械)、康复器械、植入物、软组织修复、新药开发等需求,推动完善个性化医用 3D 打印产品在分类、临床检验、注册、市场准入等方面的政策法规,研究确定医用 3D 打印产品及服务的医疗服务项目收费标准和医保支持标准。

国务院、工信部、财政部、发改委和国家卫健委多部门相继出台政策,高度重视 3D 打印,并推动 3D 打印行业发展及其在医疗器械领域的应用。除了近期的支持政策,之前国家出台的相关政策也充分显示了对 3D 打印在医疗应用领域的重视。未来,随着政策以及技术的支持,我国 3D 打印产业将会持续增长。

7.1.2 科技重大专项

3D 打印在医疗器械领域的广泛应用,呈现多学科交叉、技术壁垒高的特点。我国在 3D 打印领域起步晚,缺乏结合信息技术、精密机械和材料科学的成套技术。近年来,我国高度重视 3D 打印相关的数字医学、生物材料和精密制造的卡脖子技术攻关和先进成套技术研发,科技部设立重大专项。实现国家目标,通过核心技术突破和资源集成,在一定时限内完成重大战略产品、关键共性技术和重大工程,是我国科技发展的重中之重。这对提高我国自主创新能力、建设创新型国家具有重要意义。近年来,科技部重大专项聚焦 3D 打印医疗器械的各个环节,力求实现技术突破。

7.1.2.1 "增材制造与激光制造"重点专项项目

"血管化仿生关节多细胞精准 3D 打印技术与装备的开发及应用项目"研究内容:多细胞多材料"生物墨水"研发,3D 打印精准建模软件研发,集成多相多细胞多机制协同打印、双光子同步监控及动脉仿生灌流细胞存活维持系统的装备研发,血管仿生人工关节的生物 3D 打印、体内构建和动物实验评估,多细胞精准药物筛选的 3D 通用仿生模型。

7.1.2.2 "网络协同制造和智能工厂"国家重点研发计划

1) 大数据模型驱动的 3D 打印定制化医疗器械智能设计/仿真协同云平台研发

项目研究内容:基于形变模型智能匹配的 3D 打印医疗器械个性化快速设计和力学仿真技术,数字孪生与数据挖掘驱动的生产智能优化关键技术研究,国人数据人工智能建模分析技术与专家基础模板库构建。

2) 可降解个性化植入物的 3D 打印技术与装备

研究内容:可降解生物材料的 3D 打印设备、工艺与植入物个性化设计软件,与 3D 打印工艺匹配的可降解材料,个性化可降解医学植入物设计原理、3D 打印和临床试验应用研究。考核指标:设备加工尺寸不小于 $300 \times 300 \times 300 \ mm^3$,制作精度不低于 $0.05 \ mm$;满足制造工艺的可降解材料 5 种以上,制作过程满足植入物安全规范,产品通过安全性评价,符合外科植入物国家/行业标准;植入物降解后达到组织的功能再生,临床试验 40 例以上。

3) 多细胞精准 3D 打印技术与装备

研究内容:多细胞体系的 3D 打印设备和细胞存活维持系统,细胞与基质材料一体化的生物打印墨水体系,以复杂人体组织和器官为对象的药物模型和动物试验研究。考核指标:设备加工尺寸不小于 $300 \times 300 \times 200 \ mm^3$,保证 85% 以上细胞存活不小于 10 天;满足打印工艺的细胞材料(生物墨水)10 种以上,材料与设备达到生物安全标准,药物和动物实验各 20 例以上;建立多组织与器官的打印工艺规范,满足国家生物医学安全相关规范或标准。

4) 高性能聚合物材料医疗植入物 3D 打印技术

研究内容:聚醚醚酮等高性能聚合物材料医疗植入物 3D 打印技术,适用医疗植入要求的聚合物材料 3D 打印材料体系,3D 打印聚合物医疗植入物临床试验应用。考核指标:制作精度优于 $0.05 \ mm$,达到医疗植入标准的聚合物材料(粉料或线材)4 种以上;制件拉伸力学性能不低于 $90 \ MPa$,产品通过安全性评价,符合外科植入物国家/行业标准,完成动物实验;临床试验 40 例以上。

7.1.2.3 "变革性技术关键科学问题"科技部重点研发项目

"功能化生物活性组织/器官体外精准制造基础"项目研究内容:微环境可控凝胶类生物墨水研发,多工艺融合多材料超精密生物打印装备与工艺特性研究,复杂组织细胞精确排布机理与三维成型方法,多细胞预血管化复杂组织/器官的 3D 打印新方法,异质组织器官的物理及生物功能评价体系。

3D 打印技术作为现阶段代表性的新兴技术之一,在国家制造业创新能力提升、推动智能制造中将发挥重要的作用。从以上这些项目可以看出,我国对 3D 打印技术十分重视,科技部在 3D 打印领域多次立项,投入大量人力物力进行技术研发。

7.1.3 国家政策规范

临床上,每例患者的组织器官病灶都是独一无二的个体表现,传统的医疗器械一般都具有标准化的形状和大小,无法真正满足每例患者的需求;而 3D 打印则可以提供快速、相对低成本的个性化制造。3D 打印个性化医疗器械具有广泛而刚性的需求,但是个性化医疗器械特别是 3D 打印医疗器械产品由于其审批困难大、监管挑战大,在临床的应用进展缓慢。建立科学的标准、完善的审评流程和可靠的监督管理体系,对于 3D 打印医疗器械的发展至关重要。

个性化医疗器械是指医疗器械生产企业根据医疗机构经授权的医务人员提出的临床需求设计和制造的、满足患者个性化要求的医疗器械,分为患者匹配医疗器械和定制式医疗器械。

7.1.3.1 患者匹配医疗器械的特点及规范

患者匹配医疗器械是指医疗器械生产企业在依据标准规格批量生产医疗器械产品的基础上,基于临床需求,按照验证确认的工艺设计和制造的、用于指定患者的个性化医疗器械。患者匹配的医疗器械具有以下特点:一是在依据标准规格批量生产医疗器械产品基础上设计生产、匹配患者个性化特点,实质上可以看作标准化产品的特定规格型号;二是其设计生产必须保持在经过验证确认的范围内;三是用于可以进行临床研究的患者人群。如定制式义齿、角膜塑形用硬性透气接触镜、骨科手术导板等。患者匹配医疗器械应当按照《医疗器械注册与备案管理办法》的规定进行注册或者备案,注册/备案的产品规格型号为所有可能生产的尺寸范围。

7.1.3.2 定制式医疗器械的特点及规范

定制式医疗器械是指为满足指定患者的罕见特殊病损情况,在我国已上市产品难以满足临床需求的情况下,由医疗器械生产企业基于医疗机构特殊临床需求而设计和生产,用于指定患者的、预期能提高诊疗效果的个性化医疗器械。因此,定制式医疗器械具有以下特点：一是用于诊断治疗罕见特殊病损情况，预期使用人数极少，没有足够的人群样本开展临床试验；二是我国已上市产品难以满足临床需求；三是由临床医生提出，为满足特殊临床需求而设计生产；四是用于某一特定患者，预期能提高诊疗效果。

为规范定制式医疗器械注册监督管理，保障定制式医疗器械的安全性、有效性，满足患者个性化需求，根据《国务院关于修改〈医疗器械监督管理条例〉的决定》[8]（中华人民共和国国务院令第 680 号），2019 年 7 月 4 日国家药品监督管理局会同国家卫生健康委员会制定了《定制式医疗器械监督管理规定（试行）》[9]（以下简称《规定》），自 2020 年1 月 1 日起施行。

《规定》共分为总则、备案管理、设计加工、使用管理、监督管理和附则六章共 35 条，明确了定制式医疗器械的定义、备案、设计、加工、使用、监督管理等方面的要求。定制式医疗器械，是指为满足指定患者的罕见特殊病损情况，在我国已上市产品难以满足临床需求的情况下，由医疗器械生产企业基于医疗机构特殊临床需求而设计和生产，用于指定患者的、预期能提高诊疗效果的个性化医疗器械。考虑到定制式医疗器械仅用于特定患者，数量极少，难以通过现行注册管理模式进行注册，《规定》明确对定制式医疗器械实行备案管理，定制式医疗器械生产企业和医疗机构共同作为备案人。为合理控制风险，《规定》对生产、使用定制式医疗器械的生产企业和医疗机构均提出了明确要求，并明确定制式医疗器械不得委托生产。

《规定》同时明确，当定制式医疗器械临床使用病例数及前期研究能够达到上市前审批要求时，应当按照《医疗器械注册与备案管理办法》[10]规定，申报注册或者办理备案。符合伦理准则且真实、准确、完整、可溯源的临床使用数据，可以作为临床评价资料用于注册申报。《规定》的发布实施，将进一步鼓励定制式医疗器械的创新研发，规范和促进行业的健康发展，满足临床罕见特殊个性化需求，有力保障公众用械安全。

3D 打印医疗器械监管挑战大。考虑到产品特点，定制式医疗器械难以通过现行注册管理模式进行注册，因此对定制式医疗器械实行上市前备案管理。定制式医疗器械生产企业与医疗机构共同作为备案人，在生产、使用定制式医疗器械前应当向医疗器械生产企业所在地（进口产品为代理人所在地）省、自治区、直辖市药品监督管理部门备案。从风险控制的角度出发，定制式医疗器械不得委托生产，备案人应当具备相应条件。当定制式医疗器械生产企业不具备相同类型的依据标准规格批量生产的医疗器械产品的有效注册证或者生产许可证时，或者主要原材料、技术原理、结构组成、关键性能指标及适用范围基本相同的产品已批准注册的，备案自动失效。备案人应当主动取消备案。定制式医疗器械研制、生产除应当符合医疗器械生产质量管理规范及相关附录要求外，还应当满足特殊要求，包括医工交互的人员、设计开发、质量控制及追溯管理方面的要求。定制式医疗器械的说明书标签应当体现定制的特点，可以追溯到特定患者。

为加强上市后监管,定制式医疗器械的生产和使用实行年度报告制度;对于定制式医疗器械使用及广告、患者信息保护也提出了相应要求。如金属 3D 打印定制式颈椎融合体,在临床应用一定例数、产品基本定型后,可以作为患者匹配医疗器械申报注册。

3D 打印技术为高端制造业赋能,在个性化医疗器械的制备上具有独特的优势。我国政府高度重视 3D 打印技术攻关和产业发展,《中国制造 2025》中明确提出加大科技创新发展 3D 打印技术。科技部在科学研究方面加大投入,从 3D 扫描软件技术研发、3D 打印设备研发和高适配性功能材料研发入手,全面布局整个 3D 打印链条的技术攻关,以高校、医院、企业为项目共同主体,产学研医交叉协作,为我国 3D 打印医疗器械的研发以及生产提供肥沃的土地。

7.2 3D 打印医疗器械与经济增长

3D 打印作为新型快速成型技术,自 20 世纪 80 年代诞生以来,在工业、医疗等多行业发挥着巨大作用,并在短期内取得了快速发展。鉴于其所带来的社会价值,3D 打印与互联网、绿色电力被列为世界第三次工业革命的三大支柱。随着数字信息化、智能化的发展,3D 打印成为推动世界第三次工业革命的核心力量。

全球正处于老龄化加速发展阶段,随着世界经济的发展以及生活水平的不断提高,对医疗保健的意识逐渐增强,因此带来的医疗器械产品需求也在不断攀升,推动了全球医疗器械市场大规模扩增。这些为医疗产业的发展及 3D 打印技术在医疗器械领域的应用发展提供了广阔空间。截至 2017 年底,全球获得美国 FDA 医疗器械注册证的 3D 打印医疗器械就已超过 100 个,其中包含多款由不同厂家制造的 3D 打印关节和脊椎植入物。推出这些高品质的 3D 打印医疗器械,也将为相关企业带来丰厚的市场收益和宝贵的发展机遇。

根据 *World Preview 2020, Outlook to 2026* 分析,全球 3D 打印医疗器械市场从 2021 年的 22.9 亿美元增长到 2022 年的 27.6 亿美元,复合年增长率(CAGR)为 20.4%。预计到 2026 年,该市场将以 13.0% 的复合年增长率,增长到 44.9 亿美元。考虑到中国巨大的人口基数,未来随着我国经济水平的不断提升,医疗器械行业将有非常巨大的发展空间[11]。

3D 打印技术因其个体化、精准数字医疗制造的优势,在医疗器械市场中占据着独特的优势地位。未来 10 年,中国医疗器械行业复合增速将超过 10%,可以说中国医疗器械行业正处于快速发展期。如此巨大的市场空间,吸引着许多医疗器械投资者入场。近年来,中国政府针对医疗器械行业推出一系列利好政策,在企业创新和高端产品国产化两方面,对国产医疗器械企业提供了来自产业政策方面的支持,并将发展高端医疗器械列为重点发展目标。市场和政策的向好使得国内 3D 打印医疗器械行业更加有信心继续做大做强,成为全球领先的医疗资源采购平台。

目前,我国 3D 打印医疗器械厂商在国内市场占据了绝大部分份额,但在国际市场中的份额仍旧偏少。针对如何提高我国 3D 打印医疗器械国际竞争力这一问题,国内企业或许可以通过以下几点找到突破口:一是规模化,基于政策、市场的双重驱动,未来医疗器械行业逐渐成熟,市场规模将持续扩大,企业将通过收并购等方式加速形成规模化。二是智能化,2019 年已进入 5G 时代,未来随着信息化技术的进一步发展应用,医疗器械供应链将逐步实现智能化的转型,医疗器械智能化、物流设备智能化,形成互联互通互享的供应链平台。三是合规化,在国家推动及医疗器械行业的健康发展下,未来医疗器械行业将会更加有序、合规,提高供应链管理流程标准化,提升上下游协同效率。四是扁平化,随着两票制等医改政策的持续推进,医疗器械供应链环节不断压缩,去中间化明显,供应链将进一步扁平化发展,进而使上下游协同更加紧密。五是专业化,未来人才专业化及服务专业化一定是中国医疗器械行业及流通领域必然的发展趋势,企业提升专业度,人员提升专业能力[12]。相信在国家大力发展健康医疗政策背景下,未来我国 3D 打印医疗器械必将发展成为国际顶尖医疗资源。

7.3 3D 打印医疗器械数字化生态体系建设

7.3.1 概述

作为一种全流程数字化制造技术,3D 打印在以个性化、柔性、快速响应为主要标志的数字化转型时代带给人无穷想象。伴随着大数据、云计算、人工智能和物联网等技术的飞速发展,以数据智能驱动制造业数字化转型升级已成为当下的必然趋势。在 3D 打印医疗器械领域,数据智能对制造端和消费端都形成了极大的支撑。一方面,以医疗大数据平台为基础,以云计算为依托,以人工智能为突破,实现面向 3D 打印医疗器械制造端的数字化生态支撑体系,解决制造流程中的感知、决策和执行等问题,从制造的角度优化这一数字化链条,全方位提升 3D 打印医疗器械制造的灵活性和柔性,在整个诊疗生命周期中快速响应各种个性化、定制化的需求。另一方面,3D 打印医疗器械结合智能穿戴技术,借由物联网构建大数据平台,以人工智能算法为引擎实现个人健康管理精细化云服务,再结合医疗、保险和养护机构系统构建起 3D 打印医疗器械面向个人消费端的数字化生态支撑体系。

7.3.2 面向制造端的数字化生态支撑体系

医疗器械本身具有严苛的精密、安全属性。近年来,业内对医疗器械、相关配套零部件的制造技术要求也有所提高。在医疗器械制造过程中,对小到助听器、医用纽扣、麻醉咽喉镜,大到高压氧舱等注塑产品的精准度、有效性、安全性等均有明确要求。3D打印作为前沿技术之一,在医疗器械制造方面的应用场景不断扩宽,应用价值日益得到重视。以应用广度来看,从最初的医疗模型快速制造,逐渐发展到助听器外壳、3D打印植入物、3D打印药品和复杂手术器械,3D打印在国内的医用领域已经不再局限于某个单一场景。以应用深度来看,从3D打印制备传统医疗器械正向打印具有生物活性的人工组织、器官方向发展。

通过医疗行业大数据平台的建设,汇聚海量多模态数据,构建面向临床诊疗的专病库、面向手术及康复治疗的器材模型库、面向基于经验的模型信息库等,依托人工智能与行业专家经验的半自动模型算法优化设计,以数据助推3D打印医疗器械行业生态的标准化构建,以算法驱动3D打印的设计自动化,以数字化实现制造全流程管理,最终提升3D打印医疗器械制造行业生态的安全性、精准性、有效性、创新性及可持续发展性,有助于进一步拓宽基于大数据人工智能的3D打印医疗器械的医疗应用方向。

7.3.2.1 数据助推3D打印医疗器械生态的标准化

医疗器械行业是3D打印的重要领域,3D打印能够实现精确化、个性化的医疗服务,需求正在迅速增长,例如医疗模型、手术器材、骨科及牙科等植入物、生物打印等逐渐进入临床,部分已实现规模化生产。但3D打印医疗器械在医疗领域的快速发展中面临一个巨大挑战,就是相关标准的缺失。世界各国对3D打印医疗器械的管理依据目前基本处于起步阶段,同时缺乏相关的认证制度,在3D打印医疗器械产品的安全性、有效性等方面存在很大的客观认同障碍。

通过大数据平台获取生产过程数据,从3D打印医疗器械的研发设计、检验检测、生产经营、质量管理等方面构建起针对性的3D打印医疗器械生态的国家标准和行业标准。

7.3.2.2 算法驱动3D打印的设计自动化

以3D打印为代表的增材制造模式带来了几何、材料、功能等多个方面的自由度,理论上,根据需要,不同的加工位置可以有不同的几何特征、材料、形变特性和功能组合。3D打印既可以加工具有复杂几何特征的结构件(如手术部件),也可以加工具有复杂结构的功能器件(如生物器官等)。制造上的极大自由度,一方面使得3D打印能够摆脱传统制造模式存在的设计上的限制;另一方面,设计上的极大自由度也提高了3D打印的使用门槛。为了真正利用3D打印的优势并得到性能最优化的打印部件,使用者不仅需要掌握诸如拓扑优化、功能优化等高级设计方法,也需要掌握3D打印工艺过程中复杂的材料结构-工艺过程-打印性能关系。设计上的高门槛极大限制了3D打印技术广泛使用的可能性。基于大数据平台、人工智能算法构建的面向3D打印的设计自动化将会有效解决这一难题,使用者可以通过集成的自动化设计工具(如扫描仪-逆向工程、集成的创成式设计、工艺过程数据仿真工具等),智能推算符合期望的设计数据。通过实现小批量 3D 打印医疗器械的快速定制,从而更高效、精准地辅助如远程协同医疗、2D 影像转 3D 病理器官模型、多学科会诊等诊疗场景。

7.3.2.3 数字化实现医疗器械制造全流程管理

3D 打印技术的出现、发展与数字化的历史进程是相辅相成的。一方面,3D 打印与机器人、物联网、大数据、人工智能等技术一样都是数字化的关键支撑技术,使得生产制造系统更加灵活和柔性,可快速响应个性化定制化的需求;另一方面,3D 打印所带来的极大自由度、灵活性也需要数字化技术(如物联网、大数据和数字孪生等)的加持,以应对材料结构-工艺过程-打印性能关系的复杂性和不确定性,通过在线过程感知、质量监控、缺陷监测以及闭环控制等技术,有效提升打印成功率、重复性、一致性以及打印件本身性能。覆盖设计-制造-产品全环节,数据的同源性和统一性保证了全流程数字化,并有望确保以此为基础的制造系统的高效、灵活和持续改进,其满足医疗领域需求的个性化、定制化和快速响应的优势更是数字化 3D 医疗器械制造的意义所在。

7.3.3 面向消费端的数字化生态支撑体系

随着医疗器械技术发展以前所未有的速度出现,全球年度销售额预测以每年超过 5% 的速度增长,到 2030 年销售额将达到近 8 000 亿美元。这些预测反映了人们随着现代生活习惯的改变,对创新设备(如可穿戴设备)和服务(如健康数据)的需求持续增长。面对人口增长和老龄化、慢性病增加、医疗资源紧张等问题,基于面向制造端数字化生态体系提供的数据服务,围绕 3D 打印医疗器械构建"智能穿戴＋大数据＋AI＋健康管理应用"的生态体系,以面向消费端的数字化生态支撑系统将成为解决这些问题的重要途径。依托生态,将"以器械为导向"转变为"以用户为中心"的视角,把智能服务结合到 3D 打印医疗器械产品组合和服务中,为治疗过程带来了积极影响,并与患者建立联系,提供超越器械本身的智能服务,真正地实现围绕患者参与、收集、合并和发送高质量数据,提供可执行的建议,帮助改善治疗效果,降低费用和提供获得优质医疗的机会。面向消费端的数字化生态,需要依托医疗患者数据模型库建设数据服务链接,立足患者个体相关数据,围绕 3D 打印医疗器械为核心制造智能穿戴装备,实现精准的定制化。利用物联网技术监测、收集患者数据,建设用户数据管理,并基于这些数据,借助人工智能算法,以健康管理应用软件为交互工具,将 3D 打印医疗器械与患者连接,实现患者的个人健康管理。

7.3.3.1 消费端数字化生态中的数据和应用

数据采集与应用服务是面向消费端的数字化生态中的主线和基础。以 3D 打印医疗器械为基础构建的智能穿戴装备将产生大量的监控数据,基于这些监控数据结合深度学习形成更贴合个人的健康管理数据服务应用,从实时预防保健的角度保障个人身体健康。在面向消费端的数字化生态建设中需要更注重数据与服务,比以往更充分地利用数据,并在产品使用中进行数据的深度挖掘,增加人工智能提供的服务颗粒度,实践中将用到物联网、5G、大数据分析、区块链等技术,这将成倍地提升3D打印医疗器械的价值。基于数字化生态支撑,数据、分析工具和健康管理应用软件的使用,使3D打印医疗器械直接、持续地与用户建立联系,提供有效的智能服务,把预防的重要性放在治疗之前,让患者更好地维护自身的健康水平。以3D打印医疗器械工艺构建的智能穿戴装备大大提升了医疗的获得感,不仅与终端用户的关系有了显著变化,而且临床医生借助智能采集的信息可进一步提升其诊断、监测和预防疾病的能力,患者也可避免不必要的、高昂的就诊出行。

7.3.3.2 消费端数字化生态中的人工智能

人工智能的应用是面向消费端的数字化生态中的亮点和关键。人工智能技术的发展将为面向消费端的数字化生态提供助力,芯片和算法等核心技术的应用将会推动3D打印医疗器械成为智能穿戴装备不可或缺的组成部分。3D打印医疗器械构建的智能穿戴中,利用人工智能技术将实现与患者的互动。例如,根据个体进行个性化制作的3D打印矫正鞋垫,结合智能穿戴设备制成的鞋,通过特定位置的传感器采集足部受力情况,通过蓝牙与智能手机传输监测数据,人工智能结合数据中心提供的个人体征数据分析后给予反馈或进行预警,可用于扁平足等患者的康复管理或对运动姿态的监控等。人工智能同样可以与三维扫描结合,能够将人体结构用更精确的方式数据化。在面向消费端的数字化生态建设中需要与面向制造端数字化生态形成反馈链路,将患者持续变化的数据反馈给制造端,通过持续改进,更精准地定制3D打印医疗器械数据参数,通过数据服务的形式返回给面向消费端的生态体系,实现为患者服务的人工智能应用,通过进一步基于人工智能的学习,针对患者的个体差异,为个体患者提供精准的体征数据化服务。这样才能让精准、高效的数字化制造技术有望代替手工制作方式,缩短生产周期,从而解决3D打印医疗器械在智能穿戴装备中的制造和替代的问题,为整个生态打造闭环链接。布朗大学的Michael Black教授创立了Body Labs,能够将人体用更精准的方式数据化。与普通扫描不同的是,Body Labs能够通过人工智能技术来实现自我学习,可以收集和整理关于人体外形、姿态和运动时的动态数据,更丰富的数据意味着能够更精准地3D打印人体假肢或其他医疗器械。美国Baltics 3D公司的创始人Janis Jatnieks和他的团队将3D扫描和人工智能技术相结合,让假肢需求者只需通过一部智能手机和一个应用软件在15分钟内就自行完成定制化假肢的设计。目前,通过该技术设计和定制的3D打印腰部支撑假体已经提供给拉脱维亚的残奥会击剑选手Polina

Rozkova 使用。如果在参加残奥会期间该假体出现任何问题,工程师可以马上进行重新设计,并在任何一家 3D 打印服务公司的帮助下将其打印出来。

7.3.3.3 消费端数字化生态优化人们的健康管理

3D 打印医疗器械作为医疗器械行业的新技术代表,将重塑医疗器械的业务和运营模式,推动价值型医疗的转变,加速医疗器械从生产成本到智能价值的转变。围绕 3D 打印医疗器械建设的生态体系,需同时满足面向制造端和面向消费端的数字化生态支撑。特别是面向消费端的数字化生态,具有巨大的发展潜力。由 3D 打印医疗器械为工艺构建的智能穿戴装备、大数据、AI 和个人健康管理应用生态体系将为 3D 打印医疗器械建立起与用户的紧密联系,将医院的医疗服务延伸至患者的日常健康管理。随着预防性和个人化的防护成为新的治疗起点,预防和康复将优先于治疗,患者或亚健康人群可高度自主地监测自身的健康状况。设想将来的某一天,患者使用 3D 打印的矫正鞋垫,每天智能应用会及时纠正其步态,提醒患者适宜的步数,定期根据患者的改善状况提供新的数据用于打印更适合的鞋垫。3D 打印医疗器械和面向消费端的数字化生态支撑将在未来提供超越设备的服务、甚至超越服务的智能,从而促进患者积极地改变生活方式。

7.4 政府、医院、企业协同助力 3D 打印医疗器械的发展

2015 年 5 月 8 日,国务院正式印发了《中国制造 2025》。这份被认为是中国版的"工业 4.0"发展规划,明确了在新一轮科技革命和产业变革的大背景下,中国主动应对全球产业竞争新格局和未来产业竞争新挑战的发展战略。为实现中国制造由大到强的转变,提出了 9 大战略任务、5 项重点工程、10 大战略领域和若干重大政策举措,描绘了中国制造梯次推进的路线图和未来 30 年建设制造强国的宏伟蓝图。在该规划中,3D 打印(增材制造)作为代表性的新兴技术占有重要位置,在全文中共出现 6 次,贯穿于背景介绍、国家制造业创新能力提升、信息化与工业化深度融合、重点领域突破发展等重要段落,并融入推动智能制造的主线。这一方面体现出我国对 3D 打印的重视程度,另一方面也彰显了在战略层面我国对制造业发展面临的形势和环境的深刻理解。3D 打印首次出现在规划的第一部分,在生物医药及高性能医疗器械领域中,提出要实现医学 3D 打印等新技术的突破和应用。

随着我国医疗器械监管法规体系、组织体系、技术体系的建立和完善,国家持续深入推进医疗器械审评审批制度改革,加速医疗器械创新发展。为进一步鼓励医疗器械创新,2018 年,国家药监局对创新医疗器械特别审批程序进行了修订,发布了新修订的《创新医疗器械特别审查程序》[13]。新修订的《创新医疗器械特别审查程序》完善了适用

情形、细化了申请流程、提升了创新审查的实效性、完善了审查方式和通知形式,并明确对创新医疗器械的许可事项变更优先办理,设置更为科学,对创新的界定更加清晰明确,更有利于提升审查效率和资源配置。截至 2020 年底,国家药监局共收到创新医疗器械审批申请 1 400 余项,280 余个产品进入"绿色"通道。面向未来,科技革命和产业变革将进一步深入发展,机遇和挑战也将会发生新的变化,做好新时代医疗器械注册和上市后监管工作情况更加复杂、责任更加重大。《规定》的发布实施,将进一步鼓励 3D 打印企业对定制式医疗器械的创新研发,规范和促进行业的健康发展,满足临床罕见特殊个性化需求,有力保障公众用械安全。

在工程技术领域,企业是技术创新的主体。而在医学领域,技术创新和转化的主体应该是医疗机构。在医学研究主体方面,临床中心是承接基础研究发现、转化前沿技术成果、应用评价创新产品、研究制定指南规范的核心力量,处于创新链条的枢纽位置。近年来,随着 3D 打印技术的发展和在医疗领域应用的增加,3D 打印技术的临床应用成为医学领域跨界合作、科研转化的典范。医院 3D 打印的临床应用与发展离不开国家相关政策的支持,与 3D 打印相关企业医疗器械的研发应用推广。医院在临床应用相关医疗器械后,通过反馈临床疗效和突出问题,可进一步推动企业对 3D 打印医疗器械的改良研发,促进政府就该技术作出了一系列规范市场、企业对医疗器械的生产标准和安全要求,这样才能保障医院更加合理、放心、安全地应用 3D 打印医疗器械。

当前我国在工业互联网、人工智能等领域不断发力,为实现医疗器械信息化、智能化发展打开了空间,开启了广阔的医疗应用场景。我国卫生健康事业的发展,涌动着创新的力量,面对多元化的需求,每一位临床工作者和一线研发人员都是创新参与者。只有医院勇于突破现有医疗技术瓶颈,推动 3D 打印医疗器械临床成果转化,才能不断提升医疗卫生事业的技术和服务水平。企业从顶层设计、传导机制、激活个体等方面层层推进,将进一步加强医疗机构与医学装备企业之间的交融合作,增强各方的参与感,激发创新活力与创造潜力,助力中国医学装备向价值链和产业链的中高端迈进,提升整体的创新水平和竞争水平。以企业为主体,以临床需求为导向,加强医工协同,加强国际合作,加强 3D 打印医疗器械的应用推广。补短板,打好产业基础高级化、产业链现代化、医疗服务精准化的攻坚战。同时,政府有关部门强化部门之间的协调和联动,加强科技创新、产业链金融、产业发展、注册监管、产品应用等多方面的政策协同配合,为加快推动 3D 打印医疗器械创新成果的转化和临床应用提供更好的服务。政府通过组织搭建创新共享平台,推动企业 3D 打印医疗器械技术创新和医院临床应用革新,我们必然会在促进中国医疗器械高质量发展、维护人民群众健康中取得更加优异的成绩!

参考文献

［1］李非，孙智勇，张世庆，等.FDA 的医疗器械监管科学：最小负担原则及应用［J］.中国食品药品监管，2021(1).

［2］中华人民共和国工业和信息化部.国家增材制造产业发展推进计划(2015—2016 年)［EB/OL］.［2015-2-11］.http：//www.cac.gov.cn/2015-03/02/c_1114491348.html.

［3］中华人民共和国国务院.中国制造 2025［EB/OL］.［2015-5-19］.http：//www.gov.cn/zhengce/content/2015-05/19/content_9784.html.

［4］中华人民共和国国务院."十三五"国家科技创新规划［EB/OL］.［2016-7-28］.http：//www.gov.cn/zhengce/content/2016-08/08/content_5098072.html.

［5］中华人民共和国国务院."十三五"国家战略性新兴产业发展规划［EB/OL］.［2016-12-19］.http：//www.gov.cn/zhengce/content/2016-12/19/content_5150090.html.

［6］中华人民共和国国务院.关于加快发展康复辅助器具产业的若干意见［EB/OL］.［2016-10-27］.http：//www.gov.cn/zhengce/content/2016-10/27/content_5125001.html.

［7］中华人民共和国工业和信息化部.增材制造产业发展行动计划(2017—2020 年)［EB/OL］.［2017-11-30］.http：//gxt.jiangsu.gov.cn/art/2017/12/20/art_6279_7393467.html.

［8］中华人民共和国国务院.国务院关于修改《医疗器械监督管理条例》的决定［EB/OL］.［2017-05-04］.http：//www.gov.cn/zhengce/content/2017-05/19/content_5195283.html.

［9］国家食品药品监督管理总局，国家卫生健康委.定制式医疗器械监督管理规定(试行)［EB/OL］.［2020-01-01］.http：//www.gov.cn/xinwen/2019-07/05/content_5406451.html.

［10］国家市场监督管理总局.医疗器械注册与备案管理办法［EB/OL］.［2021-10-01］.http：//www.gov.cn/zhengce/2021-08/31/content_5723519.html.

［11］刘江涛，李旭鸿.3D 打印与经济增长新动力［J］.中国金融，2015，13：46-47.

［12］Evaluate Pharma World Preview 2020，Outlook to 2026［EB/OL］.［2020-07-16］.https：//www.evaluate.com/thought-leadership/pharma/evaluatepharma-world-preview-2020-outlook-2026.

［13］国家食品药品监督管理总局.创新医疗器械特别审查程序［EB/OL］.［2018-11-2］.https：//www.nmpa.gov.cn/ylqx/ylqxggtg/ylqxqtgg/20181105160001106.html.

索　引